网站用户信息获取中的心智模型研究

吴 鹏 沈 思 钱 敏 王佳敏/著

科 学 出 版 社
北 京

内 容 简 介

本书在消化、理解、梳理网站用户行为相关理论、心智模型理论与方法、人机交互理论与方法等的基础上，针对决定网站用户信息获取行为的心智模型内在机理问题，研究用户在信息需求理解、网站界面认知（导航系统、组织系统、分类系统、检索系统等）过程中的心智模型形成、观测、测量问题，以及相关的网站信息构建优化。

本书可作为从事互联网用户信息行为、信息构建、人机交互研究和实践的人员的参考用书；亦可作为管理科学与工程、情报学、计算机应用、心理学、新闻传播等专业本科生、研究生的教材。

图书在版编目（CIP）数据

网站用户信息获取中的心智模型研究 / 吴鹏等著. —北京：科学出版社，2016.12

ISBN 978-7-03-051131-7

Ⅰ. ①网… Ⅱ. ①吴… Ⅲ. ①网站-用户-信息管理-研究 Ⅳ. ①TP393.092.1

中国版本图书馆 CIP 数据核字（2016）第 313249 号

责任编辑：魏如萍 / 责任校对：贾娜娜

责任印制：张 伟 / 封面设计：无极书装

科学出版社 出版

北京东黄城根北街 16 号

邮政编码：100717

http://www.sciencep.com

北京东华虎彩印刷有限公司 印刷

科学出版社发行 各地新华书店经销

*

2016 年 12 月第 一 版 开本：720 × 1000 1/16

2018 年 4 月第二次印刷 印张：19 1/2

字数：376 000

定价：112.00 元

（如有印装质量问题，我社负责调换）

序

在“五光徘徊，十色陆离”的网站交互界面上，如何更好、更快地提高用户的理解度、发现力，并精准地锁定自我所需的信息，不再“上泉碧落下黄泉，两处茫茫皆不见”？这就需要对决定用户信息获取行为的内在的、可预测的认知模型——心智模型进行深入的研判、细致的剖析和多维度的验证。

大数据时代人们对数据、信息的日益重视和依赖，使得信息行为业已成为人类行为中最重要的社会现象之一。随着信息技术日新月异的发展，用户行为的变迁也是“沧海桑田”，这就需要我们从全新的角度探究用户信息获取的问题。目前，除了大家所熟知的人机交互界面(human computer interaction，HCI)技术研究与以用户为核心的信息构建(information architecture，IA)探索之外，有关网站用户信息行为动因、特征和规律等方面的研究已经成为科研人员和信息服务机构所关注的热点、焦点。其中，从认知理论角度研究人机交互问题已是一大趋势，用户模型研究需要运用认知心理学理论及相关的实验方法对用户认知现象进行观测、分析与抽象，从而为人机交互系统设计提供理论依据、数据支撑。此外，关于用户与系统交互的行为机理探索也被纳入研究者的视线，较有代表性的为Norman 所提出的在人机交互设计中存在的三种模型及其相互关系。这一切都向我们昭示着，网络时代在为我们带来“取之不尽，用之不竭”的信息资源的同时，也向我们提出了更富挑战性的用户研究课题。

有关心智模型理论的探究可以追溯到20世纪初期的心理学刺激反应论，经历了传统心理学的研究阶段，除了在认知心理学等理论领域继续深入外，逐渐转向新兴的交叉学科的探索，如围绕认知语言学、人机交互、交互设计、组织管理学和教育学等学科进行了多角度、多层次的研究，成为众多专家、学者研究的热点。近年来，国内外基于认知科学理论的用户信息获取行为研究日益为探究者所重视。尤其在与计算机、网络、移动终端等虚拟信息世界的人机交互研究中，国内外学者更加注重用户信息获取过程心智模型的研究。

但总的来说，上述研究整体上尚停留在相对较浅的层面和阶段上，特别是在信息获取方面，用户心智模型的研究还有诸多实质性的问题未被触及，如人类工效学领域的系统构建和应用探究，心智模型的分类、形成、测量、实验方法应用等方面的创新性探索。“合抱之木，生于毫末；九层之台，起于垒土”，若想在心智模型的研究上有所成就，首先，需要我们通过构建一个专门的研究环境，从最基础的问题研究做起，如信息获取中心智模型测量场景、描述状态集、归因反馈方程、预测函数等内容的分析；其次，需要我们结合网站信息构建的实际需求，探索用户能够理解并获取网站信息的心智模型及其形成过程；最后，需要我们将现有的心智模型测量方法针对信息获取领域的特点开展应用性探究，并总结和归纳出合适的实验方法来完成理论假设与模型的验证。

吴鹏教授自博士毕业以来，始终关注着用户心智模型这一研究领域，先后承担了相关的国家自然科学基金项目两项，《网站用户信息获取中的心智模型研究》就是其中一项自然科学项目的研究成果，该书围绕着心智模型这一核心内容，针对网站的用户信息获取这一问题，跨学科地将认知心理学、计算机领域的人机交互研究内容、情报学领域的信息组织研究方法及网络领域的网站开发技术进行系统、有机和全面融合，以期解决信息的可理解、可发现、可获取等问题，以便达到使网络信息传递更流畅、更有效、更精准的目标。作者以扎实的专业基础知识和丰富的领域经验，围绕着用户的需求理解和网站界面认知过程中的心智模型形成、观测、测量问题，以及相关的网站信息构建优化进行了多方面有益的探索和周密的实验，取得了丰硕的成果。

该书引入行为学、认知心理学、心智模型的理论，针对网站用户信息获取行为中的认知机理问题，面向网站用户信息获取行为演化的动态过程，以描述、归因、预测三个关键活动为支点，尝试对比应用现有的心智模型的测量方法，连续、系统地观测用户心智模型的形成过程，并加以归类对比，从而明晰网站用户信息获取行为相关心智模型的类型及其形成的影响要素，并探索出可行的测量方法，进而为网站信息构建的改进和用户服务策略的优化提供具有实质性指导意义的理论方法，是该书的重要特色，也是一个重要创新。这对于丰富和完善人机交互、信息构建、用户信息行为领域的方法论体系，深化研究主题，开拓新的研究空间，提升研究水平，具有重要意义。从某种程度上说，该书的研究将会促使信息构建的理论探索往前迈出一大步，促进网站信息构建与认知科学相融合，更进一层地推动“信息与认知齐飞”。

作为吴鹏的博士生导师，看到他取得的成绩，以及在科学研究领域努力耕耘和坚韧不拔，感到非常欣慰，当他提出为该书写序，我即欣然同意，写上几句是为序。并衷心地祝他在今后的学术生涯中取得更多更大的成绩。

苏新宁

2016 年 9 月 28 日于南京大学

前　言

道德经有言："将欲取之，必固与之"，从信息获取的交互上看，有效的信息获取是用户愿意继续与网站交互的前提。信息获取是指个体在信息需求的激励下，为得到满意或比较满意的结果(满足认知或情感上的需求)，对信息系统进行积极主动的信息查找活动。从认知心理学的角度来说，用户的信息获取可分为有意识的(目标引导)与无意识的(信息偶遇)两种，在网络环境下用户有意识的信息获取方式主要有信息检索、有目标的信息浏览和信息交互，本书的研究主要关注前者。用户进行信息获取时，用户的行为意向由心智模型决定。心智模型是影响用户与网站交互时内在的、可预测的认知模型，是描述系统目标和形式、解释系统功能、预测系统未来状态的用户知识结构和信念体系。网站设计师的表现模型离用户心智模型越近，用户就会发现系统界面的信息越容易理解和获取，正所谓"网有交互一体能，户有灵智一点通"。

本书是国家自然科学基金项目"网站用户信息获取中的心智模型研究——以政府网站为例"(No.71003049)的系统成果总结。本书的主要研究目标是揭示网站用户在信息获取中的心智模型构成机理、类型及关键活动内涵，分析其形成过程中的影响要素，探索其定量测量方法。与已有的相关研究对比，本书的特点体现在如下两个方面。

与信息搜索领域现有研究相比，一方面，本书重点应用心智模型探究网站用户信息获取行为的内在机理，即反映用户在需求理解、网站界面认知(导航系统、组织系统、分类系统、检索系统等)过程中的心智模型形成、观测、测量等问题。这一方面主要体现为当前信息构建与用户管理中所凸现的微观问题和用户信息获取行为探究的理论问题。另一方面，本书尝试运用实验心理学的理论方法对网站用户信息获取中的心智模型进行测量，运用学习模型对用户心智模型的动态变化规则进行基于具体实验的全面而细致的揭示和阐释。

与用户信息行为的现有研究相对比，就用户信息行为研究而言，其基本内容可概括为用户类型、需求、行为、满意评价等几部分，本书提出的研究内容——网站用户信息获取行为的心智模型研究，是从语言符号的内在认知角度探究用户信息行为机理的，属于用户信息行为的研究范畴。有关用户类型与信息需求的研究已有较多的探究，但本书是对决定用户信息获取行为的心智模型进行系统深入的探究。在具体的研究上本书重点解决了下列问题：首先，在网站用户信息获取过程中，有哪些类型的心智模型？有关描述、归因、预测等心智模型关键活动内涵特征与其他应用领域的心智模型关键活动有何差异？不同的学习模式会导致什么样的心智模型差异？其次，不同的用户认知图式是怎么影响网站使用的心智模型的？现有的心智模型测量方法是否能对信息获取中的用户心智模型进行拟合？最后，有关模型验证与心智模型影响因素理论假设的实验如何组织？

本书由吴鹏、沈思、钱敏、王佳敏撰写，首先由吴鹏提出详细的写作大纲，然后由四位作者分头撰写初稿，具体分工如下：吴鹏负责书稿内容的设计，并撰写第 1 章、第 4 章和第 7 章部分内容，常熟理工学院讲师钱敏博士负责撰写第 2 章、第 3 章和第 4 章部分内容，南京理工大学讲师沈思博士负责撰写第 5 章、第 6 章和第 7 章部分内容，南京理工大学情报学专业硕士研究生王佳敏负责全书的图表和参考文献编辑工作，情报学专业硕士研究生刘恒旺和金贝贝也参与了部分图表编辑工作，吴鹏和王佳敏分别通读了全书，做了部分修改和补充，并完成了全书的统稿工作。

本书撰写过程中得到南京大学苏新宁教授、南京理工大学甘利人教授的热忱指导和无私帮助，以及南京农业大学王东波副教授的大力支持。本书的出版得到江苏省高校协同创新中心平台项目“社会公共安全科技”和南京理工大学经济管理学院高层次科研项目配套资金的资助。本书的出版得到科学出版社有关领导的大力支持，责任编辑魏如萍为本书的出版付出了大量的辛勤劳动。在此一并表示最诚挚的谢意！

由于水平所限，又是多人分头执笔，特别是网站用户信息获取中的心智模型研究是一个新兴的交叉探究领域，还处于探索阶段，故而本书若有不妥之处，敬请相关研究者与读者谅解、批评和指正，我们定将改正并万分感激。

吴　鹏

2016 年 9 月 20 日于南京理工大学

目 录

第1章　绪　　论

1.1　研 究 背 景

知名专家马费成等(2002)指出信息用户是信息交流的末端，是信息传递的归宿，是信息服务的对象。任何信息系统的设计、发展和完善都是与用户及其需求密切关联的。离开了信息用户，信息系统和信息服务就没有意义，信息的价值也无法实现。上述描述为信息用户研究价值给出了准确的定位。随着网络信息资源的膨胀、网络服务方式的渗透，网站用户信息获取研究更是成为网络时代的新课题。

信息获取是指个体在信息需求的激励下，为得到满意或比较满意的结果(满足认知或情感上的需求)，对信息系统进行积极主动的信息查找活动，如图1-1所示(朱婕，2007)。从认知心理学的角度来说，用户的信息获取可分为有意识的(目标引导)与无意识的(信息偶遇)两种，在网络环境下用户有意识的信息获取方式主要有信息检索、有目标的信息浏览和信息交互(欧阳剑，2009)，本书主要关注有意识的信息获取。

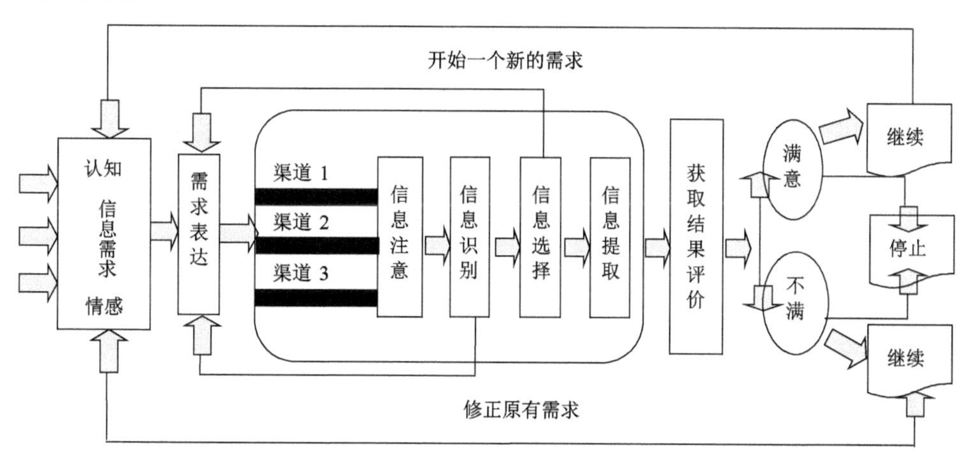

图1-1　网络环境下个体信息获取流程

进入网络时代，无论是提供无形信息服务的机构，如政府网站、传统的图书馆、档案馆或新兴的搜索引擎等，还是提供有形商品信息的电子商务网站，为了提高用户的满意度和信息服务水平，优化信息服务系统设计，都在以极高注意力关注用户信息获取问题。

对于现代政府来说，政府网站服务功能的实现需要借助于政府信息被用户广泛获取与有效利用，即便是在发达国家，对用户信息获取的忽视使政府网站的易用性、亲民性、交互性大打折扣，电子政务的普及仍然面临考验(夏义堃，2008)。在以公众为核心的政府网站中，用户不再满足于简单的信息浏览、信息检索，对信息获取的时效(及时性、全天候性)、信息获取的效果(易用性、可用性)、信息获取的结构(体验性、交互性)提出了全新的需求。因此，关注政府网站用户的信息获取偏好特点，以确保他们愿意使用政府网站，无疑是今天现代政府建立以公众为核心的电子政务的重要的转型之道。

对于以提供公益性服务为主的大型图书馆、高校图书馆、科研机构图书馆网站，满足用户信息需求、保障用户信息获取是图书馆工作发展的动力，它们的发展甚至生存也将越来越受到用户是否满意的制约，如中国科学院文献情报中心，以用户为中心的理念已成为其发展战略制定中的不可动摇的指导思想，否则中国科学院将考虑是否需要保留无法提供所需服务的信息机构。

对于企业化运作的信息服务机构(如搜索引擎、市场信息网站、中国知网(CNKI)和万方等数据库产品网站，以信息传递为手段、以实物商品销售为目的的电子商务等网络信息企业)，市场经济体制的优胜劣汰、盈利目标的约束使它们必须重视它们的用户，它们愿意使出全部的营销招数来吸引用户，因此关注网站用户的需求、关注他们的信息获取偏好特点，以确保有一批忠诚的用户光顾它们的网站无疑是今天网络信息企业重要的营销之道(这也是信息构建研究开展的最初始原因)。

因此，关注网站用户的信息需求、关注他们的信息获取偏好特点，以确保用户愿意使用网站在线服务无疑成为今天网站信息构建的现实课题。

1.2　网站用户信息获取的现状与需求

从本质上说，用户愿意使用一个网站在线服务的前提是其能够在网站有效获取需要的信息(新闻、文档、数据、服务)(Winckler et al.，2009)，这些信息应该是容易找到和容易理解的，一个优秀的网站不能仅仅满足于拥有丰富的可供利用的资源，从信息构建的角度来说，资源丰富只是保证网站得到用户满意的基本条件，更重要的是如何将信息组织好，并用清晰的结构、良好的界面来集成巨量的信息，使用户能更好地感知信息的内容和发现信息的位置，并且只需要不多的步骤和不多的时间，找到目标信息或完成自己所要处理的事务(周晓英，2005)。

上述的普遍性问题看似与网站的信息构建、用户服务策略直接表现有关系，但是从根本上来说与我们对用户的信息获取行为的了解直接有关，而用户的行为意向是由其心智模型决定的，即影响用户与网站交互的内在的、可预测的认知模型(吕晓俊，2007)。于是网站从“找不到信息”到“可以找到需要的信息”的信息构建问题，被转换成用户信息获取中的心智模型机理研究的科学问题。

事实上，用户信息获取行为是一个需求→决策→反馈→获取结果评价→需求再理解→策略重新调整→获得新反馈……→结果再评价……直到满意为止(或与需求吻合)的连续、迭代过程，其中按照心理学的折中主义学习理论，用户的外在行为变化(也即有目的的行为调整)与行为结果有关(与需求相吻合的结果会导致原行为的维持，反之则会进行调整)，这根本上还是因为个体在行为结果刺激下导致内在认知结构发生了改变，而心智模型则是个体在处理某件事件的特定环境下构建起来的局部知识结构，它包括用于确定决策行为倾向、态度的系统性知识，具体涉及两部分内容：①知识系统，即用以评价备选决策行动方案的相关知识结构，按动态的概念理解，可以将它分为两类知识，一是原有知识，即用以评价行动方案与任务目标是否可能吻合的知识，以及判别当期行动方案实施反馈是否满意的知识，二是前期行动方案实施而导致环境反馈所带来的新知识；②信念(belief)体系，信念就是个体在相关知识结构支持下对即将发生的决策行为的评价，或称之为态度和行为倾向，而影响信念建立的相关因素与信念合在一起统称为信念体系(甘利人等，2010)。

心智模型允许个体和周围环境发生频繁的互动，洞察和回忆环境中各因素之间的关系，对未来的事件发生构建期望。面对外界环境，个体通过心智模型对社会事件的三类活动(描述、归因和预测)，如图1-2所示，将做出适应性的行为选择，一方面，行动的结果检验了自身的心智模型，另一方面，结果所反馈的信息能充实和扩展原有的心智模型(吕晓俊，2007)。

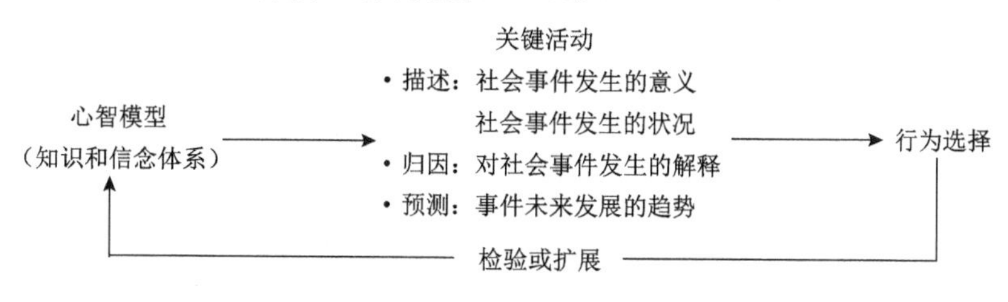

图1-2　心智模型的关键活动

于是我们可以把用户的这种连续、迭代的行为选择进一步抽象为：信息获取策略描述(我们称之为心智模型的描述，即用户对信息获取需求、信息获取界面的心智模型状态)——信息获取结果归因(后面我们称之为心智模型的归因，是由获取策略的特定效用函数决定的)一致性特性对用户后续行为决策(心智模型的预测活动)改变过程中心智模型的形成、观测、测量基础理论问题，由此来研究一个网站“从找不到需要的信息”到“可以找到需要的信息”的用户行为改变的内在机理，进一步我们希望研究下列问题，即用户根据自身浏览和搜寻等信息获取经历、不同的初始认知状态、不同的信息获取需求、不同的网站信息构建会建立哪些类型的心智模型？这些心智模型之间有什么关系？有哪些相关影响因素，以及与网站表现模型之间的差异？我们又如何正确引导用户？无疑这些研究对构建一个用户乐意接受的网站界面体系，以及对网站用户服务策略和信息构建策略的制定改善具有积极的理论指导意义。

信息资源的膨胀使信息行为成为人类行为中最重要的社会现象之一。随着信息技术的发展，用户行为的变迁很大，因此需要我们从全新角度研究用户信息获取问题，除了大家所熟知的人机交互界面技术研究、以用户为核心的信息构建的研究之外，有关网站用户信息行为动因、特征和规律等的研究已经成为科研人员和信息服务机构关注的焦点。其中，从认知理论角度研究人机交互问题已是一大趋势，用户模型研究需要运用认知心理学理论及相关的实验方法对用户认知现象进行观测、分析与抽象，从而为人机交互系统设计提供依据。此外，关于用户与系统交互的行为机理探索也已进入研究者的视线，图 1-3 是 Norman(2002)提出的在人机交互设计中存在的三种模型及其相互关系，即设计师所展现的表现模型离用户心智模型越近，用户就会发现系统界面信息越容易使用和理解。这一切都向我们昭示着，网络时代为我们带来无穷信息资源的同时，也为我们提出了更富挑战性的用户研究课题，这里的空间还很大，而这也正是本书研究内容定位选择的重要依据。

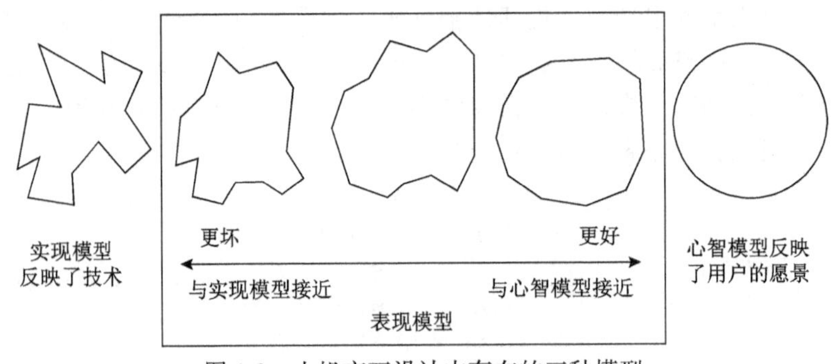

图 1-3　人机交互设计中存在的三种模型

1.3　研究定位

本书首先定位在对信息用户的行为研究。就信息用户研究而言，其基本内容可概括为用户类型、需求、行为、满意评价等几大块，本书的研究内容——网站用户信息获取行为的心智模型研究是从语言符号的内在认知角度研究用户信息行为机理，属于用户信息行为研究范畴。关于用户类型与信息需求的研究过去有较多的展开，但是本书是对决定用户信息获取行为的心智模型进行系统深入的研究(吕晓俊，2007)。

本书重点应用心智模型研究网站用户信息获取行为的内在机理。正如我们在1.2节所阐述的那样，在网络环境下，我们对用户获取行为进行研究需要观察以下问题，即用户在信息获取需求理解，以及对网站界面认知(导航系统、组织系统、分类系统、检索系统等)过程中的心智模型形成、观测、测量问题。这一方面体现为当前信息构建与用户管理中所凸现的微观问题；另一方面则体现为用户信息获取行为研究的理论问题。

本书主要针对网站用户信息获取中的心智模型进行实证研究。到底一个什么样的网站其内容是“容易找到、易于浏览、容易理解的”，不是由网站设计人员说了算，是由用户决定的，这就需要深入研究用户信息获取行为的动因、规律，这将对以用户为中心的网站系统设计、服务内容推出、服务策略制定提供实质性的帮助。为了让投入巨额资金，投入众多人力、物力建设的网络信息资源得到高效率利用，有效降低网站的用户“蹦失率”，我们不仅需要了解用户信息获取行为的表现特点，进一步需要了解这些行为发生与改变的内在机理，希望通过探究用户在信息获取过程中的心智模型，进而能为网站的信息构建模式、用户服务策略的优化提供理论依据，解决网站建设的进步与用户信息获取的低效之间的矛盾。

无疑这项研究以后还可以进一步延伸到移动界面研究领域，比如，在设计移动终端服务人机交互界面时，如何才能更符合用户认知习惯、让用户更容易理解，延长他们在移动终端服务的滞留时间或增加访问次数，进而挖掘更多的潜在客户或者使他们成为忠诚用户，这些问题对于移动终端内容服务商来说是迫切关注且有意义的问题。

1.4　研究意义

本书的意义可以从两个方面去理解：一是实际网站构建角度；二是理论探索角度。

1. 为网站构建提供实践指导

从本质上说，网站信息构建最重要的一个理念就是追求便于用户理解、发现的网站建设的卓越境界(周晓英，2005)，而只有了解用户获取信息的心智模型，才有可能了解用户对网站界面的认知、洞悉用户行为决策的内在动因和规律，从而有的放矢地为信息获取系统、界面表达、在线服务与离线服务设计及改善提供理论依据，并进一步从网站界面设计等角度寻求改善“蹦失率”途径，这对于构建一个能更好揭示事物内在联系、便于用户理解与获取的网站信息组织体系具有重要的实践指导意义。

2. 对相关研究的理论意义

为信息构建研究提供相关理论方法。就目前的信息构建研究来看，还缺乏深化研究的理论基础，缺乏足够的理论方法来支持研究网站用户信息理解等方面的问题。用户在使用网站过程中其对外在环境如何理解、认知，我们如何进行观测、测量，例如，按其不同思维特点如何进行分类，有哪些方法？如何进行思维特点分析及其可能的背景因素分析？又如何引导到希望的认知模式上，例如，网络界面构建了比较科学的层级概念体系，怎么引导用户从不会使用到会使用？本书从心智模型角度，结合网站的用户信息获取问题，跨学科地将认知心理学、计算机领域的人机交互研究、情报学领域的信息组织研究及网络领域的网站开发等相结合，以期解决信息的可理解、可发现、可获取等问题，以使网络信息传递更流畅、更有效，本书的研究将会促使信息构建的理论探索迈出一大步。

为用户信息行为研究提供更深化的探索。事实上心智模型在其他研究领域已经成为热点前沿，比如，在认知心理学、人类工效学、组织管理学等研究领域，人们正在积极地研究个体接受和偏好使用某一类产品设计(如企业希望用户接受并使用其所提供的产品)、遵循某一种规则(如组织希望成员遵循其所制定的规范行为)等行为决策与调整过程中的认知机理，这种研究的经济与社会意义无疑是明显的。

1.5 研究总体思路

整个研究将分为三个方面：网站用户信息获取中的心智模型理论研究、心智模型测量方法应用研究及实验研究，见图 1-4。

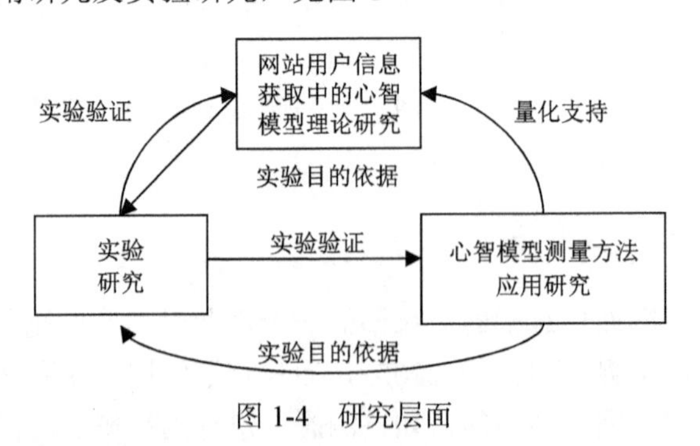

图 1-4　研究层面

其中，网站用户信息获取中的心智模型理论研究具体将以网站用户信息获取的基本过程(需求理解—路径选择—行为实施—结果评价—行为调整)为考察基线，以个体异质、场景特征等因素作为基本观察视角，重点探索用户信息获取中的描述(对需求的理解和网站界面设计的理解)—归因(对获取结果的解释)—预测(心智调整，进行新一轮的获取)的心智模型的类型及相应的形成过程机理，即探索用户心智模型是如何影响用户信息获取行为策略选择的改变(终止或者继续)，由此揭示用户从“找不到信息”到“可以找到需要的信息”——影响信息获取行为改变的内在规律与影响因素，从而为网站信息构建、用户策略设计的优化提供理论依据。

除了将应用心理学、行为学等理论作为分析的基础支撑外，本书将重点选择有关心智模型测量方法进行应用性研究，由此对上述研究提供量化支持。本书研究的总体思路如图1-5所示。

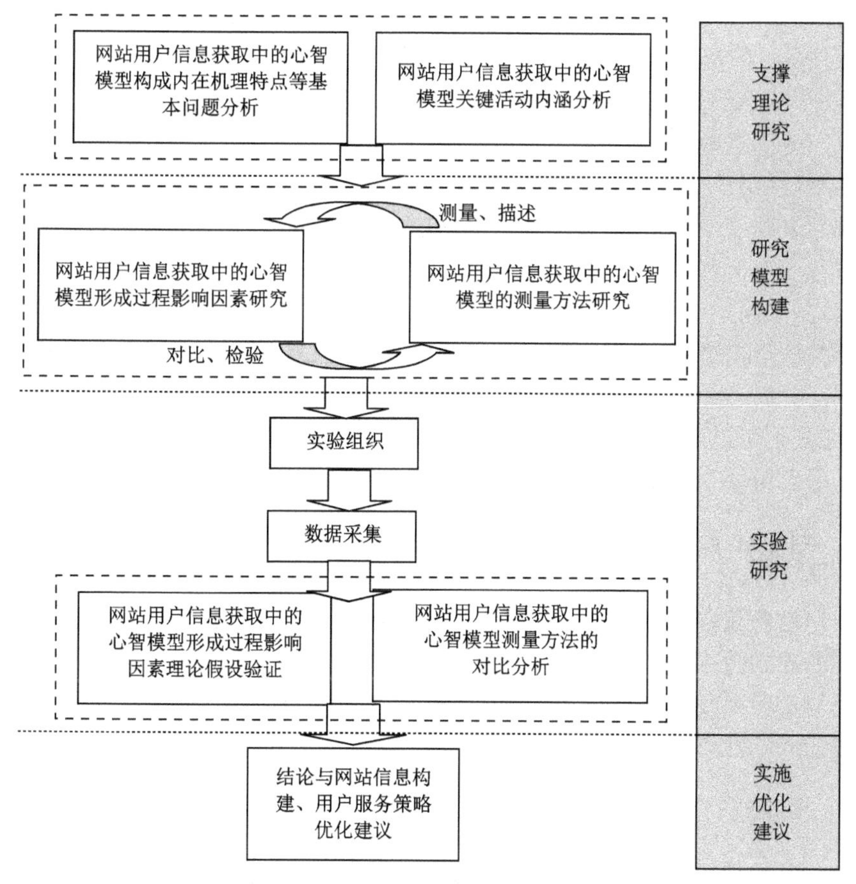

图1-5 本书研究的总体思路

1.6 主要研究工作

1.6.1 网站用户信息获取中心智模型的基本问题研究

具体将基于Nikolaos Mavridis动态心智模型公式，对比其他应用领域的个体心智模型特点，重点运用认知心理学理论、行为学理论、学习理论、人机交互理论、信息构建理论、顾客满意理论等现有的研究成果，对网站用户信息获取中的心智模型内在机理特点及其基本构成要素进行揭示与分析，为后面的深化分析及理论模型应用研究奠定基础。重点探索以下几点。

(1) 网站用户信息获取中“描述—归因—预测”的心智模型形成机理与特征，例如，用户在网站界面进行信息获取时其知识系统与信念体系有何特征，又如何影响用户信息获取行为和满意度?

(2) 网站用户信息获取中的心智模型描述活动状态集的构成，例如，用户对信息获取任务，以及将要交互的网站界面(重点研究网站的组织系统、标识系统、导航系统、检索系统)会形成什么样的心智模型，两者之间相互关系如何，又如何建立联系，受到哪些因素影响?

(3) 网站用户信息获取中的心智模型归因方程的构成，例如，用户在人机交互中对网站表现模型的功能(系统如何运作)与状态(系统在做什么)如何理解，与信息获取行为有何联系，如何影响满意度?

(4) 网站用户信息获取中的心智模型预测函数的构成，例如，当自己的心智模型与网站表现模型不匹配时，用户如何调整自己的心智模型，受到哪些因素影响?

(5) 网站信息获取中决策行为的收敛特征，信息获取行为决策是心智模型的反映，因此是否可以通过分析用户行为决策的调整情况来阐述心智模型的修正情况，例如，是否可认为重复使用同一策略即为行为收敛?

1.6.2 网站用户信息获取中的心智模型形成过程的影响因素分析

用户信息获取的心智模型的形成是一个连续、迭代的过程，心智模型经过调整会不断得到完善和成熟，其中场景因素、个体异质因素有很多，本书将运用相关理论与实验手段，针对网站用户，重点将选择两个具体的视角进行探索研究，具体包括以下几点。

1. 探索用户对网站界面不同的初始认知状态对心智模型的影响

具体将在基于人类知识分层理论及认知心理学等理论分析基础上，探索在信息获取过程中用户原有知识结构对心智模型的影响机理。重点将按照以下两种情形进行探索。

1) 已知网站界面各种功能(如知道网站导航栏与搜索引擎功能差异)

具体将比较在有网站设计经验(如网站设计师)与无网站设计经验(如普通用户)初始认知状态下，对于用户信息获取需求理解和网站界面设计体系的心智模型差异及其相关影响因素，这对探究网站设计师自认为的“好设计”“好网站”如何获得用户认可具有现实意义。

2)不知网站界面各种功能(比如,网站可提供在线数字搜索、图形搜索等功能,信息公开目录,但是很多用户并不知道)

具体将分析在原有习惯偏好状态下,用户对于使用一些新的网站功能进行信息获取的心智模型,探索用户愿意去探索使用新方法,并最终建立对新方法的主观信念的可能性及其影响因素是什么,这对制定新资源、新产品"营销策略"具有现实意义。

2. 探索不同的网站信息获取学习模式对心智模型的影响

从本质上来说,信息用户的心智模型是用户在个人知识基础上,经由人机交互过程的学习而在脑海中形成的关于网站界面的信念,用以指导未来的行为决策。根据网站用户信息获取行为特点,我们将学习模式归结为以下两种不同的类型。

(1)没有外在环境干预的条件下,例如,通过学习自己过去的经验。

(2)有外在网络环境干预的条件下,例如,用户通过学习不同形式的网站在线帮助(文本式、多媒体式、文本多媒体混合式)。

这实质上也是我们所熟悉的网站信息用户的心智模型形成过程的两种学习模式:经验式学习、自主式学习。在本书中,我们希望在理论上探索这两种学习模式下的网站用户心智模型调整机理及其信息获取效果的差异,这对合理科学地制定用户服务策略具有现实意义。

1.6.3 网站用户信息获取中的心智模型测量方法研究

重点将选择概念图法(concept map,CM)、卡片分类法(card sorting,CS)、路径搜索法(pathfinder)、多维尺度法(multidimensional scaling,MDS)对网站用户进行应用研究。具体涉及以下三个方面的研究内容。

(1)测量方法理论研究:结合心理学知识讨论对网站用户的信息获取行为来说测量方法的解意味着什么,并分析解的唯一性、收敛性、稳定性;对测量方法的可算性进行理论分析。

(2)具体测量方法分析:结合各个测量方法提出的背景,对测量方法应用于网站用户信息获取行为进行意义分析,对信息获取行为对测量方法的解释情况进行分析;并进行计算方法、计算复杂性、计算收敛性的分析和计算软件的操作分析,以保证计算的有效性。

(3)测量方法对比分析:对各个测量方法的优缺点进行比较分析,详细分析各个测量方法的适用性。研究框架见图1-6。

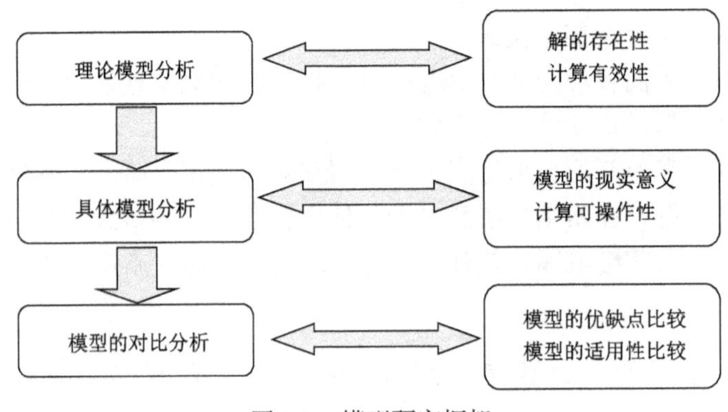

图 1-6　模型研究框架

1.6.4　实验研究

围绕上述理论分析，以相关网站为例进行实验研究，主要完成以下两大任务。

(1) 为网站用户信息获取中的心智模型形成过程影响因素的理论假设验证提供实验数据。

(2) 为网站用户信息获取中的心智模型测量方法的对比分析提供实验数据。

具体需要我们对如何构造能够满足心智模型量化描述、能够屏蔽干扰、尽可能贴近实际真实度观察心智模型机理的人造实验环境进行研究。具体包括：实验信息获取任务的设计、心智描述活动状态集设计、反馈方式设计、问卷信度与效度分析、收敛信号设计、各种学习模式环境设计、满足各种实验条件的样本筛选标准的设计等内容，因此有相当的难度与工作量。

1.6.5　基于网站“蹦失率”改善的网站界面信息构建策略研究

利用上述理论与实证分析结果，选择相关网站的用户策略进行实际应用研究，就两类问题提出建设性意见：一是如何改善网站的用户策略，引导用户可以在一个“好”的网站上找到自己需要的信息；二是如何改善网站的信息构建，让一个相对较“差”的网站界面变得可理解、易获取。

第2章 相关理论梳理

本章从心智模型理论研究起源和发展开始，解析心智模型和个体认知结构的关系，进而阐述心智模型的测量方法，包括心智模型的表征和状态的评估，以及基于日志挖掘的心智模型方法。

2.1 心智模型相关研究

2.1.1 心智模型理论研究起源和发展

关于心智模型理论的研究可以追溯到20世纪初期心理学的刺激反应论，经历了传统心理学的研究时期，除了在认知心理学等理论领域继续深入外，逐渐转向新兴的交叉学科的研究，如认知心理学、人机交互、组织管理学、教育学等学科进行多角度、多层次的研究，成为众多专家、学者研究的热点。

1. 心智模型国外研究与发展

早期心智模型多涉及教育领域问题，例如，Georges-Henri Luquet早在1927年出版的著作《儿童的图画》中就提出孩子们很明显地构建内心的模型，这种观点对其他研究者如让·皮亚杰产生了影响(葛卫芬，2008)。让·皮亚杰通过对儿童的观察，基于认知结构而提出了儿童认知发展的四个阶段，他用同化、顺应、平衡过程来解释儿童认知发展的内在机制，虽然其理论中缺乏对认知发展内在变化机制的精细分析，但对研究人脑内在信息机制产生了重要的影响(彭聃龄，2004)。1943年，苏格兰心理学家Craik(1943)正式提出心智模型概念，即那些在人们心中根深蒂固存在的，影响人们认识世界、解释世界、面对世界，以及如何采取行动的许多假设、陈见和印象。之后，Craik意外早逝，“心智模型”这一概念没有得到详细的阐述，因此，1943年后的很长一段时间内，心智模型理论都没被人们所关注。

认知科学的诞生促使心智模型理论回到人们的视野中。Luria(1973)指出心智模型介于知觉和行为之间，是最高的知识表征模式。1983年出版的两本都被命名为“心智模型”的著作中，从认知科学角度对心智模型进行了全新阐述[①]，其中

① http://baike.baidu.com/view/2333986.htm [2010-07-24]。

Philip Johnson-Laird 在其著作中认为心智模型是对人类如何解决推理问题过程的描述，他的理论中包括了一组图表，用于描述各种前提和可能结论的不同组合。另一本是由 Dedre Gentner 和 Albert Stevens 合编的一本论文集。在该书中，心智模型为人们提供了物理系统如何工作的信息，这种方法可以被通用到人类身处的许多情形下。另外，Williams 等(1983)认为心智模型也称为“知识结构”，是一些相互关联的心理对象的集合，是它们与其他对象相互联系的状态，以及一系列内部因素的外显表征。Wickens 把心智模型定义为一种理论的结构，用来解释采样、搜索、计划等人类的行为(转引自潘晓云，2007)。

此后，认知科学家们对心智模型进行许多学术研究，以获得心智过程的信息，然后将此信息用于人机交互领域中。例如，Rouse 和 Morris(1986)认为心智模型是个体赖以观察、描述、解释和预测周围环境的心理机制，与脚本、图式等概念的内涵相近，都属于个体的认知结构。在人机交互领域，Norman(2002)也是较早研究的学者之一，Norman 指出心智模型就是人类对系统如何操作的一组信念，人与系统交互时就是基于这些信念。Wozny(1992)指出，心智模型包括根据归类和关联组织而成的陈述性知识与过程性知识，陈述性知识指与任务相关的事实、数据、概念；程序性知识指操作序列、操作过程等。Staggers 和 Norcio(1993)认为心智模型是视觉上结构化的主题，由对象和对象之间的关系组成。克鲁格(2006)在其著作 *Don't Make Me Think* 中也提到心智模型在交互设计中的作用。麻省理工学院多媒体实验室的 Nikolaos (2004)提出动态心智模型公式，指出心智模型是描述(某一时刻个体心智状态)、归因(个体对社会事件的解释)、预测(对事件未来发展趋势的判断)三个关键活动循环、迭代的过程，并定义了描述状态集、归因函数、预测函数，以及描述、归因、预测三个关键活动数学推理公式，从而使心智模型的定量研究的基础更加严密。此外，许多企业管理领域学者也关注到了心智模型，并将其引入组织管理和团队学习中。其中，圣吉(2001)的《第五项修炼——学习型组织的艺术与实务》在世界范围内得到管理学科的认可，也使心智模型的概念在该学科领域得到关注和普及，迅速掀起有关心智模型在团队建设中的研究的热潮。

近年来，有关心智模型的研究中，有一类研究主要是应用心智模型理论来解释用户的网络搜索行为。例如，2005 年威斯康星大学-密尔沃基图书馆所作的图片搜索实验(Matusiak，2006)，发现用户关于信息搜索的心智模型构建与其过去的网络检索经验、对于数据库的期望、计算机水平有关，在一定程度上还与主体的背景知识有关，这实际依赖的是心智模型理论。同时，由于心智模型一旦形成将会较持久获得保持，直到获得环境的负反馈或新的信息刺激才会尝试构建新的心智模型。2007 年，美国迈阿密大学工商管理学院与美国肯塔基大学经济及工商管理学院在合作研究网站的导航结构时(Fang and Holsapple，2007)，描述了结构化心智模型和功能性心智模型。结构化心智模型是用户在其内心内化的有关系统如何运作的结构性知识；功能性心智模型则是用户内化的有关如何使用系统的过程性知识。文中研究结果发现，面向主题的层级式导航结构容易导致用户结构化心智模型，该结构依据主题的层次级别分类组织网站内容，这需要用户了解整个系统结构和功能。语用中心的层级式导航结构容易导致功能性心智模型，因为该结构主要是根据对象的功能和应用来组织网站内容。这项研究无疑对网站的导航设计非常有意义。伦敦大学学院互动中心的Makri等(2007)研究了用户对传统及电子图书馆的心智模型，发现对相关分类排序的认知误解会导致用户的不断试错行为。

2. 心智模型国内研究与发展

近年来，我国有关心智模型的研究主要在教育心理学、组织管理学、认知心理学、人工智能和工程领域。其中，我国展开网站用户心智模型的研究机构较少，且都在起步阶段，网站用户心智模型的研究机构主要在图书馆学及情报学领域。例如，西南大学计算机与信息科学学院主要开展网站用户信息行为研究；华中师范大学信息管理系主要开展面向用户认知心理的信息组织研究等；南京理工大学经济管理学院信息管理系主要开展网络信息获取的心智模型实验研究，并且取得了一系列成果。

南京理工大学的研究成果可以总结如下：尤少伟等(2012)利用封闭式卡片分类法要求政府门户网站用户根据内心的认知结构归类卡片，记录其对被测网络的认知信息。孙铭丽等(2012)采用问卷调查法分析了用户职业背景的差异对用户在网站界面设计方面的心智模型的影响。夏子然和吴鹏(2013)使用心智模型完善度量表设计实验，收集用户在网络信息检索过程中的心智模型完善水平数据并进行聚类分析，并对用户进行分类分析。钱敏等(2012)在关于电子商务网站用户商品需求表征的研究中，采用了概念图法记录被试关于电子商务网络某特定商品的概念及其关联的认知信息。甘利人等(2010)研究了在没有任何界面帮助提示下，数据库新手用户自助学习检索方法，让用户完成20轮搜索任务，每一轮搜索记录用户预期(心智模型)，观测用户完成任务过程中的心智模型改变。另外，甘利人等(2012)还让被试完成20轮搜索任务，观察在模拟界面干预刺激下，记录每一轮搜索方法选择行为及信念值，观测行为状态和信念状态的转移，分析用户如何从初级搜索转向高级搜索。

心智模型从心理学起源，后来逐渐应用于认知科学和人机交互中，心智模型的研究具有多学科交叉的特点。其中，对于网站用户心智模型的研究，尚停留在非常浅的层面上。因此，需要我们结合网站信息构建的实际需求，探索用户在网站信息获取中的心智模型及其影响因素。

2.1.2　心智模型与知识结构

在网站用户信息获取中，心智模型是影响用户与网站交互时内在的、可预测的认知模型，是描述系统目标和形式、解释系统功能、预测系统未来状态的用户知识结构和信念体系(Darabi et al.，2010)。在构建网站用户信息获取的心智模型之前，需要探讨用户心智模型与其知识结构之间的相互关系。一方面，心智模型的演化过程体现在知识结构的构建过程中(Hsu，2006)。在构建知识结构的过程中，人的心智模型不断改变，这些改变体现在对新概念熟悉感的提升及知识元素之间联系的完善。通过映射概念、概念之间的联系、资源领域转换为相应概念的一系列规则、联系及新领域的规则，相应地构建起关于新领域的心智模型。另一方面，从根本上看，心智模型是由许多概念性知识结构组成的。Schnotz 和 Preuß(1997)提出，已存在的、不正确的心智模型的改变，通常同时需要概念上的改变。因此，在认知结构的研究理论体系中，一般用"概念相似性"和"概念空间性"两个重要属性来描述心智模型。

1. 心智模型与概念相似性

心智模型中的概念相似性，主要是指在心智模型提取时，针对概念间的定量关系，将心智模型转化为定量数据。在心智模型的主流提取方法之中，主要包括任务分析、调查和问卷、焦点小组和访谈、情境调查(梅郁，2011)、实验法等方法，其中调查问卷、实验法两种方法是基于概念相似性，通过获取定量的数据展开心智模型研究的方法。

从认知角度来看，人们对分类的认知主要是根据表征事物的概念间的相似性进行类别划分的过程。其中，分类的心理过程可以用"范畴化"描述，而范畴化的最终产物即是我们通常所说的概念(成军，2006)，因此，概念相似性是从认知结构角度研究心智模型的关键步骤之一。目前，在提取心智模型时，如何通过定量方式搜集某项事物相关概念的相似性数据，国内外学者已展开了一系列研究。Langan 等(2001)在共享心智模型研究中，通过访谈、调查问卷方法先进行预实验，提取出 108 个关于团队合作的核心概念，然后将概念分类概括，最终实验时将概念缩减到 16 个并两两组合呈现给被试者，让被试评估概念的相似性。通过进一步分析后，得到团队成员的心智模型，并评估团队成员心智模型的一致程度。Lau 和 Yuen(2010)采用实验法，通过让被试在 15 分钟内完成概念的相关性排序任务，得到原始数据。然后采用路径搜索法分析，用路径搜索图可视化展现个体的心智模型，通过相似性数据来表征心智模型并测试性别和学习风格对心智模型的影响。Kudikyala 和 Vaughn(2005)研究用户基于软件需求理解的心智模型，通过卡片分类法让被试对卡片进行分类，从软件需求文档中提取出所有需求。然后将每个被试的结果转换为相似性矩阵，并采用路径搜索法进行数据分析。国内方面，白新文和王二平(2004)采用相似性评定法研究团队心智模型。首先提取出团队作业所要求的核心概念，然后让被试采用李克特量表评定两两概念间的相似或者关联程度，得到相关性原始数据，再采用路径搜索法和多维尺度法进行数据分析，最终得到每个被试个体关于团队作业的心智模型。

综上所述，基于概念相似性的心智模型的定量数据收集方式，主要分为如下几个步骤：首先，以概念相似性为出发点，提取研究主题中的相关概念；然后，采用不同的分类方法设计实验，获取被试对概念的相似性评估数据；最后，对数据进行分析，表征用户关于相关研究主题的心智模型。

2. 心智模型与概念空间性

心智模型中的概念空间性理念的提出，起源于Smith等(1974)的特征比较模型(feature comparison model)。该模型认为“单词的意义并非不可拆分的单元，而是能够用一个语义特征集合加以表征”。根据该模型的第一条假设，语义特征主要可分为“定义性特征”和“描述性特征”(Craik，1943；索尔所等，2008)两大类，且该模型认为“概念之间共同语义特征越多，则联系越紧密”。这种方式将抽象的认知评价转化为实际的空间距离，并在二维空间中表现出来，使得一个范畴的空间中诸点距离的集合构成相应的语义空间或认知空间，空间中任何两点之间的距离能反映出两个相应概念之间的语义距离。因此，当基于概念空间性对被试对概念间的联系做出评定时，主要依靠他们长时记忆中储存的语义特征，即“两个概念共同特征的多少决定被试判断的接近程度”(王甦和迁安圣，1992)。

在随后的30多年中，许多领域的研究者展开概念空间性的研究，尤其以应用认知心理学领域的学者居多。在该领域已提出Nosofsky(1984，1986)的通用上下文模型(generalized context model)、Ashby和Gott(1988)的边界决策模型(boundary decision model)等经典的模型。然而这些研究中普遍存在一个问题，上述研究将心智概念的空间性描述局限在一个特定对象单一心理空间维度中，而不是所有被观测对象及其环境组成的多维心理空间。究其原因，是缺乏对多维心理数据及其关联要素进行处理的工具，从而被试的观测样本只能从一个限定的数据集合中抽取，而非从多维数据的特征分析和发现潜在维度(McKinley and Nosofsky，1995)。针对上述问题，Gärdenfors(2004)提出，概念构成方式表明信息可以在概念的层次上得以展现。他认为可以基于一些质的维度构造信息的几何结构，以几何结构的方式表明神经元间的相似关系，并将这种方式称为“概念形式”，并把这样的几何结构称为“概念空间”。随后，学者江怡(2008)进一步提出，概念空间是指概念之间的空间关系，并特别强调概念的形式特征，即概念的拓扑性质对概念空间性研究的影响。江怡认为，概念的拓扑性质是指概念之间具有的一种空间关系，每个概念的存在不是由其自身与其他概念间的内在关系决定的，而是由除自身之外的概念所构成的外部环境决定的。因此，概念关系必然处于拓扑空间中，这些关系也形成了人脑中概念的空间关系。

概念的空间性描述是研究被试认知过程中多维概念评价、归纳推理、概念分类的一座桥梁。这类基于概念空间的测量，主要通过采用一种基于多维尺度的分析方法，能够直接从相似性比率、多维数据、序列数据等心理数据获得相似性数据，发现潜在维度。在这一领域典型的应用研究主要有，Smits 等（2002）的心智分类、Smith 等（1974）的行为响应时间预测、Ruts 等（2004）的线性可分性分析、Rips（1975）的心理归纳强度分析、Verheyen 等（2007）的典型性特征维度分析等。

总的来说，基于多维尺度法进行的概念空间性的测量，对构建心智模型的概念结构，得到用户关于概念的空间表征，直观地观察用户关于某一领域概念的心智模型均有着至关重要的意义。

3. 心智模型与概念结构

从概念相似性和概念空间性两个角度出发，针对网站用户信息获取这一特定环境，我们可以采取一系列步骤，构建面向特定领域的概念性知识结构。我们在考察网站用户在信息获取过程中其心智的概念结构工作机制的基础上，通过“需求理解—路径选择—行为实施—结果评价—行为调整”五个步骤来构建该环境下特定的知识结构，具体流程如图 2-1 所示。

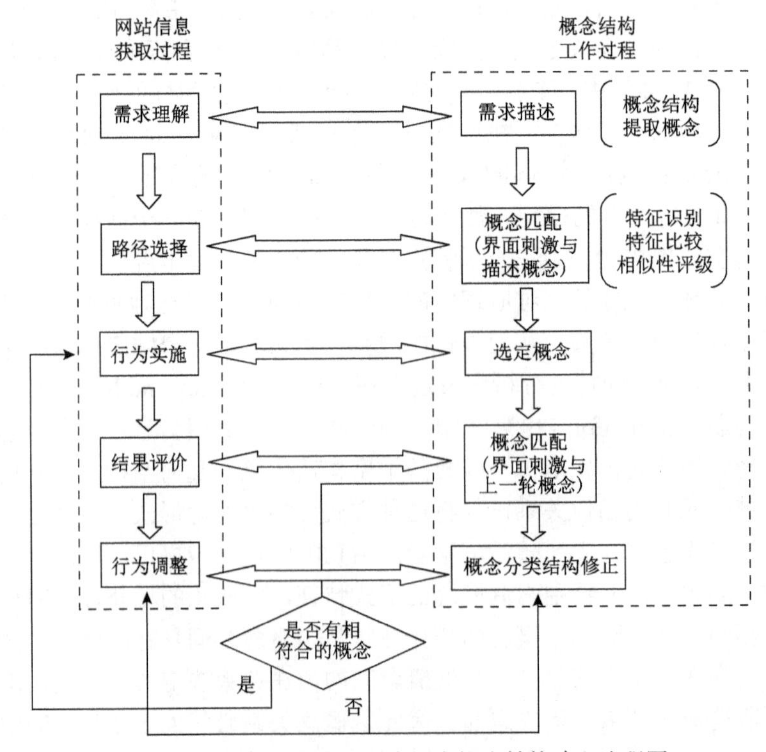

图 2-1　网站信息获取过程中用户概念结构建立流程图

其中，每个步骤的详细解释如下。

(1)需求理解：用户选择某网站查询信息，必然是产生了关于某一主题的信息需求，因此作为信息获取的第一步需求理解十分关键。用户产生某种信息需求时，就会对该刺激产生反应，对需求进行描述。此时人脑的反应就是在概念结构中查找相关概念，提取能够正确描述该需求的概念。

(2)路径选择：在网站信息获取中选择与需求描述最相关的概念节点。在这一步骤中，用户会受到网站已有分类体系的刺激，会逐一将已有网站类目刺激与上一步骤中提取的描述概念进行概念匹配操作，主要包括概念特征的识别、特征比较及相似性评级这三个步骤。

(3)行为实施：在信息获取中对应着点击某个节点链接，这就表明用户选定了概念匹配中相似性较高的概念。

(4)结果评价：进行新一轮的选择，用户受到目录结构调整下新的网站分类界面刺激，再次进行概念匹配。但是这一轮的对象不同，将新的网站界面刺激逐一与上一轮选定的概念进行概念匹配，也是按照上述路径选择中的三个步骤。该步骤的结果会影响用户接下来在网站信息获取上采取的操作，若用户能够找到匹配度较高的概念，则进行第三步行为实施，继续进行下一轮信息获取；若未出现匹配度高的概念，则进行第五步行为调整。

(5)行为调整：信息获取中的行为调整指的是用户改变在网站信息获取上的操作，如返回网站结构中上一层界面、直接点击首页返回等。而相应地，人脑中的概念结构也会进行相应的修正操作，根据网站已有分类目录结构调整自身概念结构，重新进行信息获取行为。

信息获取就是这样五个步骤循环反复的过程，直至用户最终找到自己认为最能满足信息需求的信息。概念相似性和概念空间性作为概念结构的最基础特征，也是概念结构工作机制的理论基础。在网站信息获取的过程中，用户的概念分类结构也越来越接近网站的分类结构。这也说明心智模型中的概念分类结构与网站的分类结构越接近，网站用户的信息获取过程就能越顺利，用户能更迅速地找到自己所需信息。

网站信息获取中用户概念分类结构的工作机制是建立在概念相似性和概念空间性的理论基础上的，为本书的主要研究内容提供重要的理论依据。聚类分析法可以获得概念间的相关程度，多维尺度法常被用于心智表征，将用户感知的相似性数据转变成低维度的空间表征。因此，聚类分析和多维尺度法能够很好地完成概念相似性和概念空间性的测量与展示。本书中使用聚类分析法得到概念分类，使用多维尺度法可视化展现分析结果，可以获取用户对网站分类目录概念的空间结构表征。

2.2 心智模型测量方法

2.2.1 心智模型表征和状态评估

心智模型测量具体涉及两大环节：一是心智模型的表征，心智模型表征是用特定的方法表征用户的想法，即记录用户心智模型；二是对心智模型的状态评估，心智模型状态的评估是评估对某事件认知处于的状态，或与某事物比较处于的状态，即分析用户心智模型。具体如表 2-1 所示。

表 2-1 心智模型测量方法统计

心智模型测量环节		具体方法
心智模型表征		访谈法(He et al.，2008)、出声思考法(Greene and Azevedo，2009)、概念图法(Novak and Gowin，1984)、卡片分类法(Hsu，2006)、蒙特卡罗法(Neal，1993)
心智模型状态评估	主观评估测量	心智模型分类(Cole et al.，2007)(依据研究人员)
	客观评估测量	概念图评分标准(Ruiz-Primo et al.，1997)、路径搜索法(Kudikyala and Vaughn，2005)、多维尺度法(Graham et al.，2006)、贝叶斯网络方法(Ting and Chong，2006)

1. 心智模型表征

1)访谈法

早年访谈一直是心智模型表征的重点方法，很多心智模型的实验研究都有采用。通常的做法是提出几个开放性的问题让被试对目标对象进行描述，或是口头的，或是采用作图形式，Kerr(1990)早在 20 世纪 90 年代末就采用此类方法了解用户对数据库的理解的心理模型。按照结构维度，访谈法可分为无结构访谈和结构化访谈。

无结构访谈是一种自由形式的访谈，没有预先安排访谈题目，访谈题目蕴涵在访谈过程中，一般无结构访谈用于实验设计过程的早期阶段，获得一些背景信息。这一方法使用较少，反而很多研究中配合问卷来获取被试信息。

结构化访谈是按照预先安排的顺序进行的，并且可以比较系统地考察某一领域或主题。它包含：焦点讨论(围绕着某一主题或领域讨论)、案例分析(围绕着具体的经验进行分析)、情景模拟(展示模拟的情景，并对此集中讨论)、关键事件访谈(以重要性选择案例，进行访谈)、教学反馈(被试给探查者做出解释)、20 题法(以是或否回答问题)、完形实验(呈现问题，参与者填写缺失的信息)、李克特量表项目(回答三点、五点等量表问题)。访谈法是所有方法中较为简单，但能够得到信息的一种方法，在心智模型的研究中使用最为普遍。

2) 出声思考法

通过将语音材料记录下来分析的还有另一种方法——出声思考法，这是心理学实验研究采用较多的方法。Watson (1920) 提出了出声思考法的雏形，Ericsson 和 Simon (1980) 进行了系统的完善，开发了出声思考法。出声思考法要求被试在完成指定任务时进行出声思维。要求测试中的观察者客观记录使用者所说的每一句话，不要试图解释其行动和言辞。测试往往用音频和视频录制，使开发人员可以回顾。

该方法的难点在于很多被试对边操作边叙述理由这种方式很不习惯。但在信息搜索领域里，2009 年美国北卡罗来纳大学人类发展与心理学研究学院和美国孟菲斯大学心理学系的合作研究就采用了这类方法 (Greene and Azevedo，2009)。研究者通过实验要求被试学习使用一种超文本系统，由此搜索有关人体循环系统主题的信息内容，并在这 40 分钟的学习中进行出声思考，学习结束后再独立回答有关搜索主题的试卷问题。访谈和出声思考这两种方法都有一个共同的缺陷，即材料数据的获取取决于被试清晰的表达能力。

3) 概念图法

概念图法也被称为概念映射法，Novak 于 1972 年，在康奈尔大学 (Cornell University) 提出概念图绘制技巧。当时，Novak 将这种技巧应用在科学教学上，作为一种增进理解的教学技术。Novak 的设计是基于大卫 • 奥苏伯尔 (David Ausubel) 的同化理论 (assimilation theory)。奥苏伯尔根据建构式学习 (construct-ivism learning) 的观点，强调先前知识 (prior knowledge) 是学习新知识的基础框架 (framework)，并有不可取代的重要性。Novak 和 Gowin (1984) 的著作《习得学习》(*Learning to Learn*) 中正式提出“有意义的学习，涉及将新概念与新命题同化于既有的认知架构中”。其功能是将某个主题的概念及其关系进行图形化，它主要建立在 Ausubel 的学习理论基础上，即知识的建构是通过已有的概念对事物的观察和认识开始的。学习就是建立一个概念网络，不断地向网络增添新内容。

4) 卡片分类法

与概念图法有类似性质的还有卡片分类法，这也是近些年来受到青睐的心智信息记录方法。当我们需要了解用户对于网络界面导航结构一类对象进行理解时，卡片分类法有较大的优势，它不需要被试记住自己所访问过的节点，这会使用他们太多的记忆负荷，而只需根据一系列被打乱地摆放在桌面上的主题概念卡片，依据自己的理解将其进行归类 (具体可以分完全开放式的和半开放式的两种，后者可以先给出概念的顶级层级，然后由用户据此给出下级概念)，由此可以观测用户对某类网站，如商品购物导航结构路径的心智模型。

卡片分类法的研究较早的是 Simpson 和 McKnight (1990)，他们要求被试在完成超文本系统的任务后，按照超文本的结构将卡片分类。

5) 蒙特卡罗法

蒙特卡罗方法又称统计模拟法、随机抽样技术，是一种随机模拟方法，以概率和统计理论方法为基础的一种计算方法，是使用随机数(或更常见的伪随机数)来解决复杂计算问题的方法。将所求解的问题同一定的概率模型相联系，用计算机实现统计模拟或抽样，以获得问题的近似解。在网站用户信息获取过程中，蒙特卡罗方法可以构造和描述用户心智模型状态模型，进行被试的分布抽样，以及预测心智模型状态的变化(赵琪，2007)。

在国外的研究中，蒙特卡罗方法常见于各个学科，包括统计学和生物学。在心智模型研究方面，Neal(1993)基于从复杂的概率分布中产生样本的方法也就是马尔可夫链蒙特卡罗(Markov Chain Monte Carlo，MCMC)方法，提出从心智表征中取样的程序。Sanborn 等(2010)将心智表征定义在一组对象上的一个非负函数，把人作为一个 MCMC 算法的组件来估计这些函数的行为。还有一些国外的研究也将蒙特卡罗方法运用于认知心理学的建模中(Navarro et al.，2006；Griffiths et al.，2007；Morey et al.，2008；Farrell and Ludwig，2008)。总的来说，MCMC 方法应用到心智模型研究中去还是比较新颖的一种方式。

2. 心智模型状态评估

对用户心智模型表征的第二步就是心智模型状态的评估。20 世纪 90 年代以来，人们提出过一系列的心智模型状态的评估方法(Goldsmith et al.，1991；Lomask et al.，1992；McClure et al.，1999；Ruiz-Primo et al.，2001；Yue and Richard，2008)，具体可将其分为主观评估测量与客观评估测量两类。

1) 主观评估测量法

这类方法的主要思路是设置一个评估标准，然后通过对标准的主观理解对所记录的心智信息进行归类，由此测定不同的心智模型。比如，前文访谈法中就谈及类似的方法。

我们认为加拿大麦吉尔大学与国家研究委员会信息技术研究所合作发表的文献(Cole et al.，2007)所涉及的心智模型归类方法就属于主观评估测量法。该项研究根据 Belkin 和 Kwasnik(1986)对“知识的非常态”(anomalous state of knowledge，ASK)结构的分类方法，提出了 12 种心智模型类型，它们分别是：垂直型、水平型、均等型，此外还有聚簇型、星型、嵌套型、树型，以及两两结合的嵌套+星型、嵌套+垂直型、嵌套+水平型、星+聚簇型和水平+树型等，具体如图 2-2 所示。主要通过测量被试的概念图中所涉及某种类型概念数的多少来确定用户的心智模型类型，比如，当某被试关于垂直型的概念数 A>水平型的概

念数 B，就认为这类被试的心智模型是垂直型的；如果 $A<B$，就认为心智模型是水平型的；如果 $A=B$，则称为均等型的，如此等等。

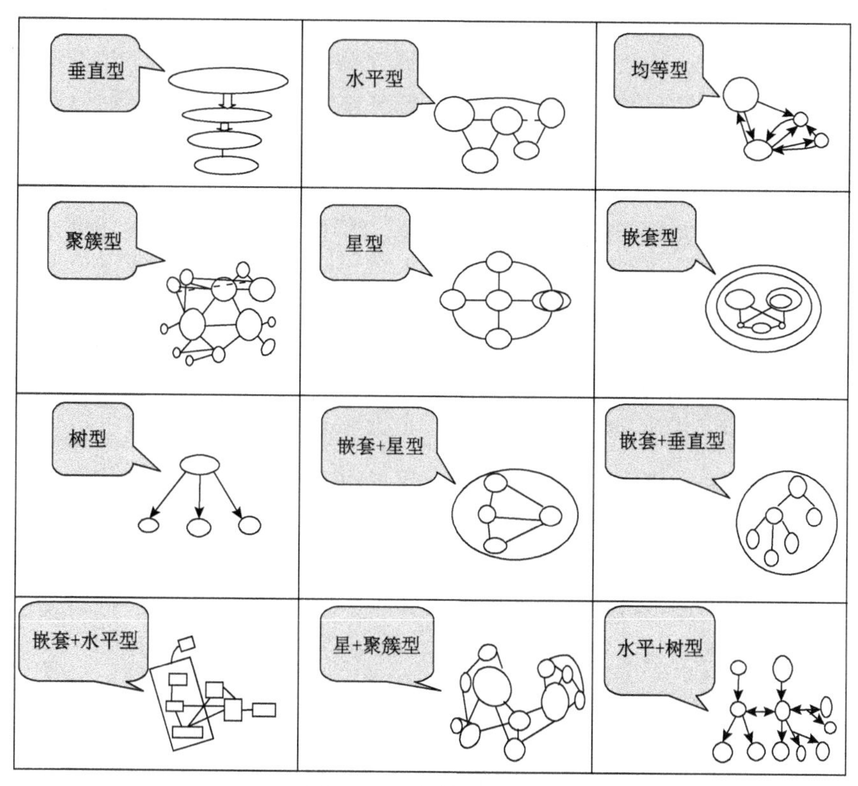

图 2-2　心智模型归类图

显然我们也看到，这类分析方法存在不足的地方，因为在对测量标准的理解中非常依赖数据处理人员个体的知识背景，如上例中什么叫垂直型概念、什么叫水平型概念，但是可操作性比较好。

2）客观评估测量法

早在 20 世纪 90 年代人们开始探索基于客观数据作为依据构建某种定量评估的测量方法。

A. 概念图评分标准

在概念图评价的计分体系研究方面，Goldsmith 等（1991）依据数学中的集合论提出“接近度”（closeness index）作为概念图评分标准。Lomask 等（1992）通过分析概念图中的概念数量和连线的强度来评价概念图。Ruiz-Primo 等（1997）提出三种评估法（组成法、标准图对照法和结合法）；McClure 等（1999）提出六种评分法（整体法、有标准图的整体法、关系法、有标准图的关系法、结构法、有标准图的结构法）。

在概念图评价的信度和效度研究方面，McClure 等（1999）针对概念图的信度、效度和实用性进行了全面的分析，得出带有标准图的关系评分法信度最高。Ruiz-Primo 等(2001)对比被试填写框架图和建构概念图这两种概念图制作技术的信度和效度分析，得出建构概念图任务信度更高，能更好地反映个体知识结构的不同。Yue 和 Richard(2008)应用概化理论研究概念图评价，比较了创造连接语构建概念图(C 技术)与选择连接语构建概念图(S 技术)两种任务的 g 系数(后者比前者的 g 系数大)，得出后者可能更适用于大规模的终结性评价，而前者更适合概念的形成性评价。概念图评分标准是对通过概念图法获取的用户心智数据进行评估，我们尝试几种概念图相似度测量方法，研究了适用于本书的概念图评价方法。

B. 路径搜索法

1985 年，美国新墨西哥州立大学计算研究实验室的 Schvaneveldt 率领研究小组，根据语义网络理论和图形理论，研究发展出路径搜索量化规则(pathfinder scaling algorithm)，用来建构和分析知识结构。1994 年，Johnson 等提出路径搜索量化规则及相应的相似性测量指数，设计了知识网络组织工具(knowledge network organizing tool，KNOT)以执行路径搜索(易正明，2008)。Johnson 等(1995)描述了三个等级的事实来支持路径搜索法的效度：首先，路径搜索法的结果反映了在群体成员间已知的在知识和技能方面的差异；其次，路径搜索法可以显示培训前后的差异；最后，路径搜索法的效度指标为 0.5～0.75，是较高的；同时指出路径搜索网络图能预测自由会议的序列、登记判断时间和维度判断时间。

路径搜索法主要通过定量的指标来揭示认知结构(如人机互动)，其结果是一个网络化的表征(PFNET，路径搜索网络图)，应用在心智模型内容的描述(如陈述性知识和过程性知识)，该模型的构建是基于这样一个基本假设：心理近似数据是由个体感知的概念之间的相关性或紧密性的主观评估，可以将评估矩阵转换成由节点和连线组成的网络图，其中概念表征为节点，而概念间的关系表征为节点间的关系，以路径的最短距离作为两个节点间的距离，在概念间的距离之上的权重值为两个概念的关联程度(Young and Hamer，1994)。

C. 多维尺度法

在进行个体内在知识结构比较中，“关联性”“空间性”是主要的测量视角。而路径搜索法更侧重于知识结构的概念维度“相关性”方面的测量，但是却无法知道知识结构之间的空间性特征，而多维尺度法在这方面有其特色。

多维尺度法起源于心理测验学，最早由 Torgerson 在 1952 年提出，其基本原理是将评价者对各种事物的偏好和感觉相似资料，通过适当的降维方法，将这种相似或不相似的距离程度在低维度空间中用点与点之间的距离表示出来。1962 年，Shepard 提出非计量的多维尺度法(nonmetric multidimensional scaling，NMDS)，即测量的目标应该是寻求各点距离之间的单调顺序，而非具体的数值大小。1964 年 Kruskal 给出了多维尺度法具体的计算方法，他提出了应力(stress)函数来描述观察数据与多维尺度模型之间拟合的关系，并用迭代的方法来逐步减小压力值。Shepard 和 Kruskal 的技术成为后来多维尺度法的应用基础，不断得到改进，算法越来越精确、方便，计算的速度越来越快；1983 年 Dvasion 年给出了多维尺度法的算法证明，随后 Law 于 1984 年出版了 *Research methods for multimode data analysis* 一书，标志着多维尺度理论框架的建立和方法的成熟，也标志着多维尺度法与行为科学的融合(Young and Hamer，1994)。

D. 贝叶斯网络方法

贝叶斯网络又称为信念网络，是一种图形化的模型，能够图形化地表示一组变量间的联合概率分布函数。近十年来，国外贝叶斯网络在许多领域都得到了广泛的应用，国内贝叶斯网络的应用较国外稍晚一些。贝叶斯网络作为一种基于概率的描述不确定性关系的网络，提供了一种表示因果关系的模型，在多个领域中发挥了重要的作用，这些领域包括医疗诊断、风险评估、统计决策等。在人工智能研究领域，贝叶斯网络是处理不确定性关系的一种重要方法。另外，在很多情况下，我们需要对随机过程建模，即变量的取值随着时间的变化而变化。动态贝叶斯网络将贝叶斯网扩展到对时间演化的过程进行表示(Dean and Kanazawa，1989)。

我们可以综合借鉴几种心智模型测量方法，测量用户心智模型及用户心智模型的动态变化。

2.2.2　基于日志挖掘的心智模型测量方法

基于用户心智模型研究的第一步，就是要获取客观体现用户心智模型的数据。由于用户的知识结构和信念体系都是隐性的，用户的心智模型很难客观展现。目前关于心智模型获取的方法，大多数是通过设置特定任务或问题让用户完成或回答，再对用户的完成结果进行定性定量的分析。这些方法中人既作为研究的主体，又作为研究的客体，制约和影响着调查的可靠性和适用性。如何更真实地了解用户的心智模型成为当今学者关注的焦点。网络日志的出现给心智模型的研究带来重大突破，网络日志客观记录用户的实际操作过程，是对用户心智模型的客观反映，通过对各用户关于特定网站的操作日志展开分析，可以得到有效的网站优化建议。同时网络日志数据量很大，还能够克服传统方法获取数据过于有限的缺点。基于网络日志展开心智模型测量研究，使得结论的可靠性与适用性更能得到保证。

虽然目前还没有学者直接提出将网络日志应用到心智模型的测量中，但很多研究中其实已经运用了该思想。比如，任永功等(2008)利用网络日志挖掘用户的连续频繁访问路径，将频繁访问的页面进行关联，从而改善网站的拓扑结构。余肖生(2008)分析网络日志，从中提炼不同用户的兴趣网页或产品，利用提炼结果为用户提供个性化的界面，并取得了良好的效果。这些研究实质上都是利用网络日志反映用户心智的客观性、实时性，通过日志挖掘外显用户心智模型，分析网站表现与用户心智模型之间的差异，从而指导网站的优化。总的来说，基于网络日志挖掘研究用户心智模型已经成为一种趋势。下面就日志挖掘的概念与流程、日志挖掘常用方法及可以用于心智模型的测量的日志挖掘方法进行一一阐述。

1. 日志挖掘的概念与流程

基于网络日志实现用户心智模型的测量主要通过数据挖掘技术实现。虽然日志挖掘的应用领域有所差别，但是其大致流程都可以概括为三个步骤：数据预处理、模式发现和模式分析(蒋外文等，2005)，详见图 2-3。

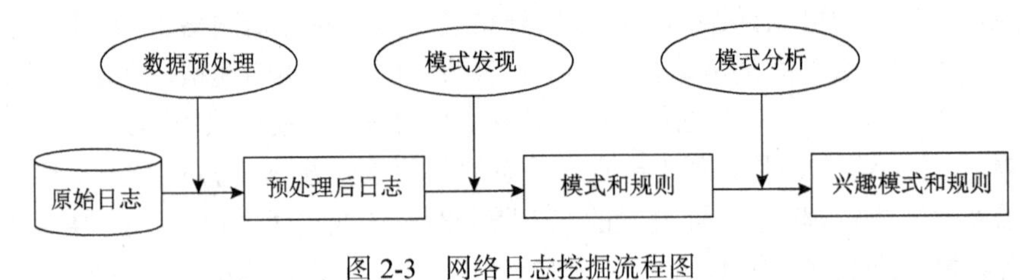

图 2-3　网络日志挖掘流程图

(1)数据预处理：网络日志挖掘的第一步是数据预处理。网络日志中的内容很丰富，因此在数据挖掘之前根据挖掘目的对数据进行相应的预处理，可以提高后期数据挖掘的效率。会话是数据挖掘的基本数据单位，指的是用户在一次访问网站期间从进入网站到离开网站进行的一系列活动(Shahabi et al.，1997)。数据预处理包含数据净化、格式转换、用户识别、会话识别、事务识别。表 2-2 列出了常见的数据预处理过程描述。

表 2-2　日志挖掘中常见数据预处理过程

步骤	具体处理过程
数据净化	删除日志中一些噪声数据及挖掘算法不需要的数据
格式转换	将有用的日志记录信息转换为特定的数据格式，便于后期处理
用户识别	不同的用户，其操作习惯不同，研究需要辨识出不同的用户
会话识别	由于网络日志中有些日志记录时间跨度很大，用户有可能多次访问该站点，会话识别就是从中识别出属于同一用户的同一访问记录请求
事务识别	用户为便于浏览会习惯于用超链接和图标在信息之间进行前进和后退，因此有些节点仅仅是因为它的位置而不是它的内容而被重复浏览。为排除该负面影响，需将会话进一步处理为更细粒度的更能反映事实的事务路径

(2)模式发现：主要指使用各种数据挖掘技术对预处理后的数据进行挖掘，找出其中隐含的规律或者模式。目前，常用的数据挖掘技术有：关联规则挖掘、聚

类、统计分析、生成序列模式和依赖关系的建模等。

(3) 模式分析：紧接模式发现之后，模式分析对其挖掘的大量模式和规则进行分析，从而得出有特定实用价值的模式和规则。模式分析方法的主要作用在于，将挖掘出的用户访问模式解释为人们可以理解的知识，同时剔除无用的模式。

2. 日志挖掘常用方法

网络日志的服务器上记录着有关 Web 访问的日志文件，是一系列的网页访问数据集，按时间顺序客观地记录了用户 IP 地址、请求时间、访问的 URL 等。网络日志真实记录了用户的网络行为，客观反映了用户的心智模型。以网络日志为研究对象，借助数据挖掘技术可从中归纳出隐藏规律，从而得到心智模型测量时所需的概念相似性和概念空间性的定量指标。在上述日志挖掘的三个处理步骤中，不同方法的差异性主要体现在模式发现和模式分析这后两步之中，即可以选择不同的数据挖掘技术实现模式发现，以及采用不同的方法完成模式发现、分析过程。表 2-3 列出了在模式发现步骤中，不同方法的典型应用场景(Zhou et al.，2000；Cadez et al.，2000)。

表 2-3　数据挖掘技术及典型应用场景

数据挖掘技术	应用举例
关联规则挖掘	用来在事务中挖掘页面与页面之间的非序列关系。关联规则的生成基于页面在事务中的共现模式，即关联规则中的页面经常在同一个会话中被访问，这种共现模式不考虑页面之间被访问的顺序，挖掘出的关联规则可以用来优化站点结构
聚类	将具有相似特征的对象聚成类。在 Web 使用挖掘中，常用两种聚类：用户聚类(包括用户访问会话聚类和用户访问事务聚类)和页面聚类。用户聚类建立具有相似浏览模式的用户类，其结果对于电子商务中的市场决策和向用户提供个性化服务非常有帮助。页面聚类是要发掘具有相关内容的页面类，其对于网络搜索引擎和 Web 提供商都是非常有用的
统计分析	统计分析是最常用的从 Web 用户行为中抽取知识的方法。通过分析网络日志文件，可以得到各种统计分析描述，如用户驻留在某个页面上的时间、用户浏览路径长度的平均值等，其分析结果对提高网站性能，如加强安全性、辅助网站设计，提供市场决策等方面有着不可代替的作用
生成序列模式	序列模式的发现是在时间戳有序的事务中找出这样的内部事务模式：一些页面被访问后紧接着另一些页面也被访问了。序列模式可分为非邻接序列模式和邻近序列模式两种。邻近序列模式要求模式中的页面访问是连续发生的；而非邻接序列模式只要求模式中的页面访问是顺序发生，不考虑访问之间是是否邻近，邻近序列模式可以用来描述用户的频繁路径，非邻接序列模式则描述整个站点中更通用的浏览模式
依赖关系的建模	主要是在 Web 使用挖掘中建立能够描述 Web 领域中各个变量之间有意义的依赖关系的模型

在表 2-3 列出的方法中，聚类分析方法特别强调了向用户提供个性化服务。从认知角度来看，用户的个性化差异实质反映了用户内心的期望的差异性。基于

个性化服务的用户推荐，从计算机角度的实现目标是根据用户的兴趣爱好，推荐符合用户兴趣爱好的对象，从心智模型角度则需要“将用户认知中空间最相近的概念推荐给用户，从而帮助用户在信息的海洋里快速找到满意的需求信息”。

因此，在网络日志的模式发现阶段，聚类分析方法与心智模型测量方法二者的研究目的相一致，可以根据聚类分析方法将用户心智模型的差异分为不同的类别，用于概念相似性测量。

在模式分析步骤中，路径搜索法(Schvaneveldt，1990)和多维尺度法(Darcy et al.，2004)是两种适用于心智模型的测量方法。路径搜索法是一个理论图形方法，能通过定量的指标解释用户认知结构，其结果是一个网络化的表征——路径搜索网络图。其最大的特征在于可以清晰地揭示不同概念之间的层级关系。而面向网站用户信息获取的心智模型构建中，针对网站目录体系中不同概念之间的层级关系，正需要这种方法实现心智模型的定量数据转化。路径搜索法能够客观地展现出用户期望的目录体系、网站自身的目录体系，并使二者之间的差异清晰可见。多维尺度法是关于一个集合表示或相似性数据的模型，且一般通过最小维度表示模型结构。该方法经常用来探索数据分析结构或信息可视化展示。在使用多维尺度法的可视化结果表示中，每个点都代表一个事物，点与点之间的距离越近，则表明事物在某个维度特征上越相似。因此，利用多维尺度法可形象地理解为根据产品间空间距离的大小判断最符合用户需求的推荐选择，十分符合心智模型的定量测量需求。

总的来说，日志数据客观真实地记录了用户的网站操作行为，通过挖掘日志数据可以获取用户关于网站的心智模型的测量指标。基于日志挖掘的用户心智模型研究方法逻辑关系如图 2-4 所示。其中从概念相似性角度研究用户心智模型，适用的研究方法是聚类分析法和路径搜索分析法；从概念空间性角度研究用户心智模型，适用的方法是聚类分析法和多维尺度分析法。

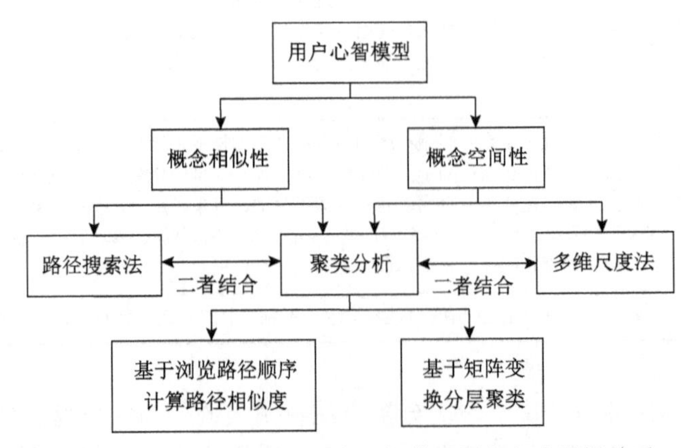

图 2-4　基于日志挖掘的用户心智模型研究方法逻辑关系

3. 日志挖掘与用户心智模型测量

下面主要介绍适用于心智模型测量的几种日志挖掘方法的基本原理。其中，主要以聚类分析法作为基础，使用路径搜索法优化网站目录体系，使用多维尺度法实施个性化推荐功能。

1) 聚类分析法

A. 聚类分析法的概念

聚类分析从逻辑角度或物理角度出发，研究数据之间的关系，依据一定规则将数据集划分为若干个类别，使每个类别中的数据点在性质上均相似。聚类分析的结果不仅可以展示数据间的内在联系和差异，而且为更深入的数据分析或知识发现提供重要的数据基础。由聚类分析生成的类别是对象的集合，这些对象与同一类别中的对象相似，与其他类中的对象相异。

从严格的数学角度，聚类的描述如下 (Anil and Richard，1988)：假设样本集为 E，类 C 为 E 的一个非空子集，即 $C \in E$ 且 $C \neq \varnothing$ 。聚类的过程就是找出满足以下两个条件的类 $C_1, C_2, \cdots, C_k$ 的集合：

(i) $C_1 \cup C_2 \cup \cdots \cup C_k = E$

(ii) $C_i \cap C_j = \varnothing$ (对任意 $i \neq j$)

其中，条件 (i) 限定了样本集 E 中的每个样本一定属于某一个类别。根据条件 (ii)，样本集 E 中的每个样本最多只能属于一个类别。

B. 聚类数据结构及相似性度量

在聚类分析中，采用不同的数据搜集方法会得到不同的数据结构，其中常见的数据结构主要有数据矩阵、相异度矩阵和相似度矩阵三种。

(1) 数据矩阵：数据矩阵为样本-属性结构。共有 n 个样本，每个样本包含 p 个属性，采用 $n \times p$ 矩阵形式来表示，具体表示如下，其中 x_{if} 表示第 i 个样本的第 f 个属性。

$$\begin{bmatrix} x_{11} & \cdots & x_{1f} & \cdots & x_{1p} \\ \vdots & & \vdots & & \vdots \\ x_{i1} & \cdots & x_{if} & \cdots & x_{ip} \\ \vdots & & \vdots & & \vdots \\ x_{n1} & \cdots & x_{nf} & \cdots & x_{np} \end{bmatrix}$$

(2) 相异度矩阵：相异度矩阵是样本-样本结构，其中元素是 n 个样本两两之间形成的差异值。采用 $n \times n$ 矩阵的形式来表示，具体表示如下：

$$\begin{bmatrix} 0 & & & & \\ d(2,1) & 0 & & & \\ d(3,1) & d(3,2) & 0 & & \\ \vdots & \vdots & \vdots & & \\ d(n,1) & d(n,2) & d(n,3) & \cdots & 0 \end{bmatrix}$$

其中，$d(i,j)$为样本 i 和样本 j 之间的相异程度，通常是非负数。当样本 i 和样本 j 非常相似时，数值接近 0；数值越大，表示两个样本越不相似。

(3) 相似度矩阵：相似度矩阵也是样本-样本结构，其中元素是 n 个样本两两之间形成的相似度值。采用 $n \times n$ 矩阵的形式来表示，具体表示如下：

$$\begin{bmatrix} 1 & & & & \\ r(2,1) & 1 & & & \\ r(3,1) & r(3,2) & 1 & & \\ \vdots & \vdots & \vdots & & \\ r(n,1) & r(n,2) & r(n,3) & \cdots & 1 \end{bmatrix}$$

其中，$r(i,j)$为样本 i 和样本 j 间的相似程度，通常满足$0 \leqslant r(i,j) \leqslant 1$。样本 i 和样本 j 越相似，该数值越接近 1；该数值越小，表示两样本越不相似。相似度测量将样本间的方向是否接近作为度量基础，常用的相似测度是相似系数，主要有角度相似系数和 Pearson 相关系数两种形式。

角度相似系数：又称为夹角余弦，即利用样本间的夹角余弦来度量样本之间的相似性，如式(2-1)所示：

$$\cos(x,y) = \frac{x^{\mathrm{T}} y}{\left[(x^{\mathrm{T}} x)(y^{\mathrm{T}} y)\right]^{1/2}} \tag{2-1}$$

Pearson 相关系数：Pearson 相关系数本质上就是数据中心化后的矢量夹角余弦，具体计算形式参见式(2-2)：

$$r(x,y) = \frac{(x-\overline{x})^{\mathrm{T}}(y-\overline{y})}{\left[(x-\overline{x})^{\mathrm{T}}(x-\overline{x})(y-\overline{y})^{\mathrm{T}}(y-\overline{y})\right]^{1/2}} \tag{2-2}$$

以上所述两种相似度测度中，均是其值越大，代表两个样本越相似，最大值为 1(Meiran and Fischman，1989)。在研究过程中需要根据研究目的，以及实验设计中数据搜集的方法，采用不同的数据结构，采用不同的相似度测量方法。

2) 路径搜索法

路径搜索法是 1985 年美国新墨西哥州立大学计算研究实验室的领导人 Schvaneveldt(1990) 根据语义网络理论和图形理论，研究发展出路径搜索量化规则，用来建构和分析知识结构。路径搜索法主要通过定量的指标来揭示认知结构，将近似矩阵经过分析后获得一个网络结构。通过对网络结构进行度量揭示隐藏或潜在的信息，而这些信息是无法从零散的原始数据中获取的。它将相似性评定矩阵转换成由节点和连线组成的概念图反映概念元素之间的关系(即路径搜索网络图)，直观揭示了个体的知识结构，因而用于表征心智模型。其中节点用来表示概念，而概念与概念间的距离为概念的关联关系，其以路径的最短距离作为两个节点间的距离，在概念间的距离上以权重值表示两个概念的关联程度。在生成了相关路径搜索网络图之后，为了深入研究，一般需要将两个网络图进行比较，分析其相似性和相异性。路径搜索法先将原始数据矩阵转换为路径搜索网络图，在一个路径搜索网络图中包含以下元素(余民宁，2002)。

节点：在一个路径图中会有 n 个节点，每个节点代表一个概念，可以用 $N_1, N_2, N_3, \cdots, N_n$ 表示。

边与权重：边连接节点与节点，每条边都有一个权重值，该权重值表示节点与节点之间的关联性。连接节点 i 与节点 j 的边以 e_{ij} 表示；而权重值以 W_{ij} 表示。

路径：代表从某节点到另一节点所经过的路线，如从节点 a 到节点 e，中间经过节点 b、节点 c 与节点 d，则从节点 a 到节点 e 的路径就可以用 P_{abcde} 或 P_{ae} 表示。节点 a 与节点 e 之间的路径通常以 $W(P_{ae})$ 表示。

图 2-5 给出了一例原始数据转换为节点与连接线示例，其中图左边给出了原始数据矩阵，图右边将原始矩阵节点间的关联以图形方式表达。

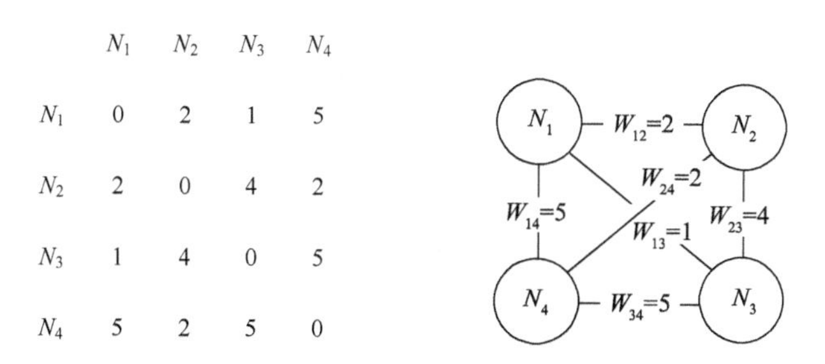

	N_1	N_2	N_3	N_4
N_1	0	2	1	5
N_2	2	0	4	2
N_3	1	4	0	5
N_4	5	2	5	0

图 2-5　原始数据转换为节点与连接线示例

图 2-5 仅为节点间的关联的图形方式表达，将原始数据矩阵转换为路径搜索网络图，还必须经过以下过程。

(1) 参数值设定：路径搜索法中有两个重要参数，即 r 及 q。参数 $r \in [1, \infty)$，用于计算图中任意两个没有直接连接的节点之间的距离。当 $r = 1$ 时，那么图中一对节点之间的路径权重由此路径上所有边的权值之和求得。当$r=2$时，它就成为通常的欧几里得度量；当r趋于无穷大时，那么图中一对节点之间的路径权重为此路径上所有边权值的最大值。参数$q\in[2,n-1]$（n是网络中的节点数）用于确定两个点之间的连接，这个参数计算两个点之间不违反三角不等式（潘明凤，2005）的可替换路径的连接数的上限。

(2)网络图权重值的计算：假定路径P是无向图中相连的点n_1到n_2，图中有k条边，其中权值分别是$W_1,W_2,\cdots,W_k$，路径n_1到n_2的权值表示为$W(P)$，可用式(2-3)计算：

$$W(P)=(\sum_{i=1}^{k}W_i^r)^{\frac{1}{r}} \tag{2-3}$$

(3)三角不等式判定：网络图中两点之间存在边，当且仅当其权值为两点之间的最短路径，这就是三角不等式。违反三角不等式的连接被认为是虚假连接，可以通过消除由原始数据构建的网络图中的虚假连接来揭示概念之间的关键连接，从而得出图2-6中的潜在结构。

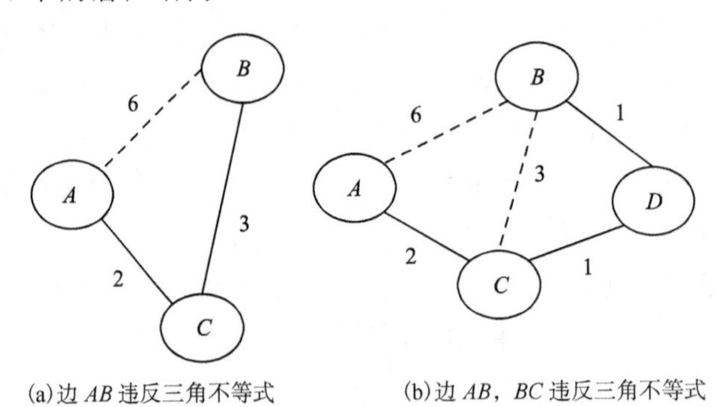

(a)边AB违反三角不等式　　(b)边AB，BC违反三角不等式

图2-6　三角不等式

(4)最小权重值的路径选取：节点N_i与其本身N_i的距离值为0，而节点N_i与节点N_j的最短距离为

$$d_{ij}=\min\left(W\left(P_{ij}^1\right),\left(P_{ij}^2\right),\cdots,\left(P_{ij}^m\right)\right)$$

(5)最短路径选择：接着上述例子，d_{13}最小的路径权重值为1，为$W(P_{13})$。仅保留该最短路径，即决定保留最小路径e_{13}，并删除其他路径。

运用前述第5项原则，只保留所有节点间的最小路径，可以将图2-5修改成如图2-7所示。

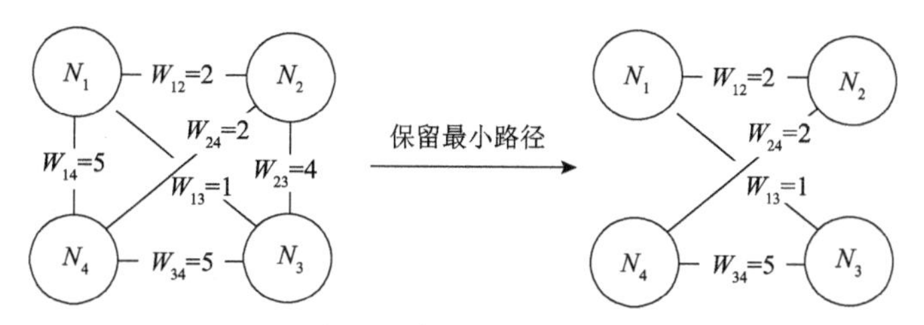

图 2-7　保留最小路径图

3) 多维尺度法

多维尺度法将评价者主观定性数据输入，经过降维处理，输出可视化的分析结果(Griffiths and Kalish，2002；Nishimura et al.，2009)。其目的主要是从“心理距离”的定序输入数据中，寻求一个最低维数输出空间，并以其中的空间距离直观地表示处理和分析的结果，从而揭示数据所包含的潜在规律(钱争鸣，1997；骆文淑和赵守盈，2005)。多维尺度法是检验观察数据是否能够反映研究者提出的结构关系的一种理想方法，分析过程主要包括如下几个步骤。

步骤 1：界定问题。研究问题的界定，是利用多维尺度分析进行数据分析的必要前提，只有明确了所需解决的问题，才能分析与之相关的因素指标。

步骤 2：获取数据。多维尺度分析的常见分析对象为相似性或差异性数据。数据类型又可分为：原始数据和间接数据。其中，间接数据是指基于原始数据加工处理后的数据，如相关系数等。数据搜集方法则主要包括四种方法：两两比较、三元组、归类法和排序法(Rao and Katz，1971)。通过不同方法收集的数据得出的多维尺度分析结果存在显著差异，因此在着手研究之前，必须慎重选择数据收集方法。许多学者对多维尺度分析的数据搜集方法进行了研究，如 Bijmolt 和 Wedel(1995)比较了不同的数据搜集方法，他们的研究结果表明，排序法、三元组这两种方法比较适用于数据集较小的情况，而归类法和两两比较法在相对较大的数据集上效果更高。但是由于归类法获取的被试认知信息较少，两两比较法是比较折中的方法。针对两两比较法，Tsogo 等(2000)提出将比较的对象进行随机删减或循环删减，通常删减掉 1/3 数据对结果的影响不会太大。

步骤 3：确定维数。该步骤的主要研究目标是以多维尺度分析空间图的形式，用最少的维数，最佳地拟合输出数据结果。同时选取最佳的维数也是多维尺度分析过程中的关键步骤。

步骤 4：命名坐标轴和空间图解释。该步骤包括如下两个部分：一是坐标轴的命名，主要依赖分析人员的主观判断；二是空间图的解释，主要包括聚类和维度。聚类代表了根据相似性的分类。若没有聚类或聚类不能正确地反映数据，就表明数据输入或结果不准确。维度则代表了数据中高层次分类标准。

步骤 5：评估有效性和可靠性。主要通过数据的有效性和多维尺度图的有效性两方面来进行评估。其中，数据的有效性是指每条数据记录的拟合优度、衍生扁平的权重等指标用于分析个体是否在标准之外，拟合情况是否较差等情况。此外，如果某个被试的数据与其他被试差异较大，则该条数据记录可作为无效数据。多维尺度图的有效性方面，低应力值(越接近于 0 越好)、高相关系数平方值(R^2越接近于 1 越好)。一般地，当 $R^2 \geqslant 0.6$ 时，被认为是可接受的。

第3章　网站用户信息获取中的心智模型机理研究

3.1　网站用户信息获取中的心智模型成熟度研究

在用户导向的今天，如何帮助用户从海量信息中寻找到所需内容是电子商务网站经营的重要任务之一。信息检索系统作为网站导航的一部分，需要对网站内容的显示、存储、组织和访问进行处理，使用户更容易找到他们感兴趣的信息，其设计要尽可能地从用户的使用习惯角度进行考虑，反映用户的主观知识构成。因此，设计者有必要对用户属性有全面的了解。

“心智模型”概念由Craik(1943)提出，其主要观点是心智能够构建现实的“小型模型”，以预测事件、进行推理或者把它作为解释的基础。应用到网络信息检索领域，就是说，在人机交互的过程中，用户通过与目标系统的接触构建起关于该系统的心智模型，在以后的检索过程中，其行为总是会受到自身心智模型的影响。而由于形成原因的千差万别，个体心智模型之间也都存在差异。

为了了解网站用户在使用信息检索系统过程中的心智模型状况，并对不同用户的心智模型进行归类和对比分析，我们将根据用户的心智模型完善度数据对某知名电子商务网站用户的心智模型进行分类研究，从而建立典型角色模型，以帮助设计者发现信息检索过程中的用户心智模型同网站检索系统实际设计间的差异，进而改善服务，满足用户需要。

3.1.1　心智模型完善度分类研究

在心理学领域，研究个体差异是当代认知心理学的重要组成部分。“心智模型”作为心理学理论中提出的一个概念，也有关于个体差异的研究。

1. 心智模型的个体差异

这里采用甘利人等(2010)的信息用户心智模型概念：信息用户的心智模型是用户在个人知识的基础上，经由检索经验和检索过程学习，而在脑海中形成的关于检索策略的信念，用以指导未来的行为决策。心智模型是个人在与周围环境接触的过程中慢慢发展起来的，它是一个相对持久的动力系统，主要体现在以下两部分。

1)与检索相关的个体背景知识

与检索相关的个体背景知识包括三个方面内容：①专业知识，即与检索任务有关的专业领域的知识；②检索知识，是指用户经过检索培训所获得的检索知识，也包括用户在自身检索经历中所塑造出的检索心智模型；③相关知识，包括如用户的基本逻辑判断能力、环境影响下形成的价值倾向和个体偏好等。

2)用户对检索方法的信念体系

这是人们在行为中对相应目标事物所具有的评价和行为倾向。信息用户在使用检索系统的过程中，会根据自身的专业知识、检索知识，产生对各类系统功能和性能的评价，并以此作为对各个系统期望产生的依据(白晨等，2009；甘利人等，2010)。

因此，造成心智模型个体差异的两个原因，一是个人因素，包括个体的教育背景、个人经历和工作环境等基本情况；二是个性因素，即个体的性格特征，如偏好因素和能力因素。

2. 信息用户心智模型完善度分类研究

尽管个体的心智模型由于其形成原因而各有差异，但仍然可以将个体心智模型按照一定标准进行分类。在心智模型的分类方面，国内学者主要关注的是组织管理领域中团队共享心智模型的分类，国外学者则主要致力于个体心智模型分类的研究(Case，2008)。

Borgman(1984)首次在图书情报领域开始进行心智模型的研究，试图引出信息检索系统用户的心智模型。心智模型完善度的概念则是由Dimitroff(1990)在研究文献目录交互检索系统中的用户心智模型时首次提出的。她使用量表测试用户在信息检索过程中的心智模型完善度，并发现被试所拥有的心智模型越完善，其在进行搜索过程中所犯的错误就越少，获得的有用信息就越多。她的研究为心智模型完善度量表的发展开创了先河，将用户的心智模型按照“完善”“优良”“不完善”“较差”进行分类，使得用户的心智模型可以按照完善度进行归类。Saxon(1997)改编了Dimitroff的心智模型完善度量表用于自己的实验中，在她的实验中，被试的心智模型完善度的不同水平通过精确地赋值评价体现出来。Li(2007)尝试使用这一方法对用户在使用网络搜索引擎时的心智模型完善度进行分类，她进一步改编了心智模型完善度量表，对16位不同经验背景的博士生心智模型的完善度进行了分析。

Li关于心智模型完善度的研究提出了一种心智模型的测量分类方法，即根据用户心智模型的完善程度进行区分。在测量用户关于检索系统的心智模型时，将其按照三大部分——检索性质、检索特征和第三方交互层元素——分别设置问题进行测试，形成心智模型完善度量表，用以指导研究者采集用户的心智模型数据。

在前期研究中，我们针对某知名电子商务网站搜索引擎的用户制作了心智模型完善度量表，从而收集用户的心智模型完善度数据，发现用户对网站搜索引擎的认知受到以下六个因素的影响——性别、专业背景、检索经验、满意度、认知风格和培训，其中“用户满意度”和“某知名电子商务网站培训(某知名电子商务网站检索功能使用培训)”对用户心智模型完善度的影响较大。

下面将以前期研究为基础进行某知名电子商务网站用户心智模型的分类研究，进一步了解用户所具备的关于某知名电子商务网站搜索引擎的认知状况，对用户认知行为进行分类，建立分类后的典型角色模型，以帮助设计者发现信息检索过程中的用户心智模型同网站检索系统实际设计间的差异，从而有针对性地进行搜索引擎系统的升级。

3.1.2　信息用户心智模型完善度聚类分析

在心智模型完善度的分类算法上，将采用统计软件 SPSS 中的系统聚类方法对收集的用户数据进行处理。

聚类分析(cluster analysis)即采用定量数学方法研究数据间逻辑上或物理上的相互关系的技术。其基本思想是把关系密切的对象聚合到一个小的分类单位，关系疏远的对象聚合到一个大的分类单位，直到把所有的对象聚合完毕。由聚类所生成的类是对象的集合，这些对象与同一个类中的对象彼此相似，与其他类中的对象相异。SPSS 提供的聚类的方法一般分为三种：一是二阶段聚类；二是 K 中心聚类，适合大量数据运算；三是层次聚类，也称系统聚类法(宇传华，2007；卢纹岱，2010)。

系统分类法，即基于层次的聚类算法，是对给定的数据对象进行层次上的分解，直到某种条件满足为止。系统聚类法的优点是：①距离和规则的相似度容易定义，限制少；②不需要预先制定聚类数；③可以发现类的层次关系。本书中需要对不同类别用户的心智模型完善度水平进行归类，塑造各类用户的典型模型，故采用系统聚类法对收集的某知名电子商务网站用户心智模型完善度数据进行分类研究，由系统自己根据数据之间的距离自动列出类别。开始时将参与聚类的每个样本视为异类，然后根据两类间的距离或相似性逐步合并，直到合并为一个大类为止，这使得研究者可以根据自身经验和研究需要对聚类结果树状图进行聚类类别的解读。

1. 度量样本之间相似程度的统计量

度量样本之间相似程度的统计量包括两个，即距离和相似度(宇传华，2007)。

1)距离测度

距离测度是以样本间的距离作为度量基础。分析中，我们将一个样本看作 P 维空间的一个点，并在空间内用某种度量测量点与点之间的距离，距离越近的点归为一类，距离较远的点归为不同的类。

样本间的距离测度的具体算法有很多种，常用的距离计算方法有：欧式距离、欧式距离平方、切比雪夫距离、马氏距离、明科斯基距离和自定义距离。

一般情况下，设样本 x 和 y 的距离记为 $d(x,y)$，两样本的距离定义应满足下面的公理：① $d(x,y) \geqslant 0$，当且仅当 $y=x$ 时，等号成立；② $d(x,y)=d(y,x)$；③ $d(x,y) \leqslant d(x,z)+d(z,y)$。

本书中采用的距离计算方法为欧氏距离平方，即两项间的距离是每个变量值之差的平方和。其计算公式为

$$\text{SEUCLID}(x,y)=\sum\nolimits_i (x_i - y_i)^2 \tag{3-1}$$

2) 相似度测量

相似度测量是以样本间的方向是否相近作为度量的基础。其原理是变量或样本的关系越密切，性质就越接近，相似系数的绝对值越接近 1；反之，相似系数的绝对值越接近于零，即样本的关系越疏远。样本之间相似系数大的样本归为一类，样本之间相似系数小的样本归为不同的类。常用的相似系数主要有夹角余弦和 Pearson 相关系数，相似系数常用 γ_{ij} 表示。

本节采用的相似度测量方法是 Pearson 系数。

设 $x_i=(x_{i1},x_{i2},\cdots,x_{ip})^{\mathrm{T}}$ 和 $x_j=(x_{j1},x_{j2},\cdots,x_{jp})^{\mathrm{T}}$ 是第 i 个和第 j 个样品的观测值，则二者之间的相似测度如式(3-2)所示：

$$\gamma_{ij}=\frac{\sum_{k=1}^{p}(x_{ik}-\overline{x}_i)(x_{jk}-\overline{x}_j)}{\sqrt{\left[\sum_{k=1}^{p}(x_{ik}-\overline{x}_i)^2\right]\left[\sum_{k=1}^{p}(x_{jk}-\overline{x}_j)^2\right]}} \tag{3-2}$$

2. 类间距离计算方法

系统分类法又可分为凝聚算法和分裂算法，在自底向上的凝聚算法方案中，首先将 N 个样本看作 N 类，然后合并距离最近的两类为一类，直到所有的数据组成一个分类或者某个条件满足为止。用 $D(p,q)$ 表示类 p 和类 q 之间的距离，常用的类间距离计算方法有：平均(组间)联结法、平均(组内)联结法、最近邻元素法、最远邻元素法、质心聚类法和 Ward 法(宇传华，2007)。

我们使用 SPSS 软件中的以上六种方法对某知名电子商务网站用户的心智模型完善度数据进行了探索性分类分析，并依据不同方法呈现出的结果的合理性，最终选择最远邻元素法的聚类结果作为信息检索用户心智模型分类的标准。即在聚类时采用两类中所有样本对距离的最大值作为两类间的距离，合并距离最近或相关系数最大的两类。其计算公式为

$$D(p,q)=\max\left\{d_{ij}\left|i\in G_p, j\in G_q\right.\right\} \tag{3-3}$$

但最远邻元素法也存在不足，由于在每次并类后都将不同类中最远的两个样本对距离作为类间距离，只有当两类的并集中所有的样本都相对近似时才被认为是靠近的。这使得分配到某个类的样本距其他类成员的距离可能比距离本类中的某些成员的距离更短。

3.1.3　实证研究

我们选择某知名电子商务网站作为目标网站，基于此前的用户心智模型完善度影响因素问卷调查结果，对用户心智模型的完善度进行聚类分析，探索网站用户心智模型的分类方式。

1. 实验设计

1) 实验任务

某知名电子商务网站提供给用户的检索方式主要分为两种：一种是关键词检索，即首页上部的检索框中输入检索关键词，直接进行检索；另一种则是目录检索，某知名电子商务网站提供给用户的一级分类目录共分成 27 类，用户可以按照所需产品的类别进行逐级检索。此外，某知名电子商务网站还提供了直接检索的扩展功能，包括 Advanced Search (高级检索) 和 Feel Luck (手气不错) 两种。

在实验中，用户需要体验某知名电子商务网站搜索引擎的以下几种功能。

(1) 使用 Search (搜索) 功能对每一级的 Catalog 进行穷举搜索，直到获得检索结果。

(2) 使用增加限定搜索词功能。查看产品中是否拥有与检索目标更为匹配的结果。

(3) 使用某知名电子商务网站的 Feel Lucky (手气不错) 功能。

(4) 使用某知名电子商务网站的 Advanced Search (高级检索)。

(5) 浏览一级目录，按类检索目标。

2) 实验实施

研究采用调查问卷的方式进行，首先募集被试于选定时间在实验室中统一参加实验。实验参加者为南京理工大学本科及研究生共 72 人，要求使用问卷中提供的检索词，进行某知名电子商务网站搜索引擎功能的体验，并完成问卷中心智模型完善度部分的填写。我们在实验参加者进行某知名电子商务网站搜索引擎体验后，将用户心智模型完善度的问卷调查数据作为变量进行聚类分析，从而对特征类似的用户心智模型行进归类，使得同一类中的个体有较大的相似性，不同类中的个体差异较大，以此归纳某知名电子商务网站各类用户的心智模型特征。

2. 数据说明

本书的心智模型完善度量表改编自 Li 的博士学位论文中的度量表，由检索性质、检索特征和人机交互过程中用户的检索习惯三部分组成。如表 3-1 所示，检索性质包括用户对一般/专业信息、限制性信息、索引和信息权威四部分的理解，设置 4 个问题；检索特征包括用户对检索帮助系统、检索匹配度、检索形式、检索中的限制和开放机制及检索结果排序方式五方面的理解，设置 7 个问题；检索习惯则用于测量用户在使用某知名电子商务网站检索系统时的交互水平，设置 8 个问题。针对三项标准设置的问题中有重复的题项，在问卷中我们共设置了 15 个问题，并以李克特五分量表的形式，分别从有利和不利两个方向赋予“非常不同意”到“非常同意”每个选项 1～5 分，如表 3-1 所示。

表 3-1　心智模型完善度量表测量标准与题号对应关系

<table>
<tr><th>一、检索性质</th><th>设置标准</th><th>对应题项</th></tr>
<tr><td>A. 一般/专业信息</td><td>知道某知名电子商务网站搜索引擎可以搜索具体或概括信息</td><td rowspan="4">1　我知道某知名电子商务网站提供工业品、消费品、原材料和服务四方面的商品信息。
2　我认为某知名电子商务网站能够提供给我所需的全部信息。
3　我知道某知名电子商务网站的检索结果是默认根据关键词出现频率排列的。
4　我知道某知名电子商务网站检索结果的信息可信度与信息发布者有关。</td></tr>
<tr><td>B. 限制性信息</td><td>知道某知名电子商务网站搜索引擎并不能检索得到所有用户所需信息</td></tr>
<tr><td>C. 索引</td><td>理解某知名电子商务网站搜索引擎是通过算法索引组织信息，使用户获取不同领域的信息</td></tr>
<tr><td>D. 信息权威</td><td>对检索结果保持质疑，并知道信息的权威性与发布者相关</td></tr>
<tr><th>二、检索特征</th><th>设置标准</th><th>对应题项</th></tr>
<tr><td>E. 检索帮助系统</td><td>知道某知名电子商务网站的高级检索功能，并使用高级检索获取更精确的信息</td><td rowspan="5">3　我知道某知名电子商务网站的检索结果是默认根据关键词出现频率排列的。
5　我知道某知名电子商务网站可以通过关键词检索和目录浏览两种方式获取信息。
8　我常常更换检索词来获取更多的产品信息。
11　我知道某知名电子商务网站检索结果可以选择按照“时间”和“名称”排序。
13　检索商品信息时，我知道可以通过高级检索使结果更加精确。
14　当判断某个结果是否符合要求时，我知道可以通过分析检索结果中的关键词是否被拆分来快速判断。
15　当检索结果中出现很多与主题不相关的内容时，我知道可以通过“结果中搜索”限制关键词。</td></tr>
<tr><td>F. 检索匹配度</td><td>了解某知名电子商务网站搜索引擎是一种寻找与检索词匹配信息的搜索引擎
理解不同的检索词(即使含义相近)会获得不同的检索结果
知道通过关键词拆分与否及关键词的相邻词语来判断检索结果是否符合上下文</td></tr>
<tr><td>G. 检索形式</td><td>知道不同的检索形式：关键词检索、目录浏览
知道高级检索特征</td></tr>
<tr><td>H. 限制或开放检索机制</td><td>知道使用布尔逻辑检索扩展或限制检索词</td></tr>
<tr><td>I. 检索结果排序</td><td>知道检索结果是按照相关度排列的，所以通常浏览前几页的检索结果
知道检索结果可以有多种排列方式，如按相关度、时间和名称</td></tr>
</table>

续表

三、检索习惯	设置标准	对应题项
J. 检索习惯	知道信息用户角色在直接检索中的重要性 知道在检索信息前，应先确定检索词，并浏览检索结果，以调整检索策略，获得更准确的结果	6　检索商品信息时，我通常会事先确定与信息相关的关键词。 7　我通常只进行一次检索，若未出现所需结果，我会直接放弃。 8　我常常更换检索词来获取更多的产品信息。 9　检索商品信息时，我通常只浏览检索结果的第一页。 10　我通常会按照结果显示的顺序点击链接获取信息。 11　我知道某知名电子商务网站检索结果可以选择按照“时间”和“名称”排序。 12　检索商品时，我对某知名电子商务网站提供的结果非常信任。 13　检索商品信息时，我知道可以通过高级检索使结果更加精确。

问卷在被试体验某知名电子商务网站搜索引擎功能后填写，最终我们将计算每位被试三项标准分别的总分，使得被试的得分与其心智模型完善水平成正比，用户的心智模型越完善，其得分越高。

根据上述对应关系，我们将每位用户的心智模型完善度数据按照测量标准分为三部分——检索性质、检索特征和检索习惯，每一部分由被试在该项中各题得分的平均分表示。

3. 实验结果

我们分别采用 SPSS 系统聚类中的六种类间距离计算方法对被试的心智模型完善度数据进行了分类处理，发现最远邻距离法获得的聚类结果控制在了五迭代之内，并且组内距离小，组间距离大，分类结果较为理想，所以选择该分类结果进行解释，如图 3-1 所示。

由聚类分析结果可以看出，被试的心智模型可以分以下四类。

第一类：被试心智模型完善度水平整体偏低，有 14 人，占比 19.4%。

第二类：被试对搜索引擎的普遍检索性质认知程度低于平均值，对某知名电子商务网站的检索特征认知程度得分及个人检索习惯得分都略高于平均水平，有 34 人，所占比例 47.2%。

第三类：被试对搜索引擎普遍检索性质认知程度较高，对某知名电子商务网站的检索特征认知处于平均水平，个人检索习惯属于依赖系统型，此类包含 15 人，占比 20.8%。

第四类：被试对搜索引擎普遍检索性质认知程度处于平均水平，对某知名电子商务网站的检索特征认知程度得分及个人检索习惯得分都高于平均分值，此类包含 9 人，占比 12.5%。

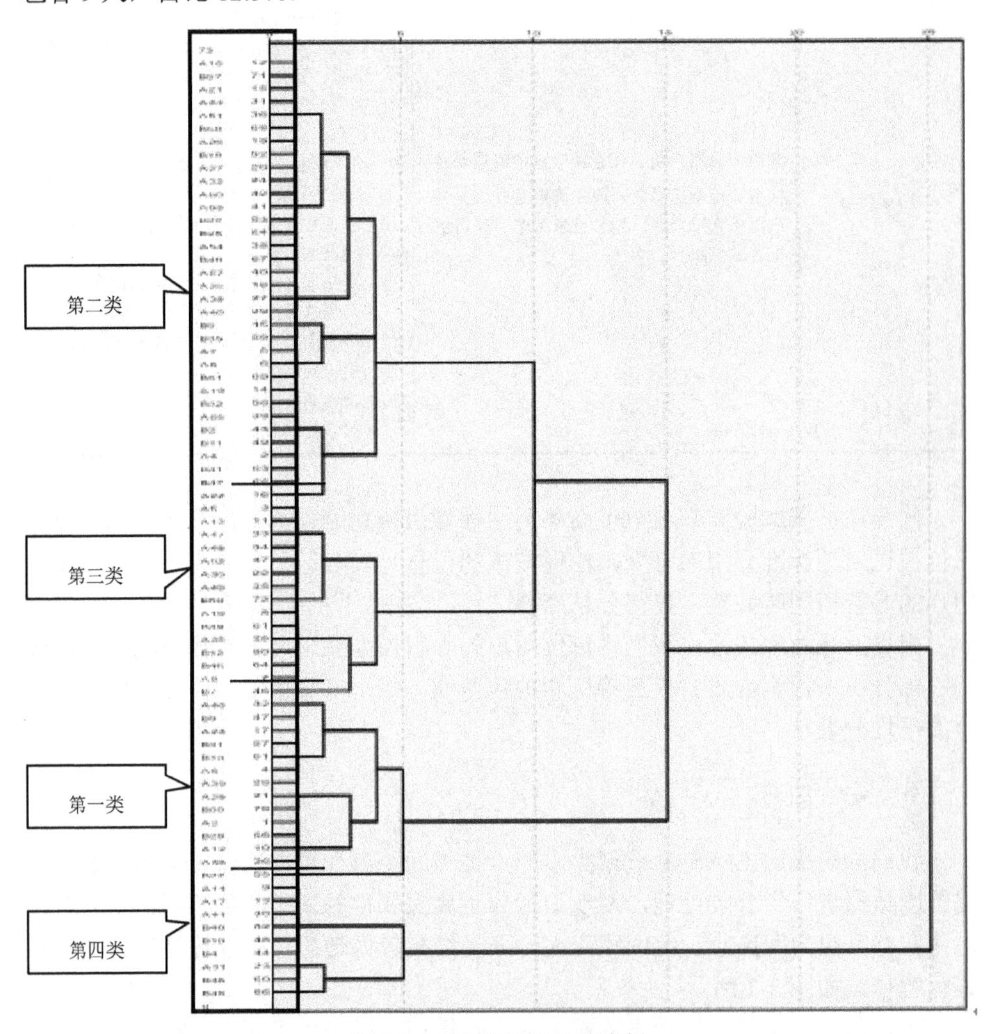

图 3-1　最远邻距离法聚类树

表 3-2 为各分类汇总统计结果。

表 3-2　用户心智模型四分类汇总统计

分组	人数/人	占比/%	检索性质		检索特征		检索习惯	
1	14	19.4	3.2143	低	3.0204	低	3.1161	低
2	34	47.2	3.2059	低	3.7605	中(略高)	3.4265	中(略高)

续表

分组	人数/人	占比/%	检索性质		检索特征		检索习惯	
3	15	20.8	3.7500	高	3.6571	中(略高)	3.1000	低
4	9	12.5	3.3889	中(略高)	4.0159	高	4.0833	高
总计	72	100.0	3.3438		3.6270		3.3802	

从表 3-2 中可以看出，分类中仅第四类被试心智模型完善度水平整体较高，占 12.5%。其他三类中，被试对于搜索引擎普遍检索性质的认知较高，对于某知名电子商务网站的检索特征认知中偏低，检索习惯偏向于系统依赖。

3.1.4 总结与展望

本书以某知名电子商务网站为例，选取用户在使用某知名电子商务网站搜索引擎时的心智模型完善度水平作为研究对象，采用调查问卷的方法，对用户数据进行收集，尝试对不同类别用户的心智模型完善度水平进行归类，塑造各类用户的典型模型。

聚类分析的实验结果说明用户在平时生活中接触搜索引擎可能较多，对搜索引擎的普遍性质较为了解。但由于网站内部的搜索引擎还有其自身的特点，在使用过程中用户由于各种原因无法认识到这些特征，这就要求设计者在设计检索系统的过程中对网站自身所拥有的特殊检索特征做一定的解释，以帮助用户在检索过程中建立起关于网站内部搜索引擎的完善心智模型。

另外，调查中还发现用户在使用搜索引擎时，其检索习惯多偏向于依赖系统，针对这一现象，网站设计必须多从用户角度考虑，尽可能地保证检索结果的检准率和检全率，完善如热门搜索推荐等拓展功能，从而帮助用户获取所需信息。

本次研究和此前进行的心智模型完善度影响因素研究，两次实验同时说明了用户满意度和用户对网站搜索引擎功能解释的理解，对于用户建立起完善的心智模型存在很大影响。因此，为了提高电子商务网站的易用性，可以进一步针对用户满意度和检索功能进行细化分析。

3.2 网站用户信息获取中的心智模型概念关联性测量研究

信息获取是指个体在信息需求的激励下，为得到满意的结果(满足认知或情感上的需求)，对网站进行主动的信息查找活动(朱婕，2007)，主要有信息检索、有目标的信息浏览和信息交互三种形式(欧阳剑，2009)，有效的信息获取是用户愿意继续与网站交互的前提。用户进行信息获取时，用户的行为意向由心智模型决定。心智模型是影响用户与网站交互时内在的、可预测的认知模型，是描述系统目标和形式、解释系统功能、预测系统未来状态的用户知识结构和信念体系(Darabi et al.，2010)。网站设计师的表现模型离用户心智模型越近，用户就会发现系统界面信息越容易理解和获取(Norman，2002)。

那么用户在网站信息获取中的心智模型如何，有哪些关键的活动，受到哪些因素影响，又如何将内隐的心智模型外在地表现出来，如何从定量的角度测量用户理解网站的心智模型，如何通过实验的方法去测量用户的心智模型与实际网站表现模型之间的差异，并进行可视化表现？一直是网站用户行为研究所需要解决的难题。本书围绕这一主题，在第 2 章探索了网站用户的信息获取与心智模型的关系；在第 3 章探索网站用户心智模型的测量方法，并重点论述路径搜索法的算法及应用；第 4 章将结合网站分类系统进行实证研究。

3.2.1　信息获取与心智模型研究

信息获取是以用户为活动主体的行为过程，是一个人机交互的过程。心智模型在整个信息获取过程中起到了指导作用，它决定了用户在进行信息获取时所采取的行动，而信息获取的结果又影响着用户的心智模型，用户会根据结果反馈及时调整自身的心智模型。

1. 信息获取与心智模型的关系

从行为学的角度，信息获取作为人类与环境进行信息交互的信息行为必然受到需求和动机的支配。从这个意义上说，信息需求是信息获取行为的原动力，它属于个体心理活动的范畴。另外，研究表明情感和认知上的不确定是个体产生信息需求的根本原因。

事实上，信息获取作为个体的一种信息行为从行为动机到行为目的、从行为开始到行为结束，远非是一个单一的“物理行为”的过程，而是一个伴随认知甚至情感等心理因素在内的，并与“物理行为”交织在一起的身心俱动过程。信息与个体的认知结构进行交互作用时，个体头脑里将发生一系列变化(邓小咏和李晓红，2008)。信息获取过程中的交互作用如图 3-2 所示。

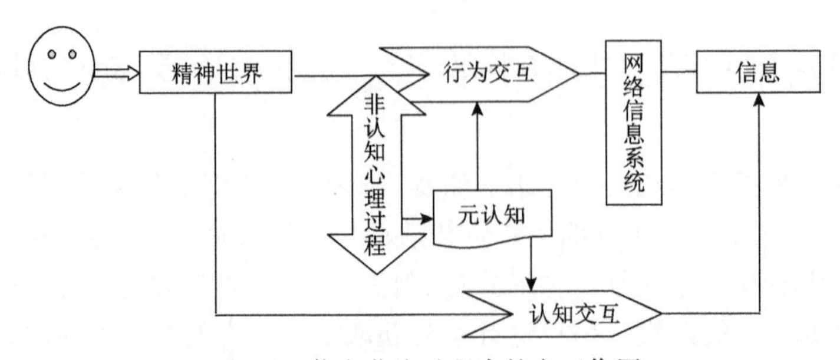

图 3-2　信息获取过程中的交互作用

从图 3-2 中可以看出，在信息获取过程中，包含着两个方面的相互作用：一个是信息用户和信息系统的相互作用，称为“行为交互”；另一个是个体内心世界即意识思维与情报学意义上的信息进行的“认知交互”。后者通过个体信息获取行为的发生、改变及结束，可以进行判断或推测。

心智模型的主要内容体现为结构化的知识和信念，信念就是指对信息和事物产生解释性的思想，经过一段时间形成的对外部世界较为稳固的认知反应。因此，用户在信息获取过程中的认知反应也可理解为用户心智模型的体现。

2. 信息获取中心智模型的关键活动

麻省理工学院多媒体实验室的 Nikolaos(2004) 提出动态心智模型公式 $D = \{W,S,F\}$，其中 W 是个体某一时刻个体心智状态的描述集合，S 是个体对环境反馈的归因方程，F 是个体对事件未来发展趋势的预测函数，个体的心智模型可以被修正、改进或被彻底否定，这取决于其预期是否得到环境反馈的检验，这是一个在描述、归因、预测三个关键活动中循环、迭代的过程。当环境反馈多次确认同一个心智模型时，这个心智模型就以某种方式固化，Nikolaos 同时定义了描述状态集合、归因方程、预测函数及相关数学推理公式，该公式将心智模型研究从静态的观测、描述推进到动态的推理、测量、模拟，使得心智模型更具有现实的应用价值。基于该公式所表达的心智模型三种关键活动(吕晓俊，2007)，如图 3-3 所示。

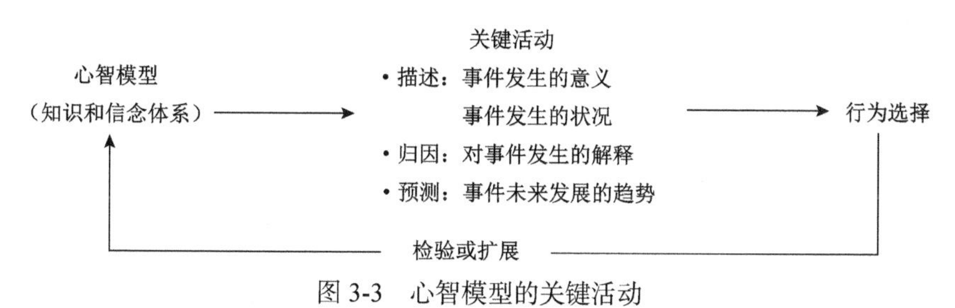

图 3-3　心智模型的关键活动

从图 3-3 中我们可以发现，心智模型允许个体和周围环境发生频繁的互动，洞察和回忆环境中各因素之间的关系，对未来的事件发生构建期望。面对外界环境，通过心智模型对社会事件的三类活动(描述、归因和预测)，个体将做出适应性的行为选择，行动的结果一方面检验了自身的心智模式；另一方面，结果所反馈的信息能充实和扩展原有的心智模式。从某种意义上，个体终其一生都在不断地寻找验证心智模式的证据，并将完善心智模式作为最终的目标。

在信息获取过程中，心智模型的关键活动就对应于信息获取过程的相关活动。用户信息获取中的“描述”是指对需求理解和网站界面设计理解；信息获取中的

“归因”是指对获取结果的解释；信息获取中的“预测”是指调整心智模型，进行新一轮的获取。这说明心智模型贯穿于信息获取的整个过程中，指导着用户的信息获取行为，又根据结果反馈调整心智模型，最终调整信息获取中的操作。

3. 信息获取中个体心智模型的影响因素

用户信息获取的心智模型的形成是一个连续、迭代的过程，心智模型经过调整会不断得到完善和成熟。在这过程中，个人因素、个性特征因素、场景因素影响心智模型的发展。

个人所经历的社会事件在内容上具有差异，当然会对心智模型产生影响作用。而在网络环境中，由于其特殊的虚拟环境，个体因素也会存在一定的特性，网站用户信息获取中的心智模型主要有性别、知识背景、经验背景、培训这几个影响因素。

(1) 性别：有众多的研究发现男性和女性的认知偏好各有优势，男女性别在信息汲取的方式和内容上有差异性，因而表现在心智模型上各具特点。因此，在本书中，我们也将其作为一个影响因素，研究其在网络环境中对信息获取中心智模型的影响。

(2) 知识背景：这里我们将知识背景按其深度和广度分为两种，一种是学习知识的深度；另一种是专业背景的不同。简单而言，就是同专业、不同学习程度和不同专业两种情况。在本书中，会将这两个因素作为研究对象分类的依据，研究其对心智模型的影响。

(3) 经验背景：在现实生活中，个人经验对我们如何看待生活或特定事件有着重大影响，而在网络环境中，个人经验对用户的信息行为也是存在一定影响的。个人经验在此可以理解为用户是否访问过类似网站，本书中我们将会研究电子商务网站分类体系，因此也可进一步理解为用户是否使用过网站商品分类体系这样更为直接的经验。

(4) 培训：在处理某些转折或是新任务时所受到的特别训练，这些训练比平时所接受的教育更具体，更具有针对性，因此会对用户的心智模型产生影响。在本书中，也会对比某些研究对象培训前后的差异。

3.2.2　网站用户信息获取时心智模型的测量

1. 心智模型的测量过程

心智模型测量具体涉及两大环节：一是心智信息的记录；二是对心智数据评估与归类，对现有常用的方法归纳请见 2.2.1 小节。

1) 心智模型记录方法

心智模型记录的主要方法主要包括访谈法、出声思考法、概念图法和卡片分类法，在此主要介绍一下卡片分类法，该方法被应用于本书的部分实验中，此处采用卡片分类法。

当我们需要了解用户对于网络界面导航结构一类对象的理解时，卡片分类法有较大的优势，它不需要被试记住自己所访问过的节点，这会使用他们太多的记忆负荷，而只需根据一系列被打乱地摆放在桌面上的主题概念卡片，依据自己的理解将其进行归类，由此可以观测用户对某类网站，如商品购物导航结构路径的心智模型。

卡片分类法是用来对信息块进行分类的一种技术，可以创建一种结构以最大限度地满足用户查找信息块的可能性。它通常用于定义网站结构。

(1) 开放式卡片分类法：对网站进行信息组织时，完全由用户决定把卡片分为几组，每组有多少张卡片，最后由用户给分好的组进行命名的一种方法。

(2) 封闭式卡片分类法：对网站进行信息组织时，事先由网站创建者确定全局导航的个数，并把全局导航的名称标识出来，让用户根据自己的期望把各个卡片分别归在不同的全局导航下的一种方法(张雪等，2007)。

多数学者在将卡片分类法用于研究用户心智模型时，采用的是封闭式卡片分类法，即给用户指定数量和种类的卡片，要求用户根据自己内心的知识结构将各个卡片进行归类，可以避免由用户个体差异造成的分类结果过乱。本书的实验中，选取目标网站分类体系中的部分概念让被试对其进行分类。

2) 心智信息评估测量方法

对用户心智模型测量的第二步就是评估，目的在于区分或提炼出不同类型的心智模型。20 世纪 90 年代以来，人们提出过一系列的心智模型测量方案，具体可将其分为主观评估测量与客观评估测量两类。主观评估测量法具体见 2.2.1 小节，客观评估测量主要包括三类：概念地图法、路径搜索法和多维尺度法，本次研究采用路径搜索法。

路径搜索法是 1985 年美国新墨西哥州立大学计算研究实验室的领导人 Schvaneveldt 率领研究小组，根据语义网络理论和图形理论，研究发展出路径搜索量化规则，用来构建和分析知识结构。路径搜索分析是一个理论图形方法，能将近似矩阵经过分析后获得一个网络结构。通过对网络结构进行度量揭示隐藏或潜在的信息，而这些信息是无法从零散的原始数据中获取的。目前路径搜索法在人机交互领域有广泛应用。本书中会重点运用该方法进行数据处理并依据其实现可视化。

2. 路径搜索法

心理近似数据是由个体感知的概念之间的相关性或紧密性的主观评估，可以将评估矩阵转换成由节点和连线组成的网络图，其中概念表征为节点，而概念间的关系表征为节点间的关系，以路径的最短距离作为两个节点间的距离，在概念间的距离权重值为两个概念的关联程度。基于这一假设，路径搜索法通过定量指标来揭示认知结构(如人机互动)，其结果是一个网络化的表征——路径搜索网络图，可以有效地进行心智模型内容(如陈述性知识和过程性知识)的描述与可视化(Kudikyala and Vaughn，2005)。

在网站用户信息获取过程中，需要收集相关的数据来描述网站设计师和网站用户的心智模型，这种心智模型最终将以路径搜索网络图的形式予以体现。最终产生的路径搜索网络图要进行对比分析，来检查他们对于网站界面理解的相似性和相异性。

1)用户心智模型原始矩阵的生成

路径搜索法先将原始数据矩阵转换为路径搜索网络图，在一个路径搜索网络图中包含以下元素。

(1)节点：在一个路径图中会有 n 个节点，每个节点代表一个概念，可以用 N_1，N_2，N_3，…，N_n 表示。

(2)边与权重：边连接节点与节点，每条边都有一个权重值，该权重值表示节点与节点之间的关联性。连接节点 i 与节点 j 的边以 e_{ij} 表示；而权重值以 w_{ij} 表示。

(3)路径：代表从某节点到另一节点所经过的路线，如从节点 a 到节点 e，中间经过节点 b、节点 c 与节点 d，则从节点 a 到节点 e 之间的路径就可以用 P_{abcde} 或 P_{ae} 表示。

(4)节点 a 与节点 e 之间的路径通常以 $W(P_{ae})$ 表示。

以上概念可以从下面的例子来看，原始数据矩阵如图 3-4 左侧所示，根据原始矩阵绘图如图 3-4 右侧所示。

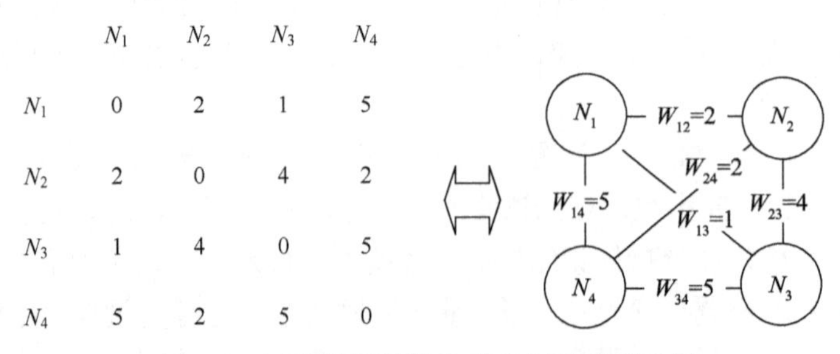

	N_1	N_2	N_3	N_4
N_1	0	2	1	5
N_2	2	0	4	2
N_3	1	4	0	5
N_4	5	2	5	0

图 3-4　原始数据转换为节点与连接线示例

2)路径搜索网络图的生成

将节点间的关联以图形方式表达转换为路径搜索网络图，必须经过以下过程。

(1)参数值设定：路径搜索法中有两个重要参数，即 r 及 q。$r \in [1,\infty)$，用于计算图中任意两个没有直接连接的节点之间的距离。当 $r=1$ 时，那么图中一对节点之间的路径权重由此路径上所有边的权值之和求得。当$r=2$时，它就成为通常的欧几里得度量；当r趋于无穷大时，那么图中一对节点之间的路径权重为此路径上所有边权值的最大值。$q\in[2,n-1]$（n是网络中的节点数），用于确定两个点之间的连接，这个参数计算两个点之间不违反三角不等式的可替换路径的连接数的上限。

(2)网络图权重值的计算方法：假定路径P是无向图中相连的点n_1到n_2，图中有k条边，其中权值分别是$W_1,W_2,\cdots,W_k$，路径n_1到n_2的权值表示为$W(P)$，可用式(3-4)计算：

$$W(P)=\left(\sum_{i=1}^{k}W_i^r\right)^{\frac{1}{r}} \tag{3-4}$$

(3)满足三角不等式判定：一个网络中若有q个三角形，则仅存路径m个连接，且$m\leqslant q$，这些连接必须满足三角形不等式。则必须遵守式(3-5)：

$$W_{n_1n_k}\leqslant\left(\sum_{i=1}^{k-1}W_{n_in_{i+1}}^r\right)^{\frac{1}{r}},\forall k=2,3,\cdots,q \tag{3-5}$$

在一个有n个节点的图形中，如果没有循环时，最多会有$n-1$个边，将q参数设为$(n-1)$，可以避免违反三角不等式公式。

(4)选取路径中的最小权重值：节点N_i与其本身N_i的距离值为0，而节点N_i与节点N_j的最短距离为

$$d_{ij}=\min\left(W(P_{ij1}),W(P_{ij2}),\cdots,W(P_{ijm})\right)$$

(5)选择最短路径，并仅保留该最短路径：接着上述例子，d_{13}最小的路径权重值为1，为$W(P_{13})$。即决定保留最小路径e_{13}，并删除其他路径。

运用前述第5项原则，获得所有节点间的最小路径，可以将图3-4修改成如图3-5所示。

图3-5　保留最小路径图

3)路径搜索网络图的对比

在生成了相关路径搜索网络图之后，需要将用户和网站设计师的路径搜索网

络图进行比较，分析其相似性和相异性，经常运用的路径搜索网络图对比算法为GT-PD算法(潘明风，2005)，GT-PD算法是以图形理论为基础，基于网络图的路径距离来计算全局相关系数，对于有特殊要求的项目，还可以计算对应单个概念之间的相关系数。这里以系统开发为例，将网站设计师和用户的路径搜索网络图进行对比分析，详细介绍该算法的使用方法。

例如，表3-3是一个美容网站分类系统的部分关联概念，图3-6是网站设计师的路径搜索网络图，表3-4是其概念距离矩阵；图3-7是网站用户的路径搜索网络图，表3-5是其概念距离矩阵。由表3-4得到开发者的路径搜索网络图的距离向量为(1 1 2 2 2 2 2 1 1 3 3 3 3 1 1 2 4 4 4 4 2)，记为A，由表3-5得到用户的路径搜索网络图的距离向量为(1 2 1 1 3 3 1 2 2 2 2 3 3 1 1 2 4 4 4 4 2)，记为B。

表3-3　美容网站分类概念

编号	概念	编号	概念
1	美容	5	护肤
2	化妆	6	爽肤水
3	香水	7	面膜
4	粉饼		

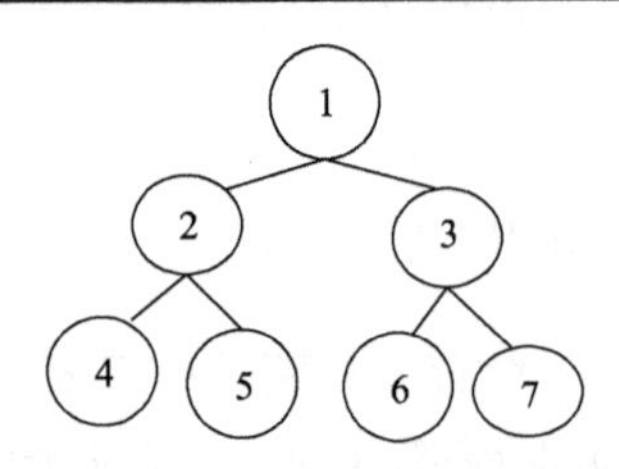

图3-6　网站设计师的路径搜索网络图

表3-4　网站设计师的概念距离矩阵

节点	1	2	3	4	5	6	7
1	—	1	1	2	2	2	2
2		—	2	1	1	3	3
3			—	3	3	1	1
4				—	2	4	4
5					—	4	4
6						—	2
7							—

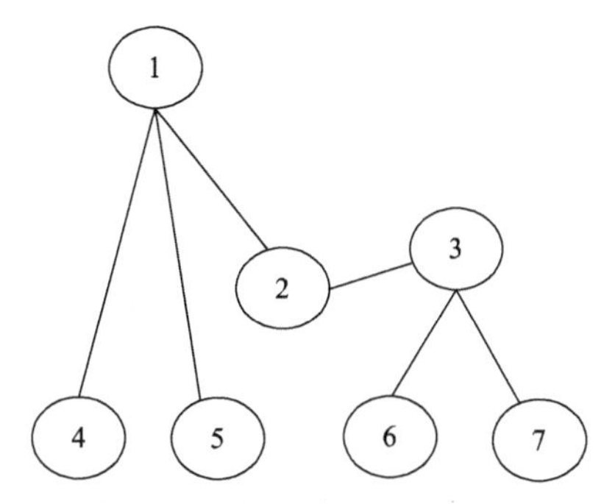

图 3-7　用户的路径搜索网络图

表 3-5　用户的概念距离矩阵

节点	1	2	3	4	5	6	7
1	—	1	2	1	1	3	3
2		—	1	2	2	2	2
3			—	3	3	1	1
4				—	2	4	4
5					—	4	4
6						—	2
7							—

根据 A、B 距离向量，用式(3-6)计算全局相关系数 GTDCC_{PAB}：

$$\mathrm{GTDCC}_{PAB}=\frac{\sum(a-\overline{a})(b-\overline{b})}{\sqrt{\sum(a-\overline{a})^2\sum(b-\overline{b})^2}} \tag{3-6}$$

其中，a 为距离向量 A 中的元素；$\overline{a}$ 为距离向量中所有元素的平均值；同理，b 为距离向量 B 中的元素，$\overline{b}$ 为距离向量中所有元素的平均值。相关系数的范围为[−1,+1]，−1 表示两个图是不同的，+1 表示两个图是相同的。相关系数值越小，表明两个图的相似性就越低。为了防止分母变 0，当 $\sum(a-\overline{a})^2$ 或者 $\sum(b-\overline{b})^2$ 等于 0 的时候，相关系数赋值为 0。

同理，两个点之间的路径距离的相关系数也可以用该公式计算。唯一不同的是从一个特殊的节点到其他节点的路径距离表示在向量 A 和 B 中。例如，在图 3-7 中节点 1 的距离向量为(1 2 1 1 3 3)。

路径搜索网络图以距离矩阵的形式表示，其中数值表示对应节点之间的距离。距离矩阵以长度为 $(n^2-n)/2$ 的向量表示，n 为节点数，涵盖了所有的节点对。

一旦确定每个图的距离向量，那么通过计算全局相关系数和局部相关系数就可以比较网络图之间的相似性与相异性。对网络图的所有节点进行路径距离计算，全局相关系数测量两个网络图之间所有节点的对应路径距离的相关性。

算法中将应用如下启发式规则(Kudikyala and Vaughn，2005)。

(1)网络图之间或者节点之间的相关系数值低于0.4被认为是没有相似性或者低相似性，表明理解上存在很大的差异。

(2)网络图之间或是节点之间的相关系数值在 0.4～0.7 被认为是中等程度的相似性，表明理解上有些差异。

(3)网络图之间或者节点之间的相关系数值大于 0.7，被认为具有较大的相似性，表明理解基本相同。

3.2.3　实证研究

本书是基于网站用户信息获取的研究，但是网站所包含的内容很多、范畴很大，因此我们在实证研究中选取网站分类体系作为研究对象，这是网站用户信息获取研究中具有代表性的案例，网站分类体系是一种以网络信息资源为对象，按照其内容、特征等的相互关系建立的网络检索工具，它是人们在网站信息获取中使用频率较高的工具。因此，以此为例，本书中选取封闭式卡片分类法设计实验，运用该方法记录用户心智信息，运用路径搜索法对记录结果进行定量测量，并验证信息获取中影响用户心智模型的因素。

1. 实验假设

根据相关理论，在实验之前，提出以下假设。

假设 3-1　性别对用户关于网站分类体系的心智模型具有影响作用。

假设 3-2　专业背景对用户关于网站分类体系的心智模型具有影响作用，用户专业背景与分类体系的类别相关性越高，用户基于网站分类体系的心智模型与网站分类体系的设计模型相似性就越高。

假设 3-3　专业知识的深度，在此我们理解为相关专业的不同年级，对于用户关于网站分类体系的心智模型具有影响作用，用户对分类体系的相关专业知识理解越深入，用户关于网站分类体系的心智模型与网站分类体系的设计模型相似性就越高。

假设 3-4　经验背景对于用户关于网站分类体系的心智模型具有影响作用，用户对于网站分类体系的熟悉程度越高，用户关于网站分类体系的心智模型与网站分类体系的设计模型相似性就越高。

假设 3-5　培训对用户关于网站分类体系的心智模型具有显著的影响作用，经过培训后用户对分类体系的理解会越接近网站所呈现的系统模型。

2. 实验设计

1) 实验网站分类体系说明

以卓越网作为目标网站，选定计算机类图书为目标分类体系，从每一层级中挑选一些具有代表性的类别及其子类商品，形成标准路径的分类树。在本实验中选择了表3-6中的九个概念，卓越网上这九个概念所形成的标准路径如图3-8所示。

表3-6　实验概念

编号	实验概念	编号	实验概念
1	数据库设计与管理	6	Linux
2	数据挖掘	7	操作系统理论
3	算法与数据结构	8	操作系统
4	程序语言与软件开发	9	搜索引擎
5	数据库		

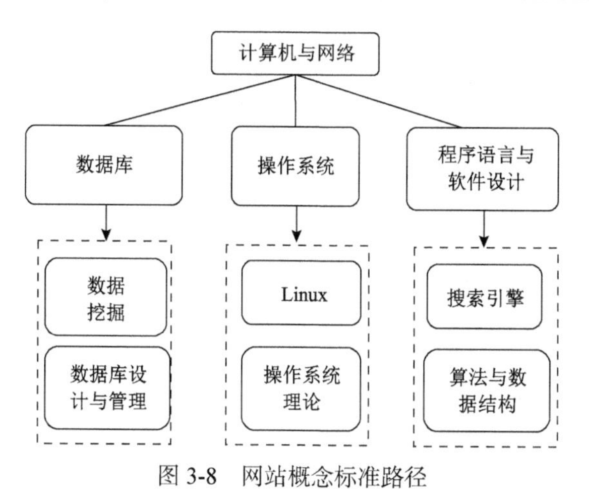

图3-8　网站概念标准路径

2) 实验实施

为了验证假设，我们在选择研究对象时，参考了影响要素，主要是根据性别和知识背景两个可控制的因素来进行选择的。我们的研究对象包括三类：信息管理专业大四学生、非信息管理专业大四学生及信息管理专业大一学生。

根据实验方法中的介绍，实验中应该给被试指定数量和种类的卡片，但是为了实际操作的方便，在实验中不做成具体卡片，而是以文档的形式，将需要分类的所有概念(商品类别)呈现给用户；要求用户按照自己所理解的层级关系，将相应的概念填写在一张组织结构图上，这样的方法本质意义上仍然是卡片分类法，所达到的效果是一样的。

3. 数据分析

1）数据处理

为了提高网络图的易读性，我们将包括“计算机与网络”在内的每个概念都用序号进行标识。概念与序号的对应关系如表 3-7 所示。

表 3-7　概念与序号对应表

序号	概念	序号	概念
1	计算机与网络	6	程序语言与软件开发
2	数据库设计与管理	7	数据库
3	数据挖掘	8	Linux
4	算法与数据结构	9	搜索引擎
5	操作系统	10	操作系统理论

在本书中，我们假设每条边的权值均为 1，$r=1$。我们将卓越网的路径作为标准路径，根据标准路径可得到网站标准路径搜索网络图，根据 GT-PD 算法，先将网站路径搜索网络图（图 3-9）表示成距离矩阵。其中，表 3-8 是网站的上三角概念距离矩阵，其距离向量 A 为（2 2 4 1 1 1 2 2 2 2 4 3 3 1 4 4 4 4 3 3 1 4 4 4 3 1 3 4 2 4 2 2 1 3 1 2 3 1 3 3 3 3 4 2 4），求得 $\overline{a}=2.64$。

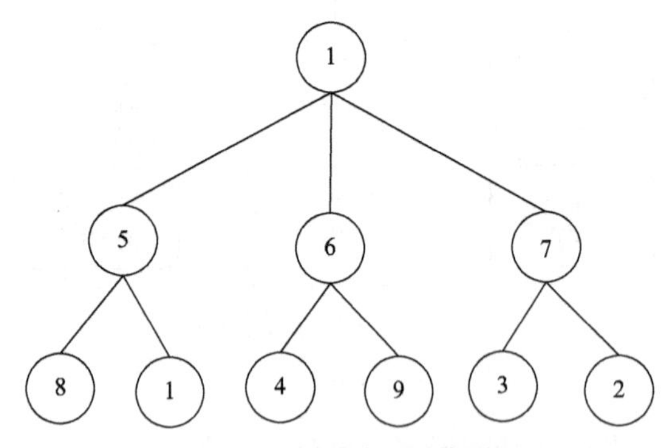

图 3-9　标准路径网络图

表 3-8　网站的上三角概念距离矩阵

节点	1	2	3	4	5	6	7	8	9	10
1	—	2	2	2	1	1	1	2	2	2
2		—	2	4	3	3	1	4	4	4
3			—	4	3	3	1	4	4	4
4				—	3	1	3	4	2	4

续表

节点	1	2	3	4	5	6	7	8	9	10
5					—	2	2	1	3	1
6						—	2	3	1	3
7							—	3	3	3
8								—	4	2
9									—	4
10										—

以某个被试的问卷为例，其路径搜索网络图如图 3-10 所示，其上三角距离矩阵如表 3-9 所示，其距离向量 B 为(2 2 1 1 1 1 2 1 2 2 2 3 3 1 4 3 4 3 3 3 1 4 3 4 2 2 2 3 2 32 2 1 2 1 2 3 2 3 3 2 3 3 2 3)，求得 $\overline{b}=2.31$。

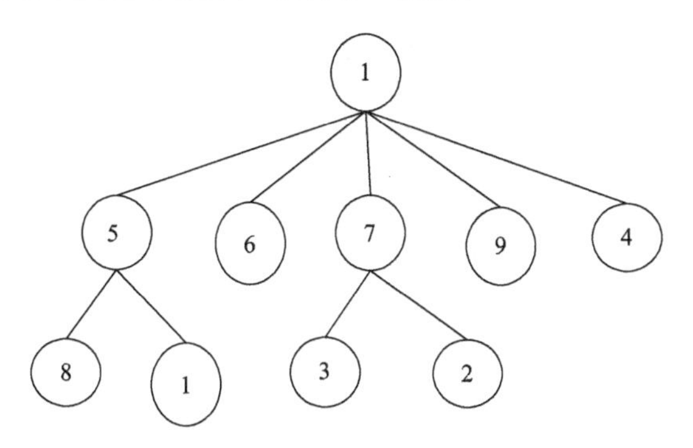

图 3-10　某个被试的路径搜索网络图

表 3-9　某个被试的上三角距离矩阵

节点	1	2	3	4	5	6	7	8	9	10
1	—	2	2	1	1	1	1	2	1	2
2		—	2	2	3	3	1	4	3	4
3			—	3	3	3	1	4	3	4
4				—	2	2	2	3	2	3
5					—	2	2	1	2	1
6						—	2	3	2	3
7							—	3	2	3
8								—	3	2
9									—	3
10										—

将网站网络图和被试网络图的距离向量代入公式 $\mathrm{GTDCC}_{PAB}=\dfrac{\sum(a-\overline{a})(b-\overline{b})}{\sqrt{\sum(a-\overline{a})^2\sum(b-\overline{b})^2}}$，算得全局相关性系数为 0.814。

同理，可以表示出每个节点的距离向量，代入公式中计算得到单个节点的相关性系数，计算结果如表 3-10 所示。从计算所得数据可以看出，该用户对所给概念的理解与网站标准路径相似性很大，说明该被试关于所给概念的心智模型与网站最终呈现给用户的系统模型相似性很大，用户的理解很到位。这只是某个被试的实验结果，按照这样的算法，可以对每个被试的实验数据进行分析，计算得出全局相关系数和单个节点的相关系数，这样就可以对不同类别的被试进行分析，验证假设；除此之外，还可以算出单个节点的平均值，以此分析用户对每个节点的理解与网站所呈现的模型相似性有多大，这样可以看出系统模型中哪些概念与用户理解偏差较大，便于做出相应的调整。

表 3-10　某个被试的单个节点相关性系数

节点	相关性系数	节点	相关性系数
1	0.632	6	0.889
2	0.920	7	0.881
3	0.830	8	0.920
4	0.791	9	0.791
5	0.881	10	0.920

2）影响因素分析

按照上述方法计算得出每个被试的全局相关性系数，然后运用 SPSS 软件进行影响要素的分析。在运用该软件进行分析的过程中，我们主要运用方差分析。方差分析是研究在因素影响过程中，因变量在各个因素水平下的平均值之间的差异检验。

A. 性别

首先，针对性别进行分析。将相似值作为因变量，性别作为因子。首先是方差齐性分析，如表 3-11 所示，$P>0.05\ (P=0.314)$，方差有齐性，通过 Levene 方差齐性检验。

表 3-11　方差齐性检验

方差齐性检验	df_1	df_2	Sig.
1.041	1	41	0.314

表 3-12 为方差分析结果。从显著性水平 $P>0.05\ (P=0.456)$ 可以看出，男生

和女生的相似值平均值无显著差异。实际算得结果为女生平均值为0.609，男生平均值为0.651，男生相似性系数略高于女生相似性系数。从得分可看出，似性系数。从得分可看出，男女生对网站分类的理解都处于中等水平，与网站分类体系存在一些偏差，但两者区别并不大。所以从分析结果可看出，假设3-1不成立，性别不是影响用户关于网站分类体系心智模型的主要因素。

表3-12　方差分析

	平方和	df	平均值	F	Sig.
组间方差	0.019	1	0.019	0.566	0.456
组内方差	1.383	41	0.034		
总和	1.402	42			

B. 知识背景

(a) 专业背景

调查对象中针对专业背景我们分为经济管理学院信息管理专业和经济管理学院非信息管理专业，信息管理专业的学生学过大量计算机方面的课程，对计算机方面的知识有一定的了解，比经济管理学院非信息管理专业的学生计算机方面的专业水平要高一些。针对专业背景进行分析，将相似值作为因变量，专业背景作为因子。

首先如表3-13所示，$P>0.05\,(P=0.490)$，方差具有齐性，通过Levene方差齐性检验。

表3-13　方差齐性检验

方差齐性检验	df_1	df_2	Sig.
0.485	1	41	0.490

表3-14为方差分析结果。从显著性水平$P<0.05$ $(P=0.000)$可以看出，不同专业背景的学生的相似性系数平均值具有显著差异。实际算得结果为信息管理专业学生的平均值为0.685，非信息管理专业学生的平均值为0.451，差距较大，所以从分析结果可看出，假设3-2成立，专业背景是影响用户关于网站分类体系心智模型的主要因素，表明不同专业背景的学生对网站分类体系的理解存在一定的偏差。

表3-14　方差分析

	平方和	df	平均值	F	Sig.
组间方差	0.418	1	0.418	17.420	0.000
组内方差	0.984	41	0.024		
总和	1.402	42			

(b) 年级

调查对象中，我们也选取信息管理专业大四和大一两个不同年级的同学。大四的同学修完了大学全部课程，学习的计算机方面的课程比较系统、比较全面，而大一的学生由于大一所接触的专业课程还不是特别多，两者在计算机方面的专业水平上应该会有一定的差异。所以我们针对年级进行分析，将相似值作为因变量，而年级作为因子。

首先是方差齐性分析，如表 3-15 所示，$P > 0.05\ (P = 0.642)$，方差具有齐性，通过 Levene 方差齐性检验。

表 3-15　方差齐性检验

方差齐性检验	df_1	df_2	Sig.
0.220	1	31	0.642

表 3-16 为方差分析结果。从显著性水平 $P<0.05\ (P=0.001)$ 可以看出，大四和大一学生的相似值平均值具有显著差异。实际算得结果为大四学生的平均值为 0.750，大一学生的平均值为 0.585，所以从分析结果可看出，假设 3-3 成立，年级是影响用户关于网站分类体系心智模型的主要因素。

表 3-16　方差分析

	平方和	df	平均值	F	Sig.
组间方差	0.214	1	0.214	13.128	0.001
组内方差	0.506	31	0.016		
总和	0.720	32			

实验结果表明，专业背景和年级都对被试对网站分类体系的理解有显著的影响，这就表明，对网站分类体系有着较深理解的被试有更完善的心智模型，他们可以更准确地选择和点击分类体系，因而进入正确的分类路径，这样他们可以更快速、更准确地获取到他们所需要的信息，即信息获取的效率会更高。

(c) 经验背景

针对经验背景进行分析。将相似值作为因变量，经验背景作为因子。首先是方差齐性分析，如表 3-17 所示，$P > 0.05\ (P = 0.252)$，方差有齐性，通过 Levene 方差齐性检验。

表 3-17　方差齐性检验

方差齐性检验	df_1	df_2	Sig.
1.353	1	41	0.252

表 3-18 为方差分析结果。从显著性水平 $P<0.05\,(P=0.003)$ 可以看出，使用过卓越网分类体系的学生和未使用过卓越网分类体系的学生的相似值平均值具有显著差异。实际算得结果为具有经验的学生平均值为 0.702，没有经验的学生平均值为 0.540，差异较大。所以从分析结果可看出，假设 3-4 成立，经验背景是影响用户关于网站分类体系心智模型的主要因素。

表 3-18　方差分析

	平方和	df	平均值	F	Sig.
组间方差	0.277	1	0.277	10.098	0.003
组内方差	1.125	41	0.027		
总和	1.402	42			

(d) 培训

对于培训这个影响要素，选取一部分被试进行第二轮实验，为了便于实验的实施，我选取了信息管理专业大四的女生进行了第二轮实验，在第二轮实验之前，将第一轮实验结果中，用户理解偏差较大的几个概念向被试进行解释，再次让她们填写问卷。然后对所得结果进行分析。

将相似值选为因变量，培训选为因子。如表 3-19 所示，$P>0.05\,(P=0.485)$，方差有齐性，通过 Levene 方差齐性检验。

表 3-19　方差齐性检验

方差齐性检验	df_1	df_2	Sig.
0.508	1	18	0.485

表 3-20 为方差分析结果。从显著性水平 $P<0.05\,(P=0.000)$ 可以看出，培训前后用户的相关性系数平均值具有显著差异。说明经过培训后，被试的心智模型进行了调整，她们对概念的理解更加准确了，培训之前这部分被试的相关性系数平均值为 0.695，培训后，其相关性系数平均值为 0.880，差异较大。所以从分析结果可看出，假设 3-5 成立，培训是影响用户关于网站分类体系心智模型的主要因素。

表 3-20　方差分析

	平方和	df	平均值	F	Sig.
组间方差	0.172	1	0.172	21.373	0.000
组内方差	0.145	18	0.008		
总和	0.317	19			

C. 单个节点相关性分析

计算每个节点的相关性系数，可以对被试对每个概念的理解进行分析，了解网站分类体系中，用户对哪些概念容易产生误解，用户对哪些概念的理解与网站所呈现的系统模型具有很大差异。对所有被试数据进行计算，得出每个节点的相关性系数，如表 3-21 所示。

表 3-21　单个节点的相关性系数

节点	相关性系数	节点	相关性系数
2	0.712	7	0.657
3	0.472	8	0.803
4	0.331	9	0.467
5	0.825	10	0.804
6	0.546		

从表 3-21 中可以看出，概念 4“算法与数据结构”的相关性系数很低，按照启发式规则，认为用户对该概念的理解与网站分类体系中该概念的理解相似性非常低，存在很大的差异；另外，概念 3“数据挖掘”、概念 6“程序语言与软件开发”和概念 9“搜索引擎”这三个概念的相关性系数也比较低，说明用户对这几个概念的理解与网站分类体系中该概念的理解相似性较低，存在一定的偏差。根据这样的结果，可以对网站中的这几个概念进行相应的调整，或是在网站中对用户理解有较大偏差的概念进行相应的介绍。

3.2.4　总结与展望

本实验中以“计算机与网络类图书”的分类体系为研究对象，运用卡片分类法记录用户心智信息，运用路径搜索法对记录信息进行定量测量，以尝试测量用户关于网站分类体系的心智模型，将用户心智模型与网站所呈现的系统模型之间的差异进行比较，并分析影响用户关于网站分类体系心智模型的主要因素。

从实验结果来看，路径搜索法是测量用户心智模型与网站系统模型之间差异的一种较好的方法，它可以用路径搜索网络图形式将两者表现出来，并计算得出具体数据对其进行比较。扩展到网站整体分类体系时，设计师可以从不同群体中抽取样本，用卡片分类的方法获取这部分用户对该部分网站分类体系的理解，然后运用相关方法计算与网站已经完成的分类体系的区别，进行总结，采取一定的调整措施。另外，本书中所运用的算法可以计算出网络图中每个节点的相关性，这样可以根据与网站分类体系中概念的相关性了解用户对每个概念的理解程度，根据分析结果对某些概念进行一定的调整，或是选择对某些用户较难理解的概念给出相关解释，以增强用户对网站的理解，提高用户心智模型与网站系统模型之间的相似度。

影响用户基于网站分类体系心智模型的因素主要是知识背景、经验背景和培训，性别的影响并不显著。这说明，设计师在设计网站分类体系时，应考虑到用户的知识背景和经验背景，由于大部分被试对某类商品并没有很深的了解，正如Cooper等(2008)在其书《About Face 3：交互设计精髓》中指出，大多数的用户既不是新手，也不是专家，而是中间用户。因此，网站的构建应致力于满足中间用户信息获取的需求，针对分类体系的设计而言则不能过于专业，也不能过于简化。这就表明设计师在进行网站分类体系设计时需要充分的前期调研，充分了解用户的需求。另外，对于相关用户也可进行一定的培训，这里的培训也可理解为在网站上为用户提供的帮助，向用户解释一些需要专业知识才能理解的概念或是组织结构。

基于这样的实验结果，我们发现完全可以将该方法扩展到网站信息获取的研究中，研究网站的组织结构与用户心智模型的差异，发现网站中与用户所需差异较大的地方，以便提出相应的改进措施，减少用户网站信息获取过程中的困扰，提高信息获取效率。

3.3　网站用户信息获取中的心智模型概念空间性测量研究

在网站用户的心智模型测量中，心理近似数据是由个体感知的概念之间关系的主观评估，其中“关联性”“空间性”是主要测量角度。已有的方法更侧重于概念的“关联性”测量，例如，路径搜索法可以进行网站分类目录不同概念之间的相关性或紧密性的主观评估，可以将评估矩阵转换成由节点和连线组成的网络图，其中概念表征为节点，而概念间的关系表征为节点间的关系，以路径的最短距离作为两个节点间的距离，在概念间的距离权重值为两个概念的关联程度。这样可以定量地描述用户对于一个网站分类目录不同概念之间关联的心智模型，但是却无法知道其“空间性”，也就是不同的概念在被试心理空间中的相对位置(Rusbult et al.，1993)，还有，被试评判这些概念的潜在心理标准是什么，又和心智模型的影响要素有何关联？这都是网站用户信息搜寻时心智模型测量过程需要解决的实际问题。

多维尺度法是检验观察数据是否能够反映研究者提出的结构关系的一种理想方法，是一种多变量分析技术和多指标决策方法，该方法将评价者主观定性数据输入，经过降维化简处理，输出可视化分析结果的(Griffiths and Kalish，2002；Nishimura et al.，2009)。其目的是从“心理距离”的定序输入数据中，寻求一个最低维数输出空间，并以其中的空间距离直观地表示处理和分析的结果，从而揭示数据所包含的潜在规律(钱争鸣，1997；骆文淑和赵守盈，2005)。在网站分类目录的认知过程中，通过把个体对网站分类目录概念认知的心智模型，进行多维特征分析，作定量降维处理，从而变换成一组有代表性特征构成的低维空间图形，以表示各概念之间的内在结构及其差异程度，在适当维度空间中以点与点的距离的形式表现用户心智特征和潜在心理标准。

本书将尝试采用多维尺度法，结合网站分类目录理解，对用户信息搜寻过程心智模型的空间性特性进行实证研究，3.3.1 小节将论述心智概念的空间性研究；3.3.2 小节将介绍多维尺度法在心理学中的应用及在心智模型中的算法设计；3.3.3 小节将结合被试对南京政府网站分类目录的认知进行实证研究。

3.3.1 心智概念的空间性研究

心智概念的空间性研究起源于 Smith 等(1974)的特征比较模型(feature comparison model)，认为“概念之间共同语义特征(定义性特征)越多，则联系越紧密。通过多维量表程序，将被试认知评价转化为实际的距离，并在一个二维空间中表现出来。空间中任何两点之间的距离反映着两个相应概念之间的心理距离或语义距离。因此，一个范畴的空间中诸点距离的集合称为相应的语义空间或认知空间。被试对概念间的联系做出评定，依靠他们长时记忆中储存的语义特征，两个概念共同特征的多少决定被试判断的接近程度”。

在随后的 30 多年中，研究者在许多领域，尤其是应用认知心理学领域展开对于心智概念的空间性研究，Gärdenfors(2004)认为心智概念的空间性描述是研究被试认知过程多维概念评价、归纳推理、自然语言语义处理、概念分类的一座桥梁，出现了许多经典模型和理论，如 Nosofsky(1984，1986)的通用上下文模型(generalized context model)、Ashby 和 Gott(1988)的边界决策模型(boundary decision model)等，但是在这些研究中，普遍存在一个问题，即对于心智概念的空间性描述都是局限在一个特定对象单一心理空间维度中，而不是所有被观测对象及其环境组成的多维心理空间，究其原因，是缺乏对多维心理数据及其关联要素进行处理的工具，从而被试的观测样本只能从一个限定的数据集合中抽取，不能进行多维数据的特征分析和发现潜在维度(McKinley and Nosofsky，1995)，多维尺度法能够从直接相似性比率、多维数据、序列数据等心理数据获得相似性数据，发现潜在维度，进行心智分类(Smits et al.，2002)，预测行为响应时间(Rips et al.，1973；Shoben，1976)，线性可分性分析(Ruts et al.，2004)，心理归纳强度分析(Rips，1975)，典型性特征维度分析(Ameel and Storms，2006)等(Verheyen et al.，2007)。

3.3.2 多维尺度法

多维尺度法最大的优势是在于对认知过程和认知结构可以作深度的勘察，多维尺度能够揭示人们进行对偶比较时所依据的维度，用决定系数(R-square，简称R^2)来衡量所得到的模型对原始矩阵的解释量，R^2越大，被试对偶比较时所依据的维度就越相似，进而可以用R^2来反映心智模型相似性程度的高低。Graham 等(2006)采用多维尺度分析的方法观察即时战略游戏(real-time strategy game，RTS)新手玩家随着游戏经验增加而发展的心智模型的特征，测量用户与游戏设计者之间心理上的接近程度，并在二维空间中用距离和位置来描述他们之间的关系。由于多维尺度法对数据资料的精确度、样本容量的大小不像其他方法一样要求严格，非常适用于对复杂性研究样本进行直观定性分析。

1. 多维尺度法在心理学的应用

多维尺度法，尤其是非计量的多维尺度分析在心理学领域有广泛应用，多用于人们评判事物的潜在心理标准的探索与分析，测量多个事物在人们心中的相似性，可以分析出影响人们心理的潜在因素，包括概念学习(Reed，1972)，评价类比推理的过程，概念结构的演变，界面设计中(Coury，1987)中专家与新手表现的差异(Coury et al.，1992)。总结起来包括下列三个方面。

第一是探索性数据分析，通过将对象放置为低二维空间中的点，从原始数据矩阵中观察得到的数据的复杂性往往可以简化，并且能同时保留数据中原有的重要信息，通过这种模式，研究人员可在两个或三个维度中更直观地看出数据的空间结构。

第二，多维尺度法被用来发现个体对环境刺激的心智表示，以此来解释人的相似性判断如何产生。多维尺度法可以揭示隐藏在个体内心中具有意义地描述数据的潜在维度，因此由多维尺度法产生的多维表示方法也经常作为各种心理数学模型的分类、鉴定、再认测试、概化的数理基础(Griffiths and Kalish，2002)。

第三，多维尺度法还通常用于离散的刺激情况下被试的心智状态表征，例如，在“听觉语言数字临近一致性效应”实验中用户的心智状态的测量中(Nosofsky，1986；Shepard，1962)，参与者评估不同刺激的相似性，假设概念相似性与空间距离成反比，用户心智信息被转换成一种低维空间表示形式(Kruskal，1964)，可以帮助我们理解参与者对刺激的相似性结构理解的心智表征(Griffiths and Kalish，2002)。

2. 心智模型空间性测量中多维尺度法的算法设计

在心智模型空间性的测量中，多维尺度法的目的有两个：显示心智数据的结构和显示个体的概念认知的差异。心智模型空间性测量的多维尺度设计基于非计量多维尺度方法，其算法设计具体包括下列三个步骤。

1) 生成观测矩阵

我们可以将人的外界刺激作为一个多维空间中的点，从而个体的心理刺激可以由一组维度值描述，在多维尺度法分析结果中，空间中的点之间的距离代表变量之间的相似性程度。也就是说，在观测变量的空间图中，每个样本都占一个点，点与点之间的距离越近，表明事物在维度特征上越相似，距离越远，表明事物在维度特征上差异越大。要使所得维度能够解释数据，要求计算出的模型距离与观察距离一致，即模型要拟合数据。比如，消费者对 10 个品牌商品相似性进行评价，可以借助多维尺度法来寻找影响评价的内在因素，并且可以根据各个品牌在这些维度上的分值，画出相应的空间图，用这些维度来解释事物之间的关系，如果潜在维度为价格和质量，那么在图中，各商品所在的点之间距离越近，说明在质量和价格上越相近(骆文淑和赵守盈，2005)。

多维尺度法依赖度量空间之间的关系用以描绘刺激，空间中的距离由嵌入在空间中点的关系所定义。多维尺度法提供了两种类型的空间的陈述，一个是欧几里得刺激空间(euclidean stimulus space)，另一个是个别差异空间。欧几里得刺激空间是几乎全部多维尺度法的基础，而个体差异空间则根据个人认知差异的不同进行聚类，形成聚合欧几里得刺激空间。

其中欧几里得刺激空间主要与展现数据结构有关，主要基于闵可夫斯基(Minkowski)距离函数。假定在网站分类目录理解中，被试对概念之间关系的认知(距离)，作为基本输入数据，如果有 n 个对象，可得 $m=\dfrac{n(n-1)}{2}$ 个成对对象的距离 S_{ij}，点 i 与 j 之间的距离表示为 d_{ij}，该模型的一般形式如式(3-7)所示：

$$S_{ij}=\left[\sum_{a}^{r}\left|x_{ia}-x_{ja}\right|^{p}\right]^{1/p},\quad p\geqslant 1, x_i\neq x_j \tag{3-7}$$

其中，有 r 维；x_{ia} 为 a 维上的坐标点 i；x_{ja} 为 a 维上的坐标点 j；指数 p 为闵可夫斯基距离指数。闵可夫斯基距离函数描述一个欧氏模型，当 $p=2$ 时，如式(3-8)所示：

$$S_{ij}=\left[\sum_{a}^{r}(x_{ia}-x_{ja})^{2}\right]^{1/2} \tag{3-8}$$

目标距离函数是两点坐标的绝对差异的总和，当 $p=1$ 时取得此值，主导距离函数在所有维度中被定义为绝对差异的最大值，当 p 是无限大取得此值。

2) 同态映射

寻找一个化简降维的 q 维空间，做同态映射处理，使得 q 维空间内，d_{ij}（成对对象在 p 空间中的距离）与原距离 S_{ij} 相匹配，如果 d_{ij} 与 S_{ij} 完全相匹配，各成对对象间距离关系为 $d_{i1} > d_{i2} > \cdots > d_{im}$。

3) 信度和效度检验

在非计量多维尺度计算中，计算差异程度 K，或者称为克鲁斯克系数，用于检验所获得的空间图形结构是否具有有效的代表性，作为衡量和检验 d_{ij} 与 S_{ij} 匹配程度。在心智模型测量中，克鲁斯克系数主要体现为信度和效度估计值，分别是应力指数(Stress)和拟合指数 RSQ。Stress 是拟合度量值，用于维度数的选择，应力指数被定义为由相似评价数据为代表的理论距离和非量测算法计算的距离之间的偏差量(Kruskal，1964)，应力指数值随着维度数的增加而减小，多维尺度测量的目标是发现最小应力指数值的维数，当随着维度中增加不再产生应力指数值的减少，那么此值通常被视为应力的最小值。因此，“最适合”的数据维度应该是在应力达到一个渐近的水平时的状态。Stress 越小，表明分析结果与观察数据拟合越好，一般在 0.20 以内可以接受，RSQ 值越大越好，一般在 0.60 以上是可接受的，详细应力指数大小与拟合度关系见表 3-22(靖新巧和赵守盈，2008)。

表 3-22　应力指数大小与拟合度关系

Stress	拟合度
0.200	不好
0.100	还可以
0.050	好
0.025	非常好
0.000	完全拟合

一旦获得最合适的维度空间，就可以直观地验证聚类分析的效果是否能真正反映被试的认知维度的分类。因此，空间矩阵显示用户用于评估数据的实例属性之间的相似性，相关计算公式为(Darcy et al.，2004)

$$\text{Stress} = \sqrt{\sum_i \sum_j (d_{ij} - \hat{d}_{ij})^2 \Big/ \sum_i \sum_j d_{ij}^2} \tag{3-9}$$

其中，d_{ij} 为满足被试原始输入概念距离次序关系，同时又使应力指数值最小的参考值，这一临界值通常可用单调回归(monotone regression)方法求得。

3.3.3 实证研究

我们选择网站分类目录作为本书的研究对象，采用多维尺度法对网站用户信息搜寻时心智模型影响因素进行空间性测量。

1. 实验假设

为了验证影响被试(网站信息用户)搜寻时心智模型的影响因素，实验前我们在此提出如下假设。

假设 3-6 被试的心智模型会受到性别的影响，不同性别的被试(网站信息用户)对于网站分类目录的理解是不同的。

假设 3-7 被试的心智模型会受到所处的年龄层的影响，不同年龄层次的被试对于网站分类目录体系的认知是不同的。

假设 3-8 被试的心智模型会受到知识背景的影响，不同知识背景的人员对于网站分类目录的心智模型是不相同的，在这里知识背景体现为职业知识背景。

假设 3-9 被试的心智模型会受到经验背景的影响，被试对网站的熟悉程度越高，用户对网站的分类目录的认知程度就越大，用户的心智模型与网站分类目录模型的相似性越大。

2. 实验方法

本书借助卡片分类法设计实验，记录被试(网站信息用户)的心智模型信息，使用多维尺度法对记录的信息进行测量。

实验如果采用开放式卡片分类法可能会由于用户个体差异的影响，分类过于混乱，不利于实验数据的收集和处理；为了便于收集和处理本次实验用户的心智模型相关数据，我们决定采用封闭卡片分类法，即给定用户指定数量和种类的概念要求用户对概念进行分类。本书研究的是政府网站的分类目录，考虑到部分被试对政府网站不熟悉，为了降低被试对相关概念的认知不同对实验产生的影响，我们选取了大多数被试都能够接受的概念，本书选取和“旅游”相关的概念让被试进行实验。

3. 实验设计

1) 实验网站分类目录说明

本次实验选择南京政府网站作为研究对象，选取了南京政府网站与“旅游”主题相关的 9 个概念，包含顶级目录“南京政府”一共 10 个概念。这些概念形成三级分类目录体系。实验选取的概念如表 3-23 所示，南京政府网站设计的分类目录如图 3-11 所示。

表 3-23　实验概念

编号	概念	编号	概念
①	南京政府	⑥	旅游休闲
②	交通出行	⑦	畅游金陵
③	交通旅游	⑧	城市生活
④	文化南京	⑨	南京概况
⑤	文化历史	⑩	办事服务

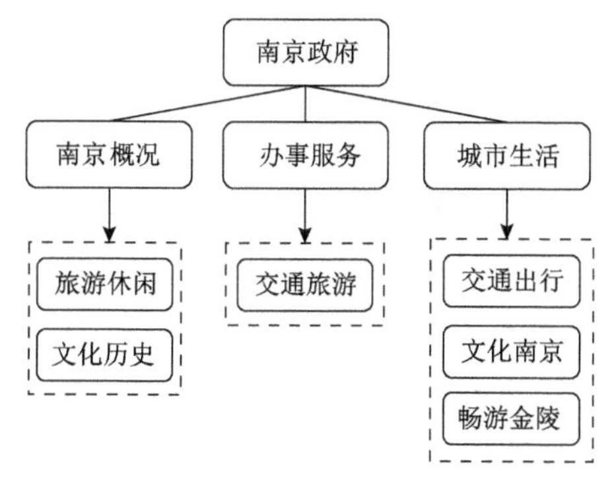

图 3-11　南京市政府网站旅游主题部分分类目录

2）实验对象

为了验证实验假设，我们在选择实验对象时参考了被试的性别、职业背景和年龄因素。我们选取的对象包括两个小组：一是由南京理工大学信息管理与信息系统专业本科生组成的学生组，回收问卷 57 份，其中有效问卷 44 份，有效率 77.19%；二是由南京市公务员组成的公务员组，回收问卷 58 份，其中有效问卷 32 份，有效率 55.17%。

3）实验实施

为了便于实施实验，本次研究采用调查问卷的方式进行；我们选择对应的实验对象发放问卷，问卷调查被试的性别、年龄和是否使用过政府网站等基本信息。然后，我们在问卷上向实验对象展示目录分类的填写示例，直观地让被试了解实验任务。被试根据自己的理解将表 3-23 所示的概念编号填入对应的方框中，其中概念①（“南京政府”）已填入指定位置，剩下 9 个概念每一个只能使用一次。最后将得到一个被试理解的分类目录体系。

4. 数据分析

1）数据处理

本节中我们设定每两个相邻概念节点之间的距离为 1，我们将南京政府网的分类作为标准，可以得到一个标准的路径图，如图 3-12 所示。

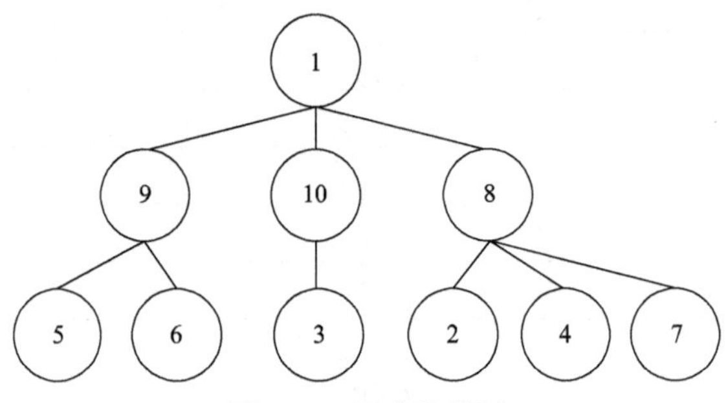

图 3-12　标准路径图

根据路径图，我们可以得到一个有关这 10 个概念节点的距离矩阵，距离矩阵如表 3-24 所示，同样方法，我们也可以得到每一个被试的距离矩阵，把被试的基本信息作为维度输入，这样我们就可以得到每一个被试的实验数据。数据如表 3-25 所示，我们根据不同的被试在某个维度表现数据，分析他们的差异性就可以知道该维度对用户心智模型是否产生影响。例如，我们将性别不同的两组数据得出的结果进行比较，就可以验证性别对被试心智模型的影响的假设。对比分析被试数据与网站标准数据就可以看出网站表现模型与被试心智模型之间的偏差。

表 3-24　网站路径节点概念标准距离矩阵

节点	1	2	3	4	5	6	7	8	9	10
1	0	2	2	2	2	2	2	1	1	1
2	2	0	4	2	4	4	2	1	3	3
3	2	4	0	4	4	4	4	3	3	1
4	2	2	4	0	4	4	2	1	3	3
5	2	4	4	4	0	2	4	3	1	3
6	2	4	4	4	2	0	4	3	1	3
7	2	2	4	2	4	4	0	1	3	3
8	1	1	3	1	3	3	1	0	2	2
9	1	3	3	3	1	1	3	2	0	2
10	1	3	1	3	3	3	3	2	2	0

表 3-25　某个被试的实验数据

性别	年龄	教育背景	是否使用政府网站	职业	节点	1	2	3	4	5	6	7	8	9	10
男	47	本科	是	公务员	1	0	1	2	1	2	2	2	1	1	1
男	47	本科	是	公务员	2	1	0	1	2	3	1	3	2	2	2

续表

性别	年龄	教育背景	是否使用政府网站	职业	节点	1	2	3	4	5	6	7	8	9	10
男	47	本科	是	公务员	3	2	1	0	3	4	2	4	3	3	3
男	47	本科	是	公务员	4	1	2	3	0	3	3	3	2	2	2
男	47	本科	是	公务员	5	2	3	4	3	0	4	2	3	1	3
男	47	本科	是	公务员	6	2	1	2	3	4	0	4	3	3	3
男	47	本科	是	公务员	7	2	3	4	3	2	4	0	3	1	3
男	47	本科	是	公务员	8	1	2	3	2	3	3	3	0	2	2
男	47	本科	是	公务员	9	1	2	3	2	1	3	1	2	0	2
男	47	本科	是	公务员	10	1	2	3	2	3	3	3	2	2	0

2）算法实现

通过以上的数据处理过后，我们得到了被试关于 10 个节点的观察矩阵，用 Δ_{ij} 表示这个矩阵。

$$\Delta_{ij}=\begin{bmatrix} d_{11} & d_{12} & d_{13} & d_{14} & d_{15} & d_{16} & d_{17} & d_{18} & d_{19} & d_{110} \\ d_{21} & d_{22} & d_{23} & d_{24} & d_{25} & d_{26} & d_{27} & d_{28} & d_{29} & d_{210} \\ d_{31} & d_{32} & d_{33} & d_{34} & d_{35} & d_{36} & d_{37} & d_{38} & d_{39} & d_{310} \\ d_{41} & d_{42} & d_{43} & d_{44} & d_{45} & d_{46} & d_{47} & d_{48} & d_{49} & d_{410} \\ d_{51} & d_{52} & d_{53} & d_{54} & d_{55} & d_{56} & d_{57} & d_{58} & d_{59} & d_{510} \\ d_{61} & d_{62} & d_{63} & d_{64} & d_{65} & d_{66} & d_{67} & d_{68} & d_{69} & d_{610} \\ d_{71} & d_{72} & d_{73} & d_{74} & d_{75} & d_{76} & d_{77} & d_{78} & d_{79} & d_{710} \\ d_{81} & d_{82} & d_{83} & d_{84} & d_{85} & d_{86} & d_{87} & d_{88} & d_{89} & d_{810} \\ d_{91} & d_{92} & d_{93} & d_{94} & d_{95} & d_{96} & d_{97} & d_{98} & d_{99} & d_{910} \\ d_{101} & d_{102} & d_{103} & d_{104} & d_{105} & d_{106} & d_{107} & d_{108} & d_{109} & d_{1010} \end{bmatrix}$$

多维尺度法根据节点的距离，可以将节点放在一个低维的坐标系内，一般来说我们将它们放到一个二维或者三维的坐标系内，为了更加直观，本次实验选择了二维坐标系，把每一个节点描述成一个二维坐标系的点。将 10 个节点放在一个二维的坐标系里，形成一个空间向量图，用 X_{ir} 表示第 i 个节点在 r 坐标轴上的坐标值，那么这 10 个节点在这个坐标系的坐标可以表示为 X_1（X_{11}，X_{12}），X_2（X_{21}, X_{22}），…，X_{10}（X_{101}, X_{102}），坐标系中各个点的距离是模型距离，此处用 D_{ij} 表示点 X_i 与 X_j 的模型距离，采用欧式距离法计算两个点的模型距离：$D_{ij}=\sqrt{(X_{i1}-X_{j1})^2+(X_{i2}-X_{j2})^2}$。用 D 表示这 10 个节点的欧式距离（模型矩阵）矩阵。

$$D=\begin{bmatrix} D_{11} & D_{12} & D_{13} & D_{14} & D_{15} & D_{16} & D_{17} & D_{18} & D_{19} & D_{110} \\ D_{21} & D_{22} & D_{23} & D_{24} & D_{25} & D_{26} & D_{27} & D_{28} & D_{29} & D_{210} \\ D_{31} & D_{32} & D_{33} & D_{34} & D_{35} & D_{36} & D_{37} & D_{38} & D_{39} & D_{310} \\ D_{41} & D_{42} & D_{43} & D_{44} & D_{45} & D_{46} & D_{47} & D_{48} & D_{49} & D_{410} \\ D_{51} & D_{52} & D_{53} & D_{54} & D_{55} & D_{56} & D_{57} & D_{58} & D_{59} & D_{510} \\ D_{61} & D_{62} & D_{63} & D_{64} & D_{65} & D_{66} & D_{67} & D_{68} & D_{69} & D_{610} \\ D_{71} & D_{72} & D_{73} & D_{74} & D_{75} & D_{76} & D_{77} & D_{78} & D_{79} & D_{710} \\ D_{81} & D_{82} & D_{83} & D_{84} & D_{85} & D_{86} & D_{87} & D_{88} & D_{89} & D_{810} \\ D_{91} & D_{92} & D_{93} & D_{94} & D_{95} & D_{96} & D_{97} & D_{98} & D_{99} & D_{910} \\ D_{101} & D_{102} & D_{103} & D_{104} & D_{105} & D_{106} & D_{107} & D_{108} & D_{109} & D_{1010} \end{bmatrix}$$

接下来我们需要定量测量观察矩阵 Δ 与模型矩阵 D 的匹配程度，在此使用最小平方差回归的方法确定 d_{ij} 的单调转换 $\hat{d}_{ij}$，然后测量应力值 Stress，微调节点的位置，通过迭代可以获得使 Stress 值尽可能小的 10 个节点的坐标值，当 Stress 值为 0 的时候，我们认为两个矩阵完全拟合，但是一般来说当 Stress 值小于等于 0.025 的时候就表示拟合得到的结果是可以接受的，此时就可以得到这 10 个节点在二维坐标系中的坐标及一个关于 10 个节点的二维空间感知图。

3) 维度分析

根据上面的处理方法，我们得到所有被试的数据，然后可以运用 SPSS 软件进行多维尺度分析。

A. 网站标准模型的多维尺度分析

我们将节点 1（“南京政府”）到节点 10（“办事服务”）作为变量可以得到一个关于 10 个节点的空间配置的二维图（图 3-13），应力指数 Stress=0.014 38，RSQ=0.999 00，我们认为是完全可以接受的。从图 3-13 中我们可以看出，节点 2

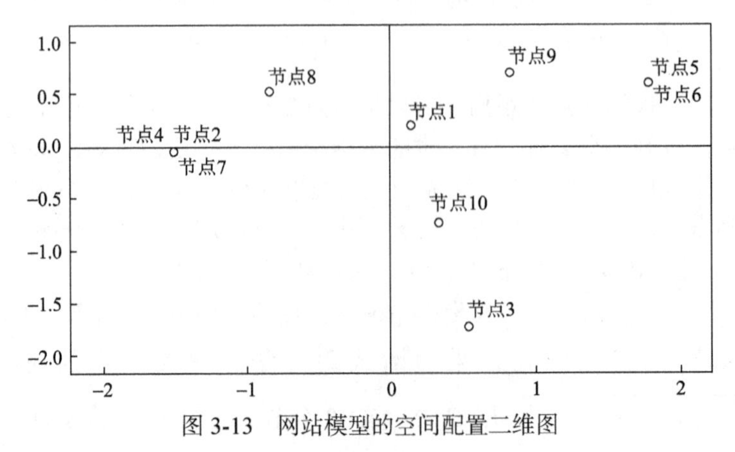

图 3-13　网站模型的空间配置二维图

（“交通出行”）、节点 4（“文化南京”）和节点 7（“畅游金陵”），节点 5（“文化历史”）和节点 6（“旅游休闲”）是聚集在一起的，这与网站模型中节点所在的层级是完全吻合的。

B. 性别

针对性别影响用户心智模型的假设，我们用性别作为一个维度对被试的心智模型进行测量。

这里同样用节点 1（“南京政府”）到节点 10（“办事服务”）作为变量，性别作为维度进行多维尺度分析，男性与女性的应力指数与 RSQ 值分别为 Stress=0.074 63，RSQ=0.972 46 和 Stress=0.044 46，RSQ=0.988 85，结果可以接受。被试的空间配置图与坐标数据分别如图 3-14、图 3-15 和表 3-26、表 3-27 所示。

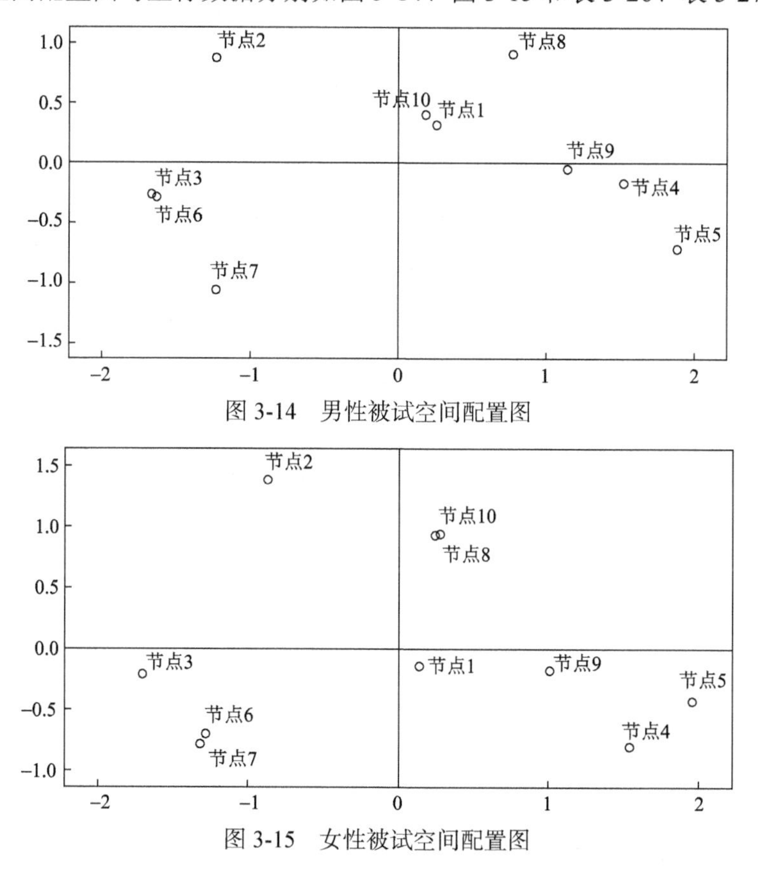

图 3-14　男性被试空间配置图

图 3-15　女性被试空间配置图

表 3-26　男性被试的坐标表

节点名称	节点 1	节点 2	节点 3	节点 4	节点 5	节点 6	节点 7	节点 8	节点 9	节点 10
横坐标	0.2443	−1.2273	−1.6626	1.5205	1.8890	−1.6309	−1.0338	0.7675	1.1429	0.1804
纵坐标	0.3131	0.8892	−0.2645	−0.1698	−0.7117	−0.2845	−1.0497	0.908	−0.0442	0.414

表 3-27　女性被试的坐标表

节点名称	节点 1	节点 2	节点 3	节点 4	节点 5	节点 6	节点 7	节点 8	节点 9	节点 10
横坐标	0.1389	−0.8689	−1.7021	1.536	1.9516	−1.2771	−1.3087	0.2459	1.0062	0.2781
纵坐标	−0.1484	1.3794	−0.2149	−0.7982	−0.4291	−0.6976	−0.7785	0.9297	−0.1825	0.9401

从图 3-14 和图 3-15 中可以明显看出，男女在对于节点 6（“旅游休闲”）、节点 10（“办事服务”）和节点 4（“文化南京”）这几个节点的理解有差异，其中，男性将节点 6（“旅游休闲”）与节点 3（“交通旅游”）聚集到一起，而女性将节点 6（“旅游休闲”）与节点 7（“畅游金陵”）聚集到一起，此处可以明显地反映出不同性别的用户对于网站分类目录的分类理解是有差异的。此外，对于节点 10，即概念“办事服务”的处理，不同性别的被试也有很大的区别。因此，我们认为假设 3-6 成立，即被试的性别会影响被试的心智模型。

C. 年龄

根据调查对象的年龄特点，为了便于比较分析，我们将被试分成两个年龄层次，分为 35 岁及以下和 35 岁以上两个群组。我们使用 SPSS 软件采用同样的方法进行多维尺度分析，本次将年龄作为考察的维度。两组数据的 Stress 值和 RSQ 值分别为 Stress=0.065 81，RSQ=0.977 71 和 Stress=0.068 17，RSQ=0.976 62，两组的 RSQ 值均大于 0.6，结果是可以接受的。

根据结果分析，两组成员对于网站分类目录相关概念的理解差异主要集中在节点 3（“交通旅游”）和节点 6（“旅游休闲”）这两个概念上。从空间配置图上分析，35 岁以下年龄组表现为节点 3（“交通旅游”）和节点 6（“旅游休闲”）几乎完全聚合，也就是说这个组的成员认为概念“交通旅游”与概念“旅游休闲”是几乎完全等同的概念(图 3-16)。

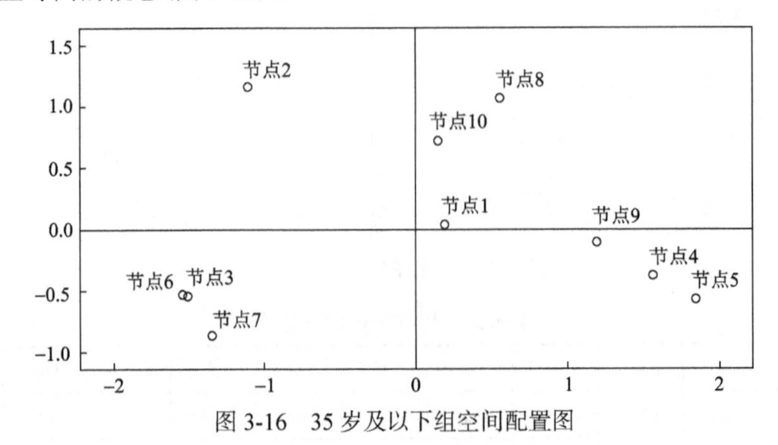

图 3-16　35 岁及以下组空间配置图

而35岁以上组的结果(图3-17)显示，节点3(“交通旅游”)和节点6(“旅游休闲”)的距离相对离散，没有聚合的表现，计算节点1(“南京政府”)与节点3(“交通旅游”)的距离及节点1(“南京政府”)与节点6(“旅游休闲”)的距离得到D_{13}=1.83和D_{16}=2.00，由此可以看出这一组成员将节点3(“交通旅游”)和节点6(“旅游休闲”)放在第三层级。实验结果表明假设3-7成立，年龄对被试(网站用户)的心智模型有影响，不同年龄层的被试(网站信息用户)关于网站分类目录的心智模型是不相同的。

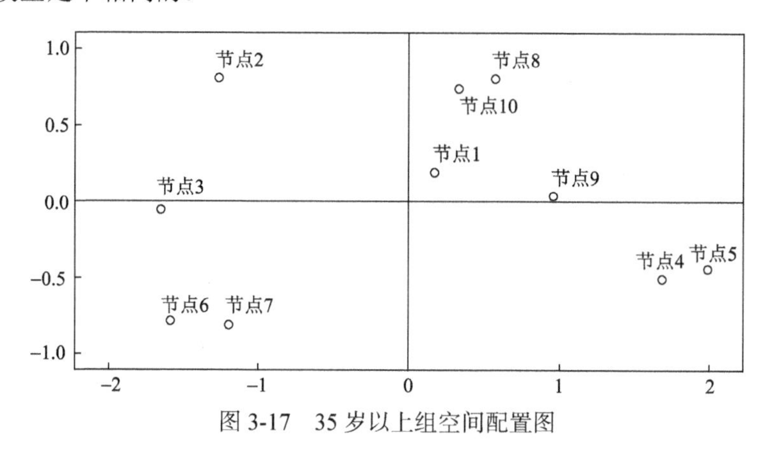

图3-17　35岁以上组空间配置图

D. 知识背景

本次实验的对象涉及学生及公务员，一般来说公务员对政府网站的认知程度高于普通学生，我们假设公务员的心智模型较学生更接近网站标准模型。采用多维尺度法分析两组用户，分别得到Stress值和RSQ值为Stress=0.056 41，RSQ=0.983 41和Stress=0.055 12，RSQ=0.984 03；RSQ值均比较理想，结果可以接受。

从实验结果可以发现公务员组与学生组的主要差异体现在对节点8(“城市生活”)与节点6(“旅游休闲”)的处理上面，其中最主要是节点8(“城市生活”)，学生组节点8(“城市生活”)与节点1(“南京政府”)的距离和公务员组的距离差距比较明显(图3-18、图3-19)。对比两组人员的心智模型与网站标准模型可以发现，两组成员的心智模型与南京政府网站的标准模型均有很大的差异。

实验表明假设3-8成立，不同知识背景的被试对于网站分类目录的心智模型存在差异。

E. 经验背景

为了验证被试的经验背景是否对其网站信息搜索时的心智模型产生影响，我们将根据被试基本信息中“是否使用政府网站查找相关信息”这一项作为一个维度进行数据分析。结果中Stress值和RSQ值分别为Stress=0.078 92，RSQ=0.968 07和Stress=0.036 36，RSQ=0.992 76，RSQ值均大于0.6，我们认为结果是可以接受的。

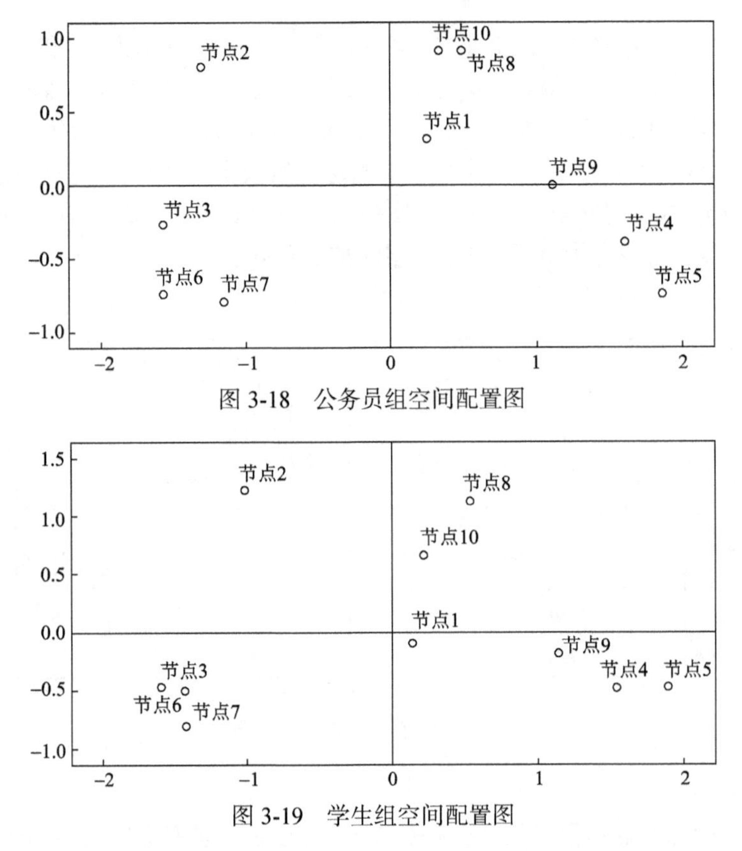

图 3-18　公务员组空间配置图

图 3-19　学生组空间配置图

实验结果表明，从空间配置图可以很明显地看出两组被试的心智模型存在区别。节点 6(“旅游休闲”)与节点 7(“畅游金陵”)、节点 8(“城市生活”)与节点 10(“办事服务”)之间的距离，两组人群存在着明显的差距(图 3-20、图 3-21)，也就是说我们可以认为是否使用过政府网站对用户搜索时的心智模型有重要的影响，即经验背景是影响用户心智模型的一个重要因素。

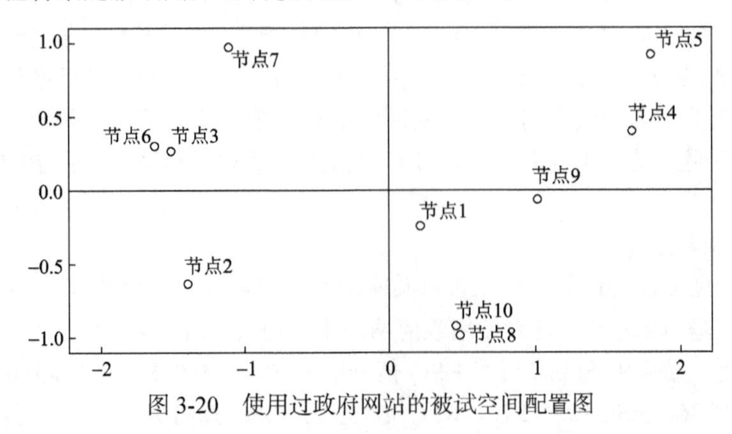

图 3-20　使用过政府网站的被试空间配置图

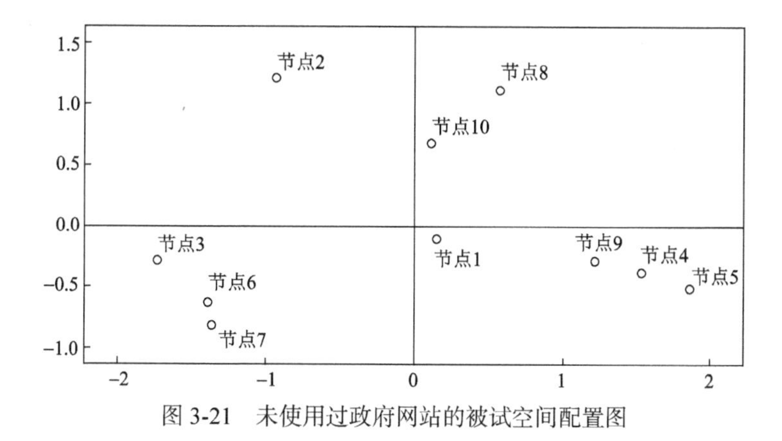

图 3-21　未使用过政府网站的被试空间配置图

但是对比两组被试人群心智模型与网站标准模型，使用过政府网站组并不比未使用过政府网站组被试的心智模型更明显接近网站模型，本次实验并不能证明具有经验背景的人群的心智模型更符合南京政府网站标准模型。因此，我们拒绝接受之前的假设 3-9，假设 3-9 在本次实验中不成立。

3.3.4　总结与展望

在网站用户行为研究中，如何比较客观地测量和反映人们对复杂事物的认识和评价，是进行心智模型研究时经常碰到，但又不容易解决的问题。本章的成果在于以下两方面。

一是验证了多维尺度法可以应用在政府网站用户的分类理解过程的心智模型概念理解的“空间性”测量中，以及应力指数大小与拟合度关系量表的可应用性，本章设计心智模型空间性多维尺度分析算法，把被试对网站分类目录的主观心理认知和潜在心理分类标准转化为客观定量描述，从而为网站用户人机交互过程中用户行为及其影响要素的多维特征分析提供新的方法和思路。

二是政府门户网站用户分类理解心智模型影响要素的关联分析，在网站分类目录理解过程中用户信息获取的心智模型的形成是一个连续、迭代的过程，心智模型经过调整会不断得到完善和成熟。在该过程中，个人因素、个性特征因素、场景因素影响心智模型的发展。个人所经历的社会事件在内容上具有差异，当然会对心智模型产生影响作用，而在网络环境中，由于其特殊的虚拟环境，个体因素也会存在一定的特性。网站用户信息获取中的心智模型主要有性别、年龄、知识背景、经验背景、培训这几个影响因素，已有的研究仅仅局限于某一单一维度的关联特征分析，对于政府门户网站的研究尤其缺乏，本章应用多维尺度法针对政府网站分类目录进行了多维关联特征分析。

1. 性别的影响

有众多的研究发现男性和女性的认知偏好各有优势，男女性别在信息汲取的方式和内容上有差异性，因而表现在心智模型上各具特点。一些学者认为女性的心智缺乏规律，很难分类(Cooper，2006；Pinkard，2005)。Wilson 等(2003)则认为性别对心智影响没有显著的区别。Hargittai 和 Shafer(2006)则认为在使用互联网时，女性比男性更加对自己的技能不自信(转引自 Roth et al.，2010)。但对于政府网站用户性别影响心智的效果目前缺乏研究，本章通过实证表明，在访问政府网站分类目录时，被试的性别会影响被试的心智模型。

2. 年龄的影响

杨颖等(2008)在研究用户心智模型在手机界面设计中的应用时，总结认为，用户的年龄与使用经验对心智模型的影响比较明显，而空间一致性更起到重要作用，空间一致性良好的“格式-格式”心智模型比空间一致性不良的“格式-栏式”心智模型所对应的交互绩效高。本章通过实证表明，在访问政府网站分类目录时，被试的年龄会影响被试的心智模型。

3. 知识背景的影响

知识背景按其深度和广度分为两种：一是学习知识的深度；二是职业背景的不同。在不同职业背景方面，如 Chevalier 和 Kicka(2006)对网站用户和网站设计师进行实证研究发现他们在检索策略的决策过程中具有不同的心智模型。但是目前尚无针对不同专业背景的用户对于网站分类目录理解的心智模型的多维特征分析，本章通过对比公务员被试组和学生被试组分析发现，不同知识背景的被试对于网站分类目录的心智模型存在差异。本章通过实证表明，不同知识背景的被试对于网站分类目录的心智模型存在差异。

4. 经验背景的影响

在现实生活中，个人经验对我们如何看待生活或特定事件有着重大影响，而在网络环境中，个人经验对用户的信息行为也是存在一定影响的。例如，Graham 等(2006)应用多维尺度法考察了新手在互动游戏中的心智模型，结果表明，随着游戏经验的增加，被试心智模型逐渐转变，并接受游戏界面设计。本章通过考察“是否使用过政府网站”来探索经验对于被试的心智模型的影响，结果表明，经验背景并不影响被试对政府网站分类目录的接受。

进一步的研究可以从以下方面展开：对被试心智模型空间性多维尺度分析与

心智状态的表示和转移关联进行研究，在网站用户心智模型研究中，一个主要难点是心智表征的研究，如对象分类、主观选择概率、选择的效用和记忆的痕迹等(Sanborn et al.，2010)，多维尺度法作为一种多指标决策方法，如何和动态的用户心智状态转移相结合，从而可以连续地进行网站用户信息搜寻过程中的心智状态仿真和模拟，是需要深入研究的问题。

第4章　网站用户信息获取中的心智模型发展研究

4.1　基于蒙特卡罗方法的网站用户信息搜索时心智状态描述研究

蒙特卡罗方法又称统计模拟法、随机抽样技术，是使用随机数(或更常见的伪随机数)来解决复杂计算问题的方法。在网站用户信息交互过程中，蒙特卡罗方法可以构造和描述用户心智模型状态模型，进行被试的分布抽样，以及预测心智模型状态的变化(赵琪，2007)。

当所求问题的解是某个事件的概率，或者是某个随机变量的数学期望，或者是与概率、数学期望有关的量时，通过某种试验的方法，得出该事件发生的频率，或者该随机变量若干个具体观察值的算术平均值，通过它得到问题的解(赵琪，2007)。当随机变量的取值仅为 1 或 0 时，它的数学期望就是某个时间的概率。可以通俗地说，蒙特卡罗方法是用随机实验的方法计算积分，即检索要计算的积分看作服从某种分布密度函数为 $f(r)$ 的随机变量 $g(r)$ 的数学期望，如式(4-1)所示：

$$\langle g \rangle = \int g(r) f(r) \mathrm{d}r \tag{4-1}$$

通过某种试验，得到 N 个观察值 $r_1, r_2, \cdots, r_N$(用概率语言来说，从分布密度函数 $f(r)$ 中抽取 N 个子样 $r_1, r_2 \cdots, r_N$，将相应的 N 个随机变量的值 $g(r_1), g(r_2), \cdots, g(r_N)$ 的算术平均值作为积分的估计值(近似值)(赵琪，2007)，如式(4-2)所示：

$$\overline{g_N} = \frac{1}{N}\sum_{i=1}^{N} g(r_i) \tag{4-2}$$

目前心智模型研究从静态的观测、描述推进到动态的推理、测量、模拟，但是现有的方法多以用户的主观评价和记录描述为主，而对于动态的推理、测量、模拟缺乏有效的方法，蒙特卡罗方法可以记录用户的心智状态、用户的心智状态转移过程并预测用户的心智状态变化。

4.1.1　蒙特卡罗方法应用到心智模型中的基本原理

MCMC 主要的构成要素有：初始状态、建议状态、转移核、接受函数、平稳态。将 MCMC 应用于心智模型的基本原理就是，将被试作为 MCMC 的一个要素，马尔可夫链的各个状态相当于用户心智的外在表现，这样生成的马尔可夫链就可以用来分析用户的心智表征，在文献(Sanborn et al., 2010)中是将被试作为 MCMC 的接受函数的。如何让被试作为接受函数呢？在接下来的内容中我们将详细介绍。

1. 接受函数

出现在 Metropolis-Hastings 算法中的状态转换方式有一个关于感觉的心理任务：展示两个对象，一个是目前状态，另一个是建议状态，并从两者之间做出选择。假设我们要从对象的一个非负函数 $f(x)$ 中收集产生的有关心理表征。MCMC 算法从 $f(x)$ 的一个分布比例中产生样本，为了使人们的选择作为 MCMC 算法的一个要素，我们需要设计一个任务，从而使他们在两个对象 x^* 和 x 之间做出选择。特别是它足以建议一个状态使得人们选择 x^* 的概率如式(4-3)所示：

$$a(x^*;x)=\frac{f(x^*)}{f(x^*)+f(x)} \tag{4-3}$$

这是分布 $p(x)\propto f(x)$ 的 Barker 接受函数。

式(4-3)是人类选择的概率模型，它是著名的 Luce 选择规则或比率规则。已经证实，当参与者从基于特定特征的两个刺激中做出选择时，这个规则非常适合被试的数据，但是当有更多选择时该规则似乎并不适合。当 $f(x)$ 是一种效用函数或概率分布时，式(4-3)所描述的行为就叫作概率匹配，并且经常发现它是以经验为主的。

用式(4-3)来建模被试的反应概率还有更多的简单理论根据。根据之一是使用逻辑函数来建立一个软阈值的模型，这个软阈值基于两个选择的 log 几率。在分布 $p(x)$ 下赞成 x^* 在 x 的 log 几率将是 $\Lambda=\log\dfrac{p(x^*)}{p(x)}$。假设人们正确反应比接受不正确反应时接受的激励更大，那么从两个对象之间做出选择的最佳解决方案是当 $\Lambda>0$ 确定性选择 x^*。不过我们可以想象，人们将他们的阈值放在略微不同的地点或者非确定性地做出选择，这样他们的选择可以被看成 Λ 的逻辑函数，其中选择 x^* 的概率为 $1/(1+\exp\{-\Lambda\})$。计算表明，这样就产生了式(4-3)中所给的接受规则。

另一种理论根据是该 log 概率是有噪声的，而决定是确定性的。这个决定是通过从嘈杂的 log 概率抽样并选择较高的样品得出的。如果加性噪声是 1 型极值(如 Gumbel)分布，那么由此产生的选择概率相当于比率规则。

Barker 接受函数和比率规则的一致性表明，在某些情况中我们应该能够把被试作为 MCMC 算法中的一个元素，在这些情况中我们可以引导人们采用特定方法来进行选择，采用的方法是基于比率规则建模的。然后，我们可以通过两个选项的一系列选择方案来探讨 $f(x)$ 表现出来的特征，其中一个选项是根据先前的实验选择的，另一个是从一个任意建议分布中获取的。这个结果将是一个从 $p(x) \propto f(x)$ 中产生样本的 MCMC 算法，这就为探索 $f(x)$ 取大值的部分提供了一种高效的方式。

2. 接受函数的变动范围

像比率规则中所描述的一样，概率匹配对人们在很多情况下做出选择的行为进行了很好的描述。但积极的参与者能做出比概率匹配更确定的行为。几种选择的模式，特别是在分类的环境中，已经被扩展来解释这种行为，使用的是式(4-3)的一个公式幂版本，来使得类概率与反应概率匹配，如式(4-4)所示：

$$a(x^*;x) = \frac{f(x^*)^\gamma}{f(x^*)^\gamma + f(x)^\gamma} \tag{4-4}$$

其中，γ 提高式(4-3)右边的每项到一个常数。参数 γ 在概率匹配和纯粹的确定性响应之间有可能改变：当 $\gamma = 1$ 参与者概率匹配，当 $\gamma = \infty$ 他们确定性地选择。

式(4-4)可从一个扩展得到上文说的软阈值。如果反应基于一个逻辑函数，并且这个函数是基于收益为 γ 的 log 次要几率的，那么选择 x^* 的概率是 $1/(1+\exp\{\gamma\Lambda\})$，其中 Λ 已经在上面定义过了。以上讨论的情况下对应到 $\gamma = 1$，并且当 γ 增加时阈值会接近 $\Lambda = 0$ 的一个阶跃函数。一般情况下对于 $\gamma = 1$ 贯彻同样的计算会产生式(4-4)给出的接受规则。

式(4-4)中的接受函数式含有一个未知参数，所以当我们做出参与者概率匹配的更强假设时，不能得到足够多的 $f(x)$（如固定 $\gamma = 1$）。将式(4-4)代入细致平衡方程并假设一对称分布，这样我们就可以表明幂的选择规则是一个伴随任意分布的马尔可夫链接受函数，伴随的分布如式(4-5)所示：

$$p(x) \propto f(x)^\gamma \tag{4-5}$$

因此，使用式(4-4)的较弱假设作为人类行为的模型，我们可以估算 $f(x)$ 为一个常数的指数。不同对象的相对概率将保持确定，但不能直接对其估计。因此，式(4-5)定义的分布与函数 $f(x)$ 直接产生的函数有一样的最大值，但该差异的确切值取决于参数 γ。

3. 分类

下面讨论蒙特卡罗方法应用于分类的情况，并提供一个具体应用的例子，说明如何构造满足 MCMC 算法标准的任务。

1) 代表类别

不同类别如何被表征有很多假设，分类计算模型确定了这些假设的数量。这些模型最初被用来对包含在种类中的认知过程进行计数，并明确关于对象的相似函数方面的类别结构。随后的工作将这些模型定义为相当于建立一个概率分布的计划(著为密度估计的问题)，并表明相关潜在的特征可以描述为对象的概率分布。我们会从两个经典模型(典范模型和原型模型)方面概述他们所反应的基本思路。这两个方面的等价意味着我们对对象相似函数的分析可以等同于类别表征的分析。

典范模型和原型模型有着相同的基本假设，即人们基于相似性将刺激分配到不同的类别。给定 $N-1$ 个刺激 $x_1,\cdots,x_{N-1}$ 分别标志为 $c_1,\cdots,c_{N-1}$，这些模型将刺激 N 分配给 c 类的概率描述如式(4-6)所示：

$$p(c_N = c \mid x_N) = \frac{\eta_{N,c}\beta_c}{\sum_{c'}\eta_{N,c'}\beta_{c'}} \tag{4-6}$$

其中，$\eta_{N,c}$ 为将刺激 x_N 分到 c 类的相似性；β_c 为 c 的反应偏差。模型之间的主要区别在于刺激分类的相似性 $\eta_{N,c}$ 是如何被计算的。在一个典范模型中，一个种类是用该类别的所有存储的实例来表征的。将刺激 N 分到 c 类的相似性是通过加总所有存储实力的相似性来计算的，具体如式(4-7)所示：

$$\eta_{N,c} = \sum \eta_{N,i} \tag{4-7}$$

$\eta_{N,i}$ 是两个刺激 x_N 和 x_i 之间相似性的一个平均测量。在 Shepard(1962)之后，相似性测量通常被定义为两个刺激间距离的一个衰退指数函数。在一个原型模型中(Reed，1972)，类 c 是由一个单原型实例来表征的。在这个法则中，将刺激 N 分到 c 类的相似性被定义为式(4-8)：

$$\eta_{N,c} = \eta_{N,\ p_c} \tag{4-8}$$

p_c 是类别 $\eta_{N,\ p_c}$ 的原型实例；像范例模型一样，$\eta_{N,\ p_c}$ 是刺激 N 和原型 p_c 之间相似性的度量。确定模型的一个常见方式是在某个心理空间中将其看作该类别所有实例的质心，如式(4-9)所示：

$$p_c = \frac{1}{N_c}\sum_{i|c_i=c} x_i \tag{4-9}$$

N_j 是该类别的实例数(即满足 $c_i = c$ 的刺激数)。显然在这些极端中有多种可能性，其中相似性被计算为一个类别的范例子集，这些已在更近的种类模式中进行了探索。

从概率角度来看分类问题，学者应该相信刺激，刺激 N 属于 c 类的概率如式(4-10)所示：

$$p(c_N = c \mid x_N) = \frac{p(x_N \mid c_N = c)\, p(c_N = c)}{\sum_{c'} p(x_N \mid c_N = c')\, p(c_N = c')} \tag{4-10}$$

c 类的后验概率与含属性 x_N 对象的概率成果成正比，x_N 是从该类和选择该类的先验概率中产生的。我们用来表示 $p(x_N \mid c_N = c)$ 的 $p(x \mid c)$ 分布，它反映了学习者对类别结构的了解，同时也考虑到了之前 $N-1$ 个对象的属性和标签。Ashby 和 Gott(1988)观察到分类问题的贝叶斯解决方案与典范和原型模型中计算的选择概率之间的联系。$\eta_{N,c}$ 可以通过 $p(x_N \mid c_N = c)$ 来确定，而 β_c 与 c 类的先验概率相一致。因此，典范和原型模型之间的差异源于 $p(x \mid c)$ 的评估方式不同。

范例模型中 $\eta_{N,c}$ 的定义与将 $p(x \mid c)$ 估计为一系列函数(著称为“内核”)的总和相一致，这些函数以标志为属于 c 类的 x_i 为中心，如式(4-11)所示：

$$p(x_N \mid c_N = c) \propto \sum k(x_N, x_i) \tag{4-11}$$

$k(x, x_i)$ 是一个以 x_i 为核心的概率分布。这种方法在统计分布被广泛地用来估计分布，它是一种简单的非参数密度估计形式(这意味着它可以用来识别分布而不需要假设这些分布都来自同一个潜在的参数族)，称为内核密度估计(Silverman et al.，2001)。原型模型中 $\eta_{N,c}$ 的定义与 $p(x \mid c)$ 相一致，这里的 $p(x \mid c)$ 估计方式如下：假设每个分类相关的分布都来自同一个潜在的参数族，然后找出能最佳描述标志为这一类的实例的参数。与这些参数一致的原型模型，其质心是对分布的一个适当的估计，这些分布中含有能描述他们主旨的参数。这也是一个估计概率分布的普遍方法，也就是我们所熟知的参数密度估计，其中假设分布为含未知参数的已知形方程。从基于相似性的角度来看，在范例和原型之间也有概率模型。

2)有效 MCMC 接受规则的任务

无论它们是否被表征为相似函数(即对象的非负函数)或概率分布，我们应该都可以使用 MCMC 方法来探讨类别的结构。关键是要找到一个问题，它可以引导人们以一定的概率做出选择，这概率与它们与此类的相似度成正比或者就是该类别的概率，我们需要考虑以下三种问题。

A. 刺激类别

最简单问题就是确定两个刺激中的哪个属于这一类，假设这两个刺激中只有一个真正的刺激，刺激的选择应与类别分布 $p(x \mid c)$ 下它们的概率成比例。也可以通过分析标准分类任务来证明这个假设，这在式(4-3)中已被广泛用于描述选择概率。在标准的分类任务中，给人们展示单一刺激并要求他们从两个类别中做出选择。在我们的任务中，给人们两个刺激并让他们确认哪一个刺激属于一个单独的类别。由于人们从分类中按刺激和类别之间的相似性比例做出选择，所以我们希望他们在此也能这么做。

B. 刺激的优先

当一个刺激属于这个种类而另外一个不属于时，参与者很容易指出哪个刺激属于这个种类。但是，如果两个刺激都具有很高或很低的概率分布值，那么容易让被试困惑。另一种方法是要求人们指出哪个刺激是更好的类别实例，这是关于分类样本的表征。Griffiths 为一个与两个方案的后验概率成比例的表征测量方案提供了依据。在另一篇论文(赵琪，2007)中，研究结果表明在与之前问题相同的假设条件下，这个问题的回答也应遵循 Barker 接受函数。如上所述，这个问题也可以通过基于相似度的模型来证明。Nosofsky 发现，当参与者被要求从二者中选择一个类别较好的例子，有一个与预测响应概率的典范模型相结合的比率规则。

3)刺激类属的可能性判断

还有一种方法是，它不假设两个刺激中只有一个源于此类，它要求人们判断一个相对概率而不是强求进行选择，直接测量 $p(x|c)$ 或相应的相似函数。假设参与者适用这些数量的比例规则，他们的回答应当产生合适的平稳分布的 Barker 接受函数。

因此，我们可以定义一个从概率分布(或规范化相似函数)中获取样品的方法，这个方法与使用 MCMC 进行分类相关。以一组参数化的对象为开始，并选择任意一个对象作为开始。在每次实验中，建议对象是从原对象周围的对称分布中获取的。要求一个人从当前对象和推荐新对象中进行选择，这与那个对象与类别更相符的问题相一致。假设人们的选择行为遵循式(4-11)给出的比例规则，那么马尔可夫链的平稳分布就是与类别相关的概率分布 $p(x|c)$，从链中获取的样品就可以提供有关类别心智表征的信息。如上所述，当人们的行为是确定匹配而不是概率匹配时，此过程也可以提供不同物体相对概率的信息。为了探索这种研究类结构的这种方法的价值，参考文献(Sanborn et al.，2010)进行了系列的四个实验。前两个实验研究我们是否可以恢复通过培训产生的人工类别结构，而其他两个实验运用它来估计自然分类相关的分布。

4.1.2　基于蒙特卡罗方法的网站用户信息搜索时心智状态的实验设计

在网站界面元素中，一个优秀的搜索系统可以使用户直接跳到用户感兴趣的信息内容中去获取其需求的信息内容，而不是像使用导航条那样，一层一层往下走(Kamis et al.，2008)。我们重点针对检索系统中检索框的布局进行探索，检索框的位置是用户在网站上使用检索系统时最先感受到检索系统的设计之一，本节针对检索框布局进行相关实验研究。我们假设：用户所认为的检索框最佳位置与实际存在网站中检索框最大概率的位置相一致。

1. 实验思路

MCMC 的构成要素是：初始状态、建议状态、转移概率、接受函数及平稳分布函数。我们将被试作为 MCMC 的接受函数，这样就可以通过平稳的马尔可夫链推测用户的心智状态，图 4-1 为实证部分流程图。

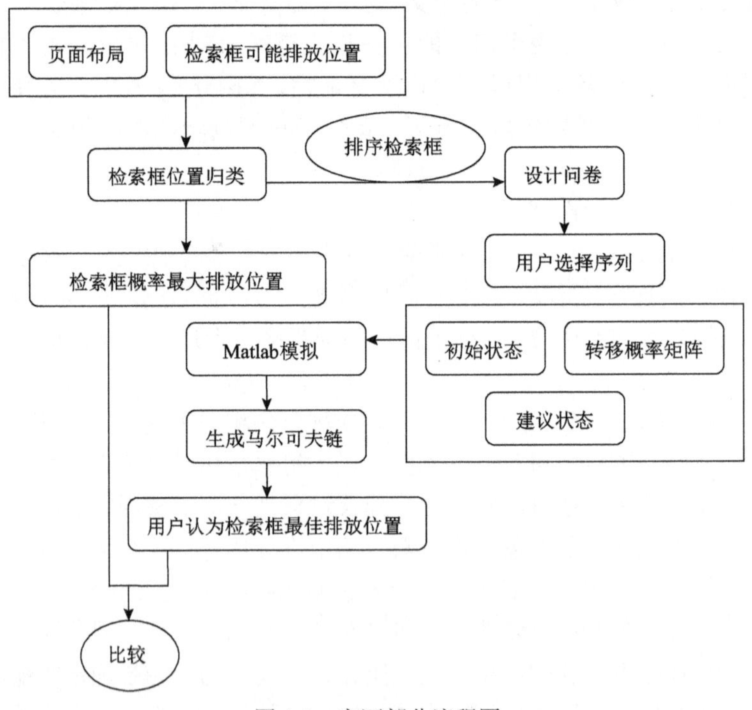

图 4-1　实证部分流程图

具体过程如下。

1) 实验流程设计

(1) 调研主要政府门户网站界面布局。

(2) 调研检索框的位置：通过调研已经存在的 100 个网站，根据界面布局进行位置的归类总结。

(3) 找出调研中的检索框最可能位置：根据调研结果算出各个位置的概率，找出检索框概率最大的位置，这为后面验证假设做铺垫。

(4)求用户的选择序列：通过调查问卷获取用户的选择序列，这个选择序列反映的就是用户的心智状态及转换过程。根据界面布局，将上面得出的可能位置按照一定的顺序排列，每次让用户对最前面两个的可能位置做出选择，并删除不选择的那个。每个用户会得出一个选择序列。

(5)算出转移概率矩阵：转移概率是构成MCMC的核心要素之一。本节将用户的选择序列用Excel表格统计，计算出每个可能的状态对的转移概率。这样得出的概率组成一个概率矩阵。

(6)给定初始状态。

(7)得出建议状态：初始状态与上面的转移概率矩阵相乘便得到建议状态。

(8)生成马尔可夫链：(6)～(8)通过Matlab实现，为了防止马尔可夫链是伪收敛，重复(6)～(8)三次并比较三次的收敛结果。

2)调查问卷的具体设计流程

(1)我们将检索框的13种位置按照统计比例从少到多排序后依次用图表的形式展示给被试。为了给用户更加形象的说明，每种位置的图表都有相对应的网页链接。

(2)首先给被试编号为1和2的两张图表，被试从中选择自己认为检索框较为合理的位置，并记录图表编号。

(3)将被试上一轮选择的图表与第3张图表位置进行比较，被试从中选择自己认为检索框较为合理的位置，并记录图表编号。

(4)依次两张图片进行比较，直至13种位置中选择认为最合理的检索框位置，最后形成一个12个数字的序列。

2. 前期调研

1)界面布局的调研

网页布局大致可分为“国”字型、拐角型、标题正文型、左右框架型、上下框架型、综合框架型、封面型，Flash型、变化型(马张华等，2002)，如图4-2所示。通过浏览国内外各大网站，把网页的布局概括为如下五个布局。

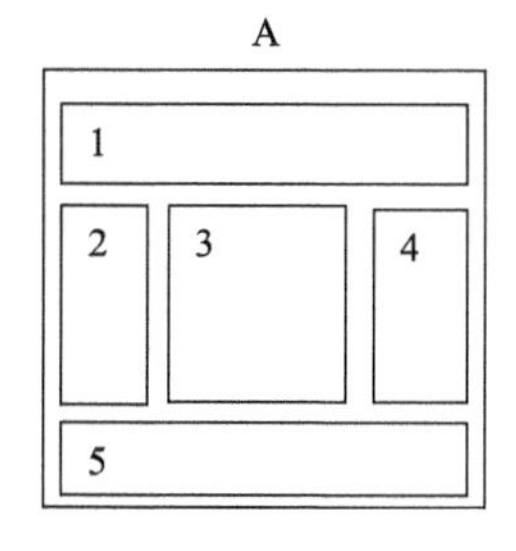

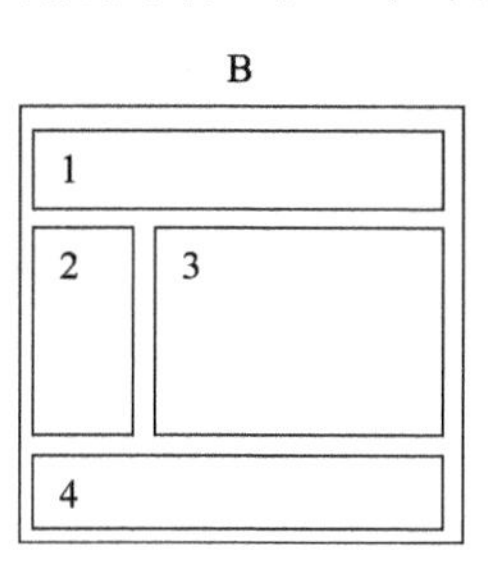

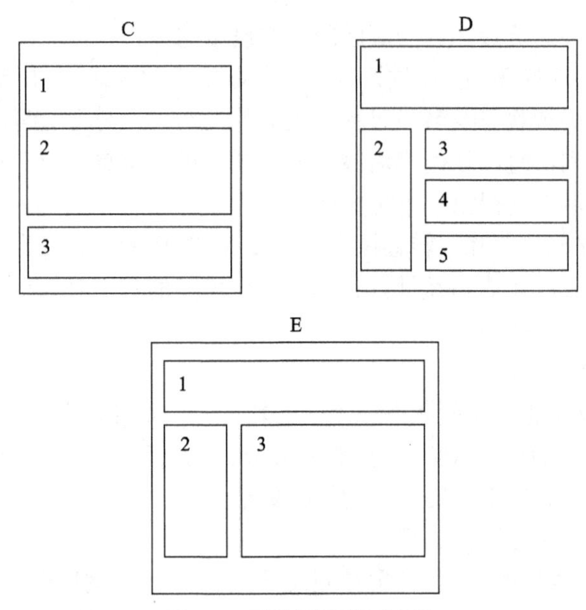

图 4-2　五种网页界面布局

2) 检索框位置的调研

我们调查了 100 个全球主要政府门户网站(50 个中国政府网站和 50 个非中国政府网站) 中检索框在网站主页中的位置，部分网站统计的布局及检索框的位置结果如表 4-1 所示。

表 4-1　检索框布局网站调研结果

城市	布局	网站检索框位置
北京	C	1-右上
上海	A	1-上
广州	C	2-右上
成都	C	1-右下
济南	E	1-右中
武汉	A	4-上
西安	B	1-中
杭州	C	1-右上
长沙	A	4-上
哈尔滨	B	1-右下
合肥	A	1-右下

续表

城市	布局	网站检索框位置
南昌	B	1-右上
南京	A	1-右下
苏州	B	1-右下
辽宁	C	1-上右
石家庄	B	1-下端
重庆	C	1-右下
深圳	A	1-右上
无锡	A	1-右下
华盛顿	C	1-下右
纽约	E	1-右
西雅图	A	1-上右
夏威夷	A	1-下右

根据统计的 100 个网站的检索框的位置及网页布局，我们将其归纳为 13 个位置，按照相应位置对应的网站数目从小到大的顺序进行位置编号，如表 4-2 所示，其中前面的数字表示网站的数目，括号中的数字为位置编号。

表 4-2　检索框位置与对应网站数目统计

	4(6)	22(12)
2(4)	2(3)	8(10)
5(7)	5(9)	32(13)
4(5)		9(11)
5(8)		
1(1)	1(2)	

我们按照调研得出的检索框的 13 种不同位置分别设计相对应的网页，为屏蔽其他因素对用户对检索框位置合理性判断的影响，设计的所有网页中其他元素，如全局导航、网站 Logo、主要内容等均保持一致，只有检索框的位置不断改变。其中编号为 1 的检索框位置所对应的网页如图 4-3 所示。

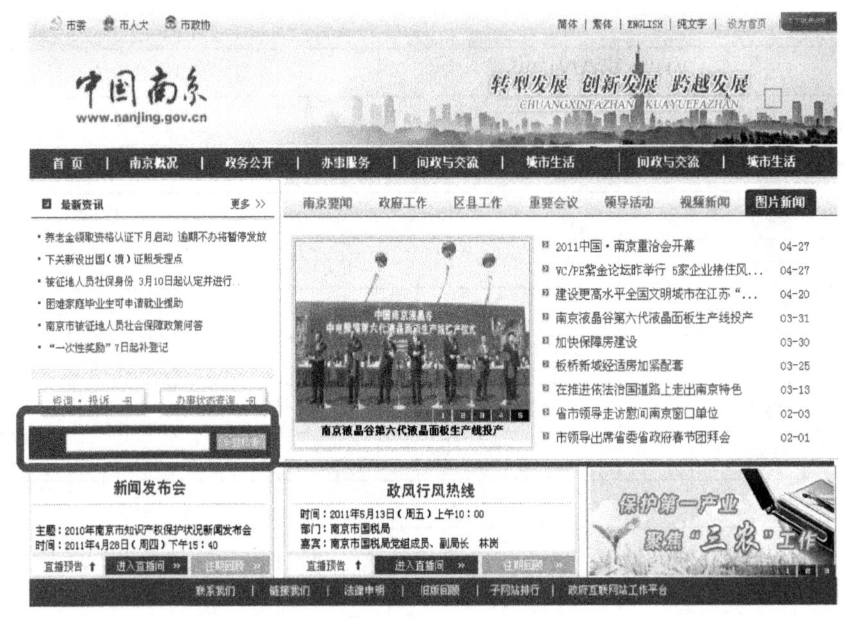

图 4-3　实验网页

3) 实验对象与实施

本实验以本科一年级、二年级及三年级的学生为实验对象，含有本科一年级 5 位被试、本科二年级 17 位被试、本科三年级 32 位被试，被试以自愿方式招募来参加实验，实验组织被试员会给予被试一定的物质鼓励，以激励被试认真完成实验。

4.1.3　基于蒙特卡罗方法的网站用户信息搜索时心智状态实验结果分析

1. 数据初步处理

将用户的选项序列录入 Excel 表格，并通过表格统计，筛选出 5 个不合格样本，剩下 49 个合格样本。不合格样本中，有 2 个样本由于序列不可能存在被排除，有 3 个样本由于排列的序列总数不正确而被排除，实验有效数据具体如表 4-3 所示。

表 4-3　实验有效数据

用户	题 1	题 2	题 3	题 4	题 5	题 6	题 7	题 8	题 9	题 10	题 11	题 12
1	1	1	1	1	1	1	1	1	1	1	1	13
2	1	3	3	3	3	3	3	3	3	3	3	3
3	1	3	3	3	3	3	3	3	3	3	3	3
4	1	3	3	3	3	3	3	3	3	3	3	13
5	1	3	4	4	4	4	4	4	4	4	4	4
6	1	3	3	5	5	5	5	5	5	5	5	5

续表

用户	题1	题2	题3	题4	题5	题6	题7	题8	题9	题10	题11	题12
7	1	3	4	5	5	5	5	5	5	5	5	5
8	1	3	3	5	6	6	6	6	6	6	6	6
9	1	3	4	4	4	7	7	7	7	7	7	7
10	1	3	4	4	4	7	7	7	7	7	7	7
11	1	3	3	5	5	7	7	7	7	7	7	7
12	1	3	4	5	5	7	7	7	7	7	7	7
13	1	3	4	4	4	7	7	7	7	7	7	13
14	1	3	3	5	5	5	8	8	8	8	8	8
15	2	3	4	5	5	5	8	8	8	8	8	8
16	2	2	2	2	2	2	2	9	9	9	9	9
17	1	3	3	3	3	3	3	9	9	9	9	9
18	1	3	3	3	3	3	3	9	9	9	9	9
19	1	3	3	3	3	3	3	9	9	9	9	9
20	2	3	3	3	3	3	3	9	9	9	9	9
21	2	3	3	3	3	3	3	9	9	9	9	9
22	2	3	3	5	6	6	6	9	9	9	9	9
23	1	3	3	5	5	7	7	9	9	9	9	9
24	1	3	3	3	3	7	7	9	9	9	9	13
25	2	3	3	3	3	3	3	3	10	10	10	10
26	1	1	4	4	6	6	6	6	10	10	10	10
27	1	3	3	5	5	7	7	7	10	10	10	10
28	1	3	3	5	5	7	7	7	10	10	10	10
29	1	3	3	3	3	3	3	9	10	10	10	10
30	2	3	3	3	3	3	3	3	10	10	10	13
31	1	1	1	5	5	5	5	5	10	10	10	13
32	1	3	3	5	5	5	5	5	10	10	10	13
33	2	3	3	5	5	5	5	5	10	10	10	13
34	1	3	4	4	4	7	7	7	10	10	10	13
35	1	3	3	5	5	7	7	7	10	10	10	13
36	1	3	3	3	3	3	3	9	10	10	10	13
37	2	3	3	3	3	3	3	9	10	10	10	13
38	2	3	3	5	5	5	5	9	10	10	10	13
39	2	3	3	5	5	5	5	9	10	10	10	13
40	1	3	3	5	6	7	7	9	10	10	10	13
41	1	1	4	5	5	5	5	5	5	11	11	11

续表

用户	题 1	题 2	题 3	题 4	题 5	题 6	题 7	题 8	题 9	题 10	题 11	题 12
42	2	3	3	5	5	5	5	5	10	11	11	11
43	2	2	2	2	2	2	2	9	10	11	11	11
44	1	3	3	3	3	3	3	9	10	11	11	11
45	1	3	4	5	5	5	5	5	10	11	11	13
46	2	3	4	4	6	6	6	6	6	6	12	12
47	1	3	3	3	3	7	7	9	10	10	12	12
48	1	1	4	5	5	5	5	9	10	11	12	12
49	1	3	3	3	3	3	3	9	9	9	12	13

2. 转移概率矩阵

为了防止给定的次序对用户的心智产生影响，我们就重新给可能位置排序，就按照网页上从左往后、从上往下的次序排列。

1) 转移概率计算过程

作为 MCMC 算法的重要构成元素，转移概率矩阵在本实验中是如何算出来的呢？下面展示了详细的计算过程。

(1) 用排序的序号代表对应的检索框摆放位置。

(2) 用户选择序列：通过上面的实验可以获得。

(3) 分析状态对：从前往后每相连的两个，本节中我们称其为状态对，前一个代表当前状态，后一个代表接受的建议状态。

(4) 所有状态对中，统计初始状态为 m($0<m<14$ 且 m 为整数) 的状态对个数 sum，其中接受的建议状态为 n($0<m<14$ 且 m 为整数) 的个数 sum_1，算出转移概率为 sum_1/sum，得出的这个数就是转移概率矩阵的第 m 行第 n 列元素。

(5) 根据上一步得出的所有数据，得出一个转移概率矩阵。

2) 本实验的转移概率

通过 Excel 统计所有用户的实验数据，得出结果如表 4-4 和表 4-5 所示。

表 4-4　Excel 统计的概率矩阵

初始状态	到达状态	个数	初始状态的总个数	转移概率
1	1	3	4	0.75
1	2	1	4	0.25
2	2	7	7	1
3	1	0	31	0
3	2	0	31	0
3	3	19	31	0.612 903

续表

初始状态	到达状态	个数	初始状态的总个数	转移概率
3	5	0	31	0
3	7	2	31	0.064 516
3	8	0	31	0
3	9	4	31	0.129 032
3	10	6	31	0.193 548
3	11	0	31	0
3	13	0	31	0
4	1	0	152	0
4	2	1	152	0.006 579
4	3	10	152	0.065 789
4	4	112	152	0.736 842
4	5	10	152	0.065 789
4	7	0	152	0
4	8	0	152	0
4	9	2	152	0.013 158
4	10	15	152	0.098 684
4	11	2	152	0.013 158
4	13	0	152	0
5	1	1	49	0.020 408
5	2	1	49	0.020 408
5	5	37	49	0.755 102
5	8	0	49	0
5	11	10	49	0.204 082
6	1	0	50	0
6	2	1	50	0.02
6	3	3	50	0.06
6	4	30	50	0.6
6	5	0	50	0
6	6	15	50	0.3
6	7	0	50	0
6	8	0	50	0
6	9	0	50	0
6	10	1	50	0.02
6	11	0	50	0
6	12	0	50	0
6	13	0	50	0

续表

初始状态	到达状态	个数	初始状态的总个数	转移概率
7	1	1	21	0.047 619
7	2	0	21	0
7	5	1	21	0.047 619
7	7	17	21	0.809 524
7	8	0	21	0
7	9	1	21	0.047 619
7	11	1	21	0.047 619
7	13	0	21	0
8	1	1	11	0.090 909
8	2	1	11	0.090 909
8	8	9	11	0.818 182
9	1	0	50	0
9	2	1	50	0.02
9	5	4	50	0.08
9	8	0	50	0
9	9	41	50	0.82
9	11	4	50	0.08
9	13	0	50	0
10	1	0	80	0
10	2	0	80	0
10	5	3	80	0.037 5
10	7	3	80	0.037 5
10	8	1	80	0.012 5
10	9	6	80	0.075
10	10	60	80	0.75
10	11	5	80	0.062 5
10	13	2	80	0.025
11	1	1	55	0.018 182
11	2	1	55	0.018 182
11	8	5	55	0.090 909
11	11	38	55	0.690 909
12	1	0	26	0
12	2	0	26	0
12	3	0	26	0
12	4	12	26	0.461 538
12	5	2	26	0.076 923

续表

初始状态	到达状态	个数	初始状态的总个数	转移概率
12	7	0	26	0
12	8	0	26	0
12	9	0	26	0
12	10	0	26	0
12	11	0	26	0
12	12	12	26	0.461 538
12	13	0	26	0
13	1	0	10	0
13	2	0	10	0
13	5	0	10	0
13	8	0	10	0
13	11	0	10	0
13	13	10	10	1

表 4-5　最终概率转移矩阵

初始状态	建议状态												
	1	2	3	4	5	6	7	8	9	10	11	12	13
1	0.750	0.250	0	0	0	0	0	0	0	0	0	0	0
2	0	1	0	0	0	0	0	0	0	0	0	0	0
3	0	0	0.610	0	0	0	0.070	0	0.130	0.190	0	0	0
4	0	0.010	0.070	0.740	0.070	0	0	0	0.010	0.090	0.010	0	0
5	0	0.020	0	0	0.760	0	0	0	0	0	0.200	0	0
6	0	0.020	0.060	0.600	0	0.300	0	0	0	0.020	0	0	0
7	0.050	0	0	0	0.050	0	0.800	0	0.050	0	0.050	0	0
8	0.090	0.090	0	0	0	0	0	0.820	0	0	0	0	0
9	0	0.020	0	0	0.080	0	0	0	0.820	0	0.080	0	0
10	0	0	0	0	0.040	0	0.040	0.010	0.080	0.750	0.060	0	0.020
11	0.015	0.015	0	0	0	0	0	0.090	0	0	0.700	0	0
12	0	0	0	0.460	0.080	0	0	0	0	0	0	0.460	0
13	0	0	0	0	0	0	0	0	0	0	0	0	1

3. 马尔可夫链

1) 对应 MCMC 的构成要素

实验中对应于 MCMC 的构成要素如表 4-6 所示。

表 4-6　实验中 MCMC 的构成要素

MCMC 的构成要素	实验中相对应要素
初始状态	实验时随即赋予
建议状态	实验中要比较的下一个位置
转移概率	从某一位置转移到另一位置的概率
接受函数	被试
平稳分布函数	被试认为检索框的最佳放置位置

2) 马尔可夫链的生成

马尔可夫链达到平稳状态的标志就是当前状态乘以转移概率矩阵，得出的建议状态与当前状态是一样的。

A. 逻辑流程

本实验是通过 Matlab 代码生成马尔可夫链的，Matlab 代码的逻辑流程如图 4-4 所示。

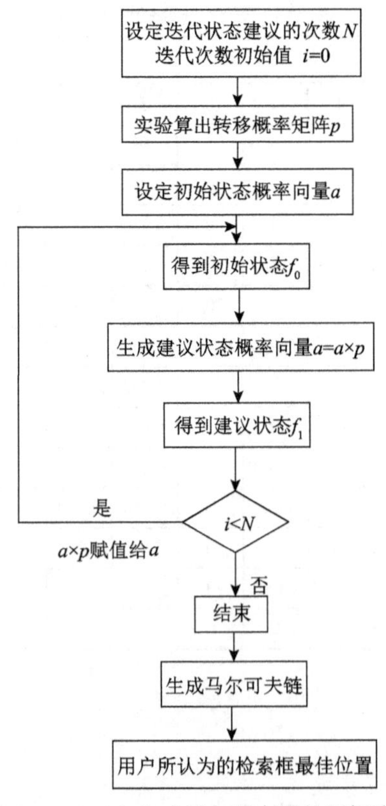

图 4-4　Matlab 生成马尔可夫链的逻辑流程

B. Matlab 程序具体操作过程

我们在允许范围内任意赋予一个初始状态，得出一条马尔可夫链。为防止其是伪收敛，在同一个图上赋予了三个初始状态。

我们给出一个初始状态概率向量，其中概率最大项对应的列数(即对应的位置标号)作为初始状态。后面迭代 $a\times p$ 得出的也是概率向量，也是取概率最大项对应的列数(即对应的位置标号)接受建议状态作为下一个状态的。

我们三次给定的初始状态向量分别为

$$a=[0\ 0\ 1\ 0\ 0\ 0\ 0\ 0\ 0\ 0\ 0\ 0\ 0]$$

$$a=[0\ 0\ 0\ 0\ 1\ 0\ 0\ 0\ 0\ 0\ 0\ 0\ 0]$$

$$a=[0\ 0\ 0\ 0\ 0\ 0\ 0\ 0\ 1\ 0\ 0\ 0\ 0]$$

初始状态也就是 max(a)对应的列，即分别为位置 3、5、9。生成马尔可夫链如图 4-5 所示，其中横坐标是实验次数，在这里相当于给建议状态的次数，相当于 $a\times p$ 的迭代次数。纵坐标是用户所选择的检索框的位置。

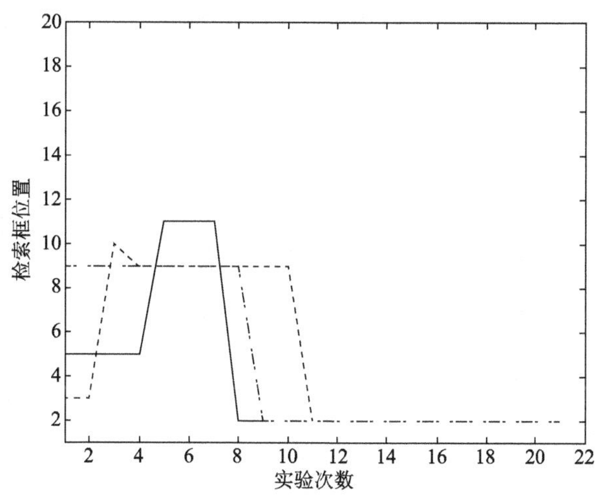

图 4-5　用户信息搜索时心智状态的马尔可夫链

C. 马尔可夫链图分析

分析图 4-6，我们可以知道达到平稳状态时候，用户选择的是位置 2，即用户认为的检索框的最佳位置为位置 2。

可以看到，网站中检索框最大概率的位置是位置 8，调查的 100 个网页中有 32 个是把检索框放在位置 8，如图 4-7 所示。

图 4-6 用户认为的检索框最佳位置

图 4-7 调查得出的检索框最大概率位置

而实际上用户认为最佳的位置却是位置 2，这样我们就得出结论，用户所认为的检索框最佳位置与实际存在网站中检索框最大概率的位置是不一致的，也就是说检索框的位置并不符合用户的心智状态，假设不成立。网站的设计人员可以利用这一结论设计出更符合用户心智的网页。

本实验以检索框的位置为研究对象，尝试运用 MCMC 方法记录用户的心智状态与转移过程，通过 Matlab 程序生成网站用户信息搜索时心智状态转移的马尔可夫链，通过马尔可夫链的平稳状态推论用户的心智状态，从而比较用户的心智模型与网站所呈现的系统模型的差异，希望得出的结果能够有助于网站设计者设计出更符合用户心智的网站。

从实验结果来看，MCMC 可以通过马尔可夫链记录用户的心智状态及心智变化过程，可以通过有限的实验预测用户最终的最期望的状态，它是研究用户心智状态的一个比较好的办法。

4.2　不同强度干预下检索方法学习中的用户心智模型动态变化研究

依据管理学者西蒙“有限理性”（白晨等，2009）的观点，个人认知理性介于完全理性和非理性，具体在决策行为中表现为：信息搜集的不完整性，备选方案检索的非全面性，备选方案决策的非最优性；而这些有限理性的表现主要源于决策个体认知偏差的存在。而新手用户基于数据库交互界面表现出的对各种检索方法的选择学习状态并不可能是一个完全理性的过程，用户不会像接受检索培训干预那样，指导者会给予一个全面系统的检索知识，并基本可以了解怎么依据最合适的方法去解决当前的检索问题。然而新手用户当完全依赖自己力量学习的时候，只能依据过去积累局限性的个体知识来做出认知与抉择，一旦在使用一个方法获得成功反馈后就会停止学习，因此他们很难会依据检索任务的性质在多个检索方法中选择学习最适当的、最有效的检索策略。

在当今互联网使用普及、网络平台使用大众化的环境下，年轻新手用户，如大学生更喜欢依赖网络进行在线的“干中学”（白晨等，2009），为此本书观察在模拟界面干预刺激下，新手用户的检索学习状态是否会改变有所改观，如在界面有效地帮助干预下，之前有限理性决策思维学习模式将会发生变化，不再出现“一竿子走到底”的学习行为，而可能沿着帮助干预信息指向，进行有目的的“全面试错”，然后依据反馈进行一次次反思，最后将认知锁定在检索任务性质与检索方法更加匹配的水平上，并做出稳定的决策，这实际是一个从较盲目到较理性的学习认知过程，由于界面帮助从某种意义上充当了离线简单培训指导者角色，有理由认为这时的用户认知负荷较无干预的环境要轻很多，由此学习效率也应该会有所提高。而这里的学习认知变化过程，即心智模型改变过程，也是本书要进行测试研究的内容。但是，目前的数据库帮助功能基本形同虚设，因而重新研究与构建一种能满足新手高效使用检索资源的 e-学习环境成为必要。

数字产品的界面操作学习与学校教育中的知识学习不一样，前者大多表现为对界面导航式功能元素表达的理解及在此基础上的流程操作，尽管目前的界面设计都到了这样一个水平：一旦用户被提示告知后(如通过他人指点、系统帮助、示范指导等)并不存在太复杂的学习障碍，因为它不像陈述式、生产式知识需要学习者对一系列事物间的各种复杂逻辑关系进行加工处理与记忆。但是，由于我们目前大多的数字产品界面元素符号与其内涵的指代关系及符号与符号之间的层级或并行关系等组织构建往往代表的是设计者单方面的理解，一般与用户心智模型相去甚远(Norman，2002)，最后用户放弃使用。文献(Kamis et al.，2008)认为如何帮助用户更容易地获取各类数字产品界面按钮符号背后所要传递的信号，事实上变得比技术算法设计本身更为重要。因此，这也就是本书研究所具有的深一层意义，本书仅选择数据库界面最常用的三个检索元素——初级检索、高级检索、专业检索作为实验情景，试图通过设计两种不同干预程度的界面帮助信息(即不同程度帮助用户理解界面符号元素的信息)，让大学生新手用户在 CNKI 实际检索平台上执行 n 轮检索实验任务，由此观测用户怎么学习自认为最理想的检索方法，重点观测他们对这三种检索方法的认知理解过程，也即怎么从一无所知或知之甚少到有所选择的较理性认知过程，或称之为用户心智模型改变过程，并尝试探索利用 MCMC 转移矩阵方法观测用户这种心智活动的变化。

在检索中用户的心智模型形成的关键活动是：首先将依据已经固存在大脑中的知识背景和认知方式支持下对检索任务及检索界面元素进行心理描述与理解，由此寻找与识别检索界面可能的符号元素，即与检索任务需求有匹配关系的检索方法，并在这种认知理解基础上对其会产生一定的期待，并支持选择相应的操作行为，思考是否需要改变原有的心智模型。

事实上，作为灵活的知识结构-个人的心智模型，通常是在对某个问题场景的实际反应中形成的，而这种反应的目的是对环境进行解读(Stahl，1998)。心智模型也可理解为是个体心灵在环境反馈之前对环境所做的预测或期望，一旦这种预期没有得到环境反馈的检验，那么心智模式则可能被修正、改进或被彻底否定，而这种心智模型的修正过程就是人类普遍特有的学习过程，这是一个与“表征的重新描述”(诺思等，2004)相连的过程，我们也可以称此为心智模型可变性和可塑性，如图 4-8 所示。

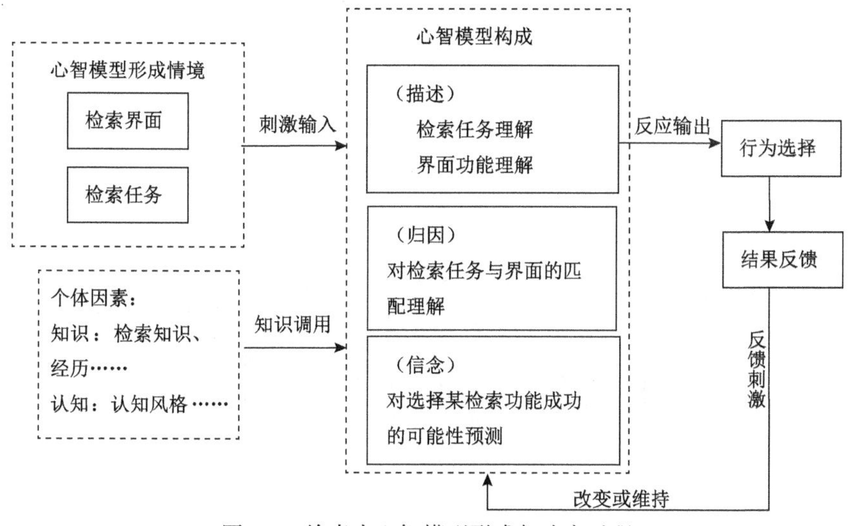

图 4-8　检索中心智模型形成与改变过程

具体来说个体的知识总是有局限性的，当为解决某特定问题而形成的心智模型及行动策略经过环境反馈检验并没有带来成功，行为人就会基于一种本能的反应，由此基于原有知识结构进行推理。如果这种推理也无法解决个体面临的问题的话，那么个体就必须建立新的心智模型，并尝试新的解决方案，这就是社会个体的学习，也是一个试错的、不断进步的过程。当环境反馈多次确认同一个心智模型时，那么这个心智模型就以某种方式固化下来。此外心智模型还具有主观性、差异性等特点，这主要是因为心智模型构建完全取决于个体主观认知，或其背景知识结构。

4.2.1　不同强度干预下检索方法学习中的用户心智模型的动态测量方法

1. 心智模型动态测量方法

关于心智模型动态测量的研究目前还不多见，文献(Cole et al.，2007)涉及了相关的思想，利用概念图法观测用户在人工指导干预前后对检索主题的关键词描述上发生的改变，并对指导前后的用户心智模型进行了分类。之前文献(甘利人等，2010)曾经通过 n 轮无干预学习实验用问卷记录下每轮用户对所选检索方法的信念数据(即在执行该方法之前询问对其成功使用有多大的把握)，由此观测学习检索方法的心智模型动态改变。

图 4-9 是关于选择过初级方法但失败后大多选择高级方法有成功也有失败的这样一个被试群体每轮两种方法使用人数比例分布图；图 4-10 则描绘的是对初级、高级这两种方法的每轮平均信念数据曲线。在这里我们至少看到这样一些心智改

变现象：凡是使用初级检索没有获成功的，用户对该方法的信念直趋向下的，而转向了高级方法进行试错后，随着不断获得正确反馈信念值慢慢上升。这也显示了支撑自助式学习或在学习理论上称之为强化学习完成的最重要因素是反馈导致用户心智模型调整，进而导致选择策略的改变。

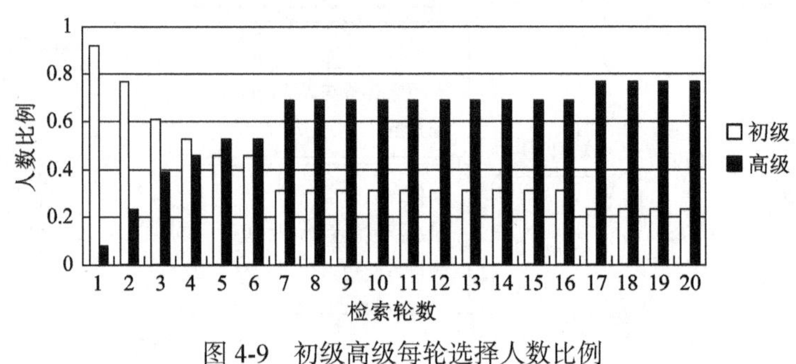

图 4-9　初级高级每轮选择人数比例

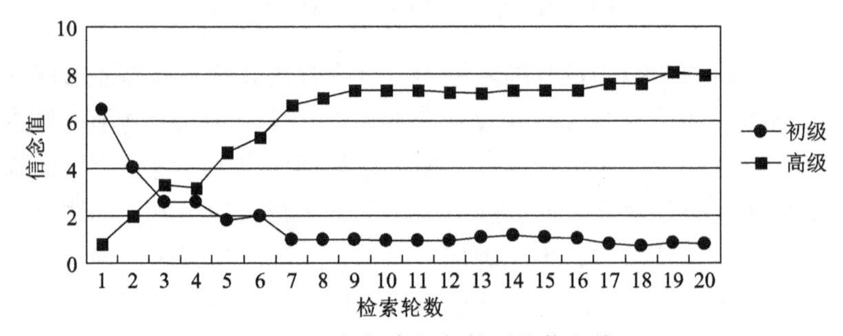

图 4-10　初级高级每轮平均信念值

但是这个方法没法看到用户在多方法之间转换认知的状态，比如，用户在选择了一个方法后转向其他方法倾向如何，尤其是在本实验要求用户学习多方法，我们想观测他们是怎么思考学习的，为此需要寻求新的测度方法。

最终我们借鉴 4.1 节中蒙特卡罗方法的转移矩阵的思想，该转移矩阵方法不是对个体所思所想进行直接记录，而是对他们的外显行动状态进行观测，由此来推测他们的心智活动变化，事实上这也是心理学研究方法的主要形式。

2. 转移矩阵测度方法

蒙特卡罗方法中的转移矩阵具体体现了这样一个操作思想：通过 n 期实验，要求被试依据“心里感觉”，也即我们所说的“心智模型”，在 t 期对两个对象做出选择，一个是被试在 $t-1$ 期已认可的状态，另一个是系统在 t 期新建议的状态，然后对两者进行重新比较认知，以选择更符合实验要求的那个状态，然后每期重复这样的实验内容，直到出现自认为最合适的状态则做出不变的或稳定的选择。最后构建转移矩阵以对每轮状态改变加以量化描述。

在这里我们主要吸收了该方法的转移矩阵构成思想，即从一个选择状态到另一个选择状态的变换测度方法。具体我们构建的计算思路如下。

假定我们的序贯决策活动有 N 期：$T=\{t_1, t_2,\cdots, t_N-1, t_N\}$；可供选择的策略为 M 个：$S=\{s_1, s_2,\cdots, s_j,\cdots, s_M\}$；若将在 N 期决策中选择了策略 $s_j\,(s_j\in S)$ 的轮数记为式(4-12)：

$$L(s_j)\ (L(s_j)\leqslant N-1) \tag{4-12}$$

则所有选择策略 s_j 的决策期数集合 $T(s_j)$ 如下表示：$T(s_j)=\{t_{i1}, t_{i2},\cdots, t_{L(s_j)}\}\ (T(s_j)\subseteq T)$；对应地，在策略 s_j 下一轮的决策期数集合则可表示成 $T'(s_j)=\{t_{i1+1},\ t_{i2+1},\cdots,\ t_{L(s_j)+1}\}\ (T'(s_j)\subseteq T)$；若决策集合 $T'(s_j)$ 中涉及的不同策略有 m 个，集合 S' 可表示为 $S'=\{s_{r1},\ s_{r2},\cdots,\ s_{rk},\cdots,\ s_{rm}\}\ (S'\subseteq S)$ 且记 S' 中任意策略记为 $s_{rk}\,(k=1,\ 2,\cdots,\ m,\ m\leqslant M)$；将这种由策略 s_j 转移后的策略状态记为 $s_{j/rk}$。

其中，当下标 $rk=j$，说明决策个体继续沿用了原策略 s_j，所涉及轮数记为式(4-13)：

$$l(s_{j/rk=j})\ (l(s_{j/rk=j})\leqslant L(s_j)) \tag{4-13}$$

当 $r\neq j$，说明个体策略从 s_j 转向了其他策略，其中所涉及轮数可记为式(4-14)：

$$\sum\nolimits_{(k=1,\,2,\cdots,\,m)} l(s_{j/rk\neq j}) \tag{4-14}$$

并且有式(4-15)：

$$l(s_{j/rk=j})+\sum\nolimits_{(k=1,\,2,\cdots,\,m)} l(s_{j/rk\neq j})=L(s_j) \tag{4-15}$$

那么决策状态 s_j 到决策状态 $s_{j/rk}$ 的转移概率我们可以采用式(4-16)进行计算：

$$P(s_{j/rk})=l(s_{j/rk})/L(s_j) \tag{4-16}$$

且显然有式(4-17)：

$$\sum\nolimits_{(k=1,\,2,\cdots,\,m)} P(s_{j//rk})=1 \tag{4-17}$$

无疑利用式(4-16)，我们能通过决策个体改变策略的外显状态来观测他们决策过程中的心智变化方法。

下面我们举一个涉及三个策略集($S\{$A，B，C$\}$，14 期($T=\{1, 2,\cdots, 14\}$)的个体决策数据算例。

为此我们建立了数据表 4-7 和矩阵表 4-8，其中表 4-8 中纵向的当前策略即为式(4-12)中的 s_j，横向的下一策略，即为式(4-13)中的 $s_{j/rk}$。

表 4-7　检索方法选择序列示例

轮数	1	2	3	4	5	6	7	8	9	10	11	12	13	14
决策状态	A	B	A	A	B	B	B	B	B	B	C	C	B	B

表 4-8　方法转移概率矩阵计算示例

当前策略	下一策略		
	A	B	C
A	0.333	0.667	0.000
B	0.125	0.750	0.125
C	0.000	0.500	0.500

然后依据式(4-16)计算表 4-8 中每一单元格数据，如第一行三个数据分别代表当决策个体在 14 轮中选择了 A 策略后，分别是以多大的转移概率转向其他策略。假设在这里有

$$l(s_{A/A})=1;\ l(s_{A/B})=2;\ l(s_{A/C})=0;\ L(s_A)=3$$

据式(4-16)我们进行计算，得到

第 1 行第 1 列数据为 $P(s_{A/A})=1/3=0.333$

第 1 行第 2 列数据为 $P(s_{A/B})=2/3=0.667$

第 1 行第 3 列数据为 $P(s_{A/C})=0/3=0$

其他数据如法炮制。

总体观测表 4-8，我们可以清楚看到 14 期决策活动中该个体策略转移的动态，其中一个重要倾向是：A、B、C 策略都向 B 策略做了明显的转移。

4.2.2　不同强度干预下检索方法学习中的用户心智模型的动态测量实验设计

下面我们将通过模拟界面帮助提示形式进行不同干预强度的两种实验，由此比较观察大学生新手用户执行 n 轮检索实验任务中，学习检索方法中心智模型动态变化是否有不同的特点，具体提出如下假设。

(1) 强干预比弱干预有更大的诱导力刺激用户有意识地全面尝试学习三种方法。

(2) 强干预比弱干预有更大的诱导力刺激用户有意识地学习专业检索方法。

(3) 强干预比弱干预能更好地提升用户学习绩效。

(4) 不管多大的干预，大多用户会保持一定的理性决策，在尝试各种方法后最后会依据实验任务性质聚敛到高级检索上。

1. 实验1设计：弱干预学习

实验1设计要点主要涉及以下几点。

(1) 样本：本课题组2009年招募自愿参加，且无数据库检索经历，16名管理学专业的大一新生。

(2) 检索环境：实验以CNKI检索系统为实验平台，并以初级检索为初始界面。

(3) 检索任务：本实验设计15轮检索任务。每轮任务提供若干检索词，并要求所有检索词必须同时在题名中出现，并给出检索结果的标准答案，目的是重点观察怎么根据任务题意通过对检索界面识别、认知，最后选择心里感觉相匹配的检索方法。

(4) 简单提示：在实验前，以问卷简单指导语的形式给出检索界面中三个方法位置截图，以希望帮助新手在内容繁多的界面中能较快定位于目标方法，然后在其中进行学习与选择，如图4-11右上角的方框。

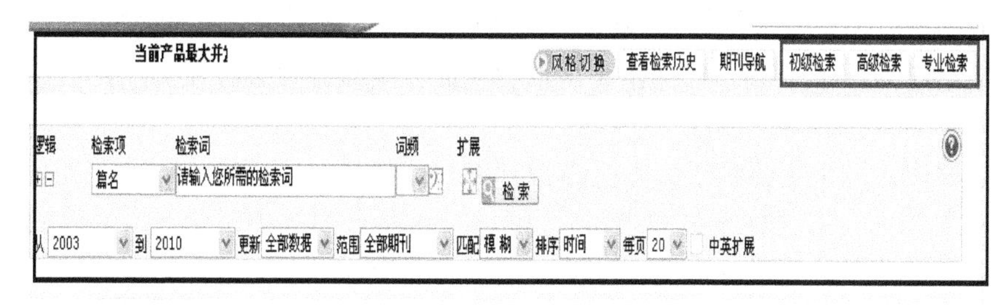

图4-11　实验1干预效果截图

(5) 观察指标：① 15轮三种方法选择人数比例曲线，主要用于观察整体三种方法选择使用趋势。② 15轮学习中三种方法转移概率矩阵，主要观察基于心智活动，用户从一个方法转向另一种方法选择状态的概率分布，由此观察用户新手的心智模型动态变化，了解三种方法提示效果及用户偏好选择状况。③三种方法学会人数与平均学会轮数，由此了解新手用户在三种方法弱提示下的学习效果。

2. 实验2设计：强干预学习

实验2设计要点主要涉及以下几点。

(1) 样本：本课题组于2010年招募自愿参加，且无数据库检索经历，43名管理学专业的大一新生。

(2) 强干预设计：在实验1提示思路基础上，进一步强化了三个检索方法提示刺激强化程度。

首先在实验前要求每个被试仔细聆听视频指导语，以模拟人工培训强化被试的注意力；然后在主试(每一个主试负责两个被试)引导下浏览阅读问卷前带有截图及文字解释更加明晰的指导语，见图4-12。

1 学术论文搜索过程与使用搜索引擎差不多，只是学术论文常常需要用多个关键词搜索，为此数据库搜索系统设计了各种检索方法，本实验要求大家在“初级检索”“高级检索”“专业检索”的三个检索方法（如下图方框所示）中学习选择其中得分较高的（也即能比较有效的解决复杂问题）完成实验任务。

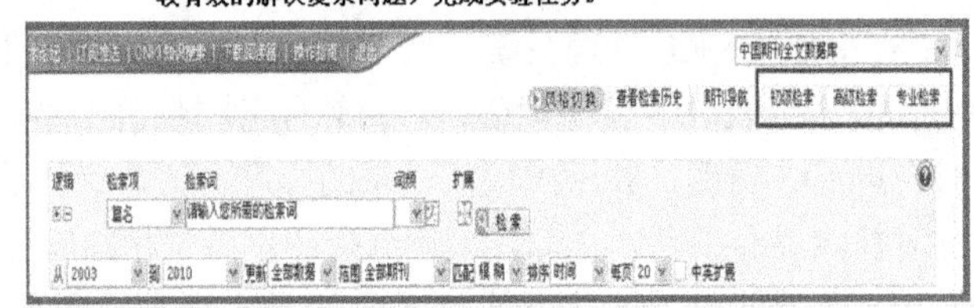

图 4-12　实验 2 文字图片干预效果截图

并依据三个方法对解决复杂问题的功能程度给予不同赋值，也即是你学会了这个方法就会得到相应的得分(在这里专业检索得分最高 7 分、高级检索略低 5 分、初级检索最低 2 分，具体由主试依据检索结果直接报分，以为用户心智活动改变提供及时的结果反馈)。

这种设计思想主要源于大学生自我效能、或自我能力感意识比较强的理由，由此刺激新手为得高分而努力学习(无疑这种思想在实践中对于开发经营者引导用户使用目标产品的营销情境设计是有启示意义的)。

此外，强干预实验中，我们对于专业检索使用方法专门在问卷指导语中进行了详尽的示范，以改善原来界面示范理解易发生误会的不足。

显然这种强提示干预可以大大降低被试在界面中对检索方法按钮位置及其内涵的认知负荷，不仅可以便于我们的实验将观测重点放在用户如何依据心智模型，即现有的知识经验、前轮实验中积累的经验来对三个方法进行决策的学习特点上；更有意义的是可以通过比较分析详尽的界面帮助信息与简单信息且令人费解的界面对新手用户学习效率的影响是否存在差异。

(3) 与实验 1 比较，实验 2 执行了 14 轮任务(15 轮作为其他观测内容)，其他设计内容同实验 1。

4.2.3　不同强度干预下检索方法学习中的用户心智模型的动态测量实验结果比较分析

1. 三方法转移概率矩阵数据分析

首先依据计算公式与算例，计算实验 1 与实验 2 小组整体的三方法转移概率矩阵，计算方法如下。

设实验小组群体总人数为 Z，根据 4.2.1 小节的式(4-12)，则群体中从策略 s_j

转向各策略的总轮数 $L^*(s_j)$ 为式(4-18)：

$$L^*(s_j)=\sum\nolimits_{(x=1,2,\cdots,Z)}L(s_j) \tag{4-18}$$

从策略 s_j 转向任意策略 $s_{j/rk}$ 的轮数 $l^*(s_{j/rk})$ 为式(4-19)：

$$l^*(s_{j/rk})=\sum\nolimits_{(x=1,2,\cdots,Z)}l(s_{j/rk}) \tag{4-19}$$

则有，群体中从策略 s_j 转向任意策略 $s_{j/rk}$ 的转移概率 $P^*(s_{j/rk})$ 为式(4-20)：

$$P^*(s_{j/rk})=l^*(s_{j/rk})/L^*(s_j) \tag{4-20}$$

由此来测度不同干预的两个实验组新手用户学习检索方法的心智模型变化特点，也即看表 4-9 中当前方法(纵向)转向下一轮方法(横向)的概率值大小，概率值越大，说明该实验组整体转移倾向大。

结合表 4-10 的显著性差异分析，我们对表 4-9 数据做比较分析。

表 4-9　实验 1、实验 2 平均转移概率矩阵

当前方法	下一轮转用的方法					
	初级		高级		专业	
初级	实验 1 弱干预	实验 2 强干预	实验 1 弱干预	实验 2 强干预	实验 1 弱干预	实验 2 强干预
	0.95	0.36	0.05	0.49	0.00	0.15
高级	实验 1 弱干预	实验 2 强干预	实验 1 弱干预	实验 2 强干预	实验 1 弱干预	实验 2 强干预
	0.02	0.11	0.93	0.75	0.05	0.14
专业	实验 1 弱干预	实验 2 强干预	实验 1 弱干预	实验 2 强干预	实验 1 弱干预	实验 2 强干预
	0.19	0.263	0.83	0.25	0.17	0.56

1)心智改变调整情况

具体我们按表 4-9 每一行数据来分析。

A. 第 1 行数据

强干预下初级转向高级明显，第 3、4 列数据说明了这一点，从表 4-10 显著性差异分析也得到证实；有理由认为这与干预中关于高级干预刺激强度(如得分赋值)要比初级大有较大关系。

表 4-10　实验 11 实验 2 主要转移概率指标显著性差异分析结果

指标含义	简称	分组	正态性检验		秩和检验		显著性差异比较
			W	Pr<W	Z	Pr>|Z|	
其他方法转向高级平均转移概率	初-高	实验 1	0.569	0.000	−3.692	0.000	显著
		实验 2	0.880	0.000			

续表

指标含义	简称	分组	正态性检验		秩和检验		显著性差异比较
			W	Pr<W	Z	Pr>|Z|	
高级转向其他方法平均转移概率	高-初	实验 1	0.389	0.000	−2.191	0.028	显著
		实验 2	0.696	0.000			
保持在高级方法上平均转移概率	高-高	实验 1	0.721	0.000	−0.369	0.712	不显著
		实验 2	0.869	0.000			

强干预下初级转向专业也较明显，第 5、6 列数据说明了在强干预下，出现了从过去无人问津到现在有人尝试的转变现象，这说明干预在引导用户尝试学习新知识作用显现。

B. 第 2 行数据

强干预下高级转向初级明显，第 1、2 列数据说明这一点。事实上，在弱干预下被试使用了初级是很少再往高级上尝试学习的，因为一般选了高级被试都会获得成功，因此强干预引导用户全面学习的效果有所显现，表 4-10 也说明这种差异是显著的。

强干预下高级转向专业明显：这说明在强干预下有不少被试即使高级检索使用成功，也会被更多地吸引学习其他方法。

C. 第 3 行数据

强干预下专业转向初级比较明显，原因应该如前一样，干预导致用户会在各方法之间进行学习。

弱干预下专业转向初级更明显，第 3、4 列数据表明了这一点，有点出乎意料，强干预下转向高级的学习概率要比弱干预小得多。我们可以这么解释，在弱干预下专业的示范干预信息很弱，几乎没有人能学会，因此凡是选择了专业的被试结果大多都会转向高级学习，而强干预则不然，选择专业方法的会有较多人学会，从而会减少转移的人数。

总之这里我们能够从总体上看到一个群体在不同干预下，在多个检索方法间进行决策状态的转换是有差异的，在强干预下，的确会引导用户较全面地学习所给定的三个方法，而不像弱干预环境下，用户完全依赖自己具有局限性的知识来做具有限理性特点的决策，从而往往显示出较低的学习效果。

2) 心智稳定性情况

这里我们进一步对表 4-9 矩阵斜角上的数据作稳定性分析。即被试在全面学习了三个检索方法之后，会对什么方法显示出偏爱(即偏爱使用某种方法)或做出稳定的选择(如认为更合适当前检索任务)。

(1) 弱干预下初级稳定性大于强干预，几乎接近 1，即 0.95，也就是说弱干预下选择初级检索后，大多数人最后决策状态就趋于稳定而不变了。我们可以结合图 4-13 来解释这一现象，从图 4-13 看出，弱干预下，有将近 40%的人一直稳定选择了初级方法，而在强干预下，这部分人被分流去学习专业和高级方法，所以强干预下初级检索的稳定性有很大的下降。

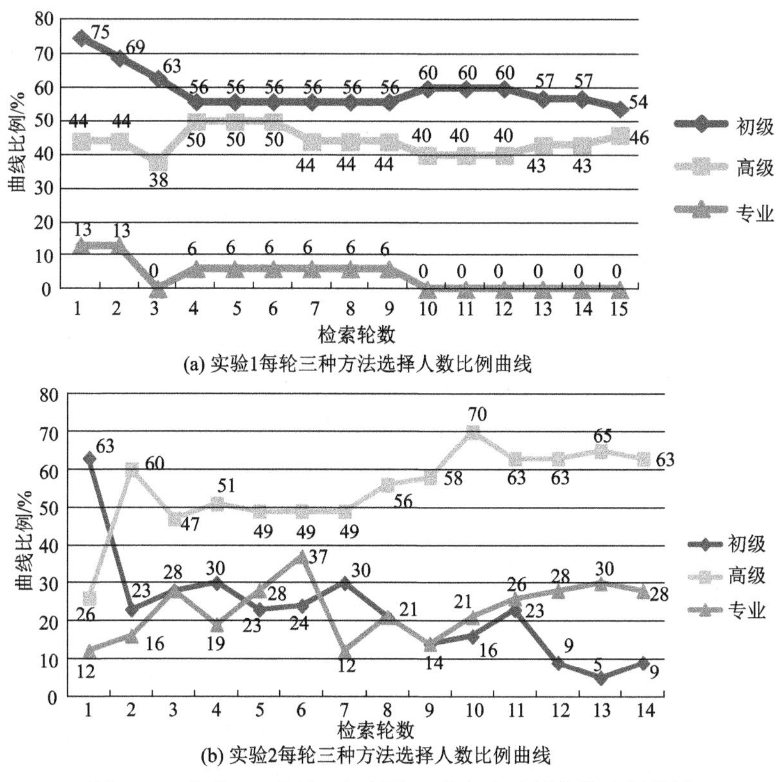

(a) 实验1每轮三种方法选择人数比例曲线

(b) 实验2每轮三种方法选择人数比例曲线

图 4-13　实验 1、实验 2 组每轮三种方法选择人数比例曲线

据我们了解，这一群体之所以喜欢维持使用初级方法，绝大多数是因为他们只要掌握了初级界面的输词规则，几乎就不用任何思维就能完成当前实验任务，而最关键的因素是他们在学习初级输词过程中没有经历重负荷的学习所致，比如，沿用过去搜索引擎的输词法碰对了，当然也有习惯，等等。显然他们以后再碰到复杂任务时重新学习的负担会较重。

⑵ 强干预下专业稳定性大于弱干预，这一点也可以用图 4-13 做很好的解释，在强干预下大部分学习初级的人纷纷转向学习专业检索，且有相当比例的人群维持在这个方法上，用他们的话讲他们觉得这个方法一旦学会很能解决问题，显然这是一群喜欢学习具有挑战性知识的人群、更具有理性思维的人群，当然强干预中表达明晰易理解的示范信息起的作用也很重要的。

⑶ 弱干预与强干预下高级检索的稳定性差异不显著，这一点表 4-10 给出了检验数据，尽管表 4-9 高级检索的稳定性概率值总体都比其他方法大，而弱干预的数据还大于强干预，这也能用上述理由解释，即，在强干预下，用户总体被分

流学习其他方法了。

但不管哪种干预下，用户都表现出对高级检索的偏好，用他们自己的话说，这与实验任务最吻合，即用户在强干预干扰下，纷纷学习了各种检索方法，但最后还是理性地回归到高级检索上。的确与本实验任务的目标定位最匹配的方法就是高级检索，专业检索更适应更复杂的任务，本实验任务实际并未涉及。

2. 三方法学习使用走势分析

图 4-13 的弱干预实验 1、强干预实验 2 两组对三种方法学习使用走势曲线可以进一步对前面转移概率矩阵数据进行补充性解释。

在这里，对每轮各小组中所有被试每轮三种方法的决策选择的人数比例(每轮中选择某方法的人数/小组总人数)进行统计，并绘制方法曲线图，直观地看三个方法的选择人数比例的动态变化，见图 4-13。

从方法学习走势图来看，我们进一步看到如下几点。

(1)在强干预刺激下，新手用户对三种方法都给予了关注，不像在弱干预情况下，专业检索人数几乎为零。

(2)在强干预刺激下，初级检索使用人数比例明显下降。原因在于由于信息干预，他们接收到了还可以学习其他方法的信号；而在弱干预下相当比例的用户只停留在初级检索的方法使用上，我们可以看作对以往搜索引擎使用知识迁移的结果。

关注这一点，对于改变偏好网络的新手学习环境来说是重要的，因为他们可能会没有良好的在线指引、导向而长期停留在低信息素养的水平上(这些现象在我们身边随处可见)，尽管他们的学位有可能在逐步提高，比如，从大学生到硕士，甚至到博士，他们需要检索的课题可能会越来越复杂。

(3)在强干预刺激下，专业检索使用人数比例增加。这也是强干预最为明显的引导提示效果，这说明界面提示只要强化到足够引起用户的注意与理解，再难以被发现的界面资源也是有可能被引导学习的。最终用户是否会持续使用，这与用户自己偏好或理性思考有关。

3. 三方法学习绩效分析

在这里进一步选取三方法选择学习人数中的“学会比例”作为指标，来观测学习的效果。

图 4-14 明显地告诉我们在强干预下，用户学会三方法的人数都比弱干预下有提高，尤其是难度较大的专业方法。

此外我们选择学习人数最多的高级方法，观测学会的实验轮数，图 4-15 也明显地告诉我们在强干预下，高级检索学习速度要快于弱干预条件下的学习。

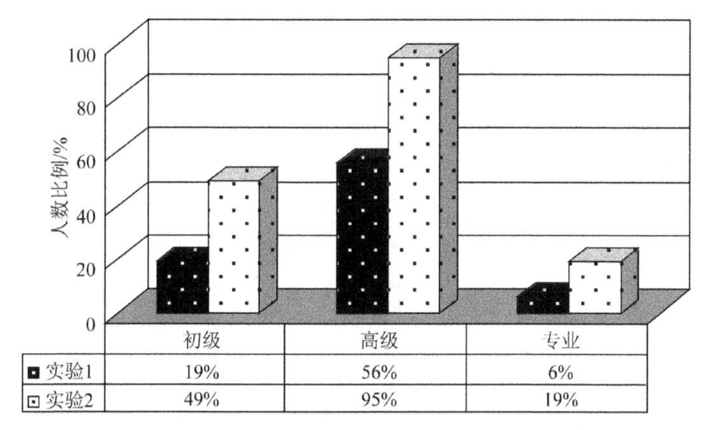

图 4-14　实验 1、实验 2 高级方法学会人数比例对照

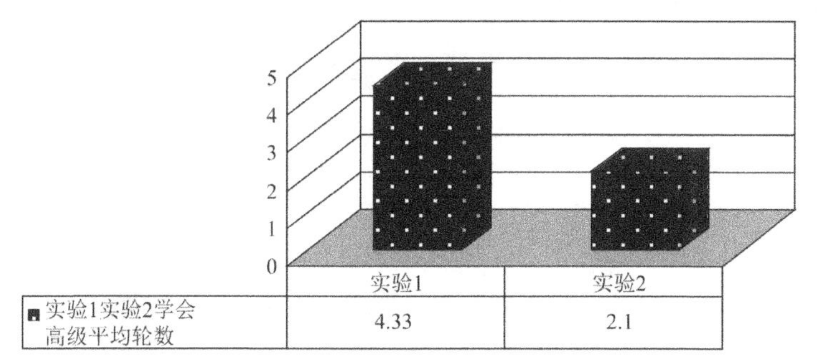

图 4-15　实验 1、实验 2 学会高级方法平均轮数对照

根据上述分析我们有理由接受前面的假设。

(1) 新手用户在对初级、高级、专业三种方法强干预刺激下，比弱干预会较有意识地尝试全面学习三种方法。

(2) 在专业方法的学习上，强干预的实验 2 也进步明显，图 4-12 显示在弱干预几乎无人问津的专业方法，在实验 2 中每轮均有不同数量的被试在尝试学习。

(3) 此外，强弱干预也导致三方法的学习绩效的明显差异，强干预不仅使学会的人数明显增加，在学会高级方法的所用轮数上也缩短了不少。

(4) 在对初级、高级、专业三种方法高强度的推荐干预下，新手用户即使在全面学会三个方法基础上，有可能会选择自己更偏好的方法继续使用。进一步分析实验最后的访谈数据，基于我们任务设计的方法定位目标，大多数用户会最终认知高级检索是较有效的方法，而强干预下会有比较明显的学习绩效。

4. 总结与发展

通过上述研究，我们得到以下几点启示。

(1) 为了满足新手用户对检索知识的在线 e-学习需求与偏好，提高学术资源利用效率，我们有必要充分重视数据库界面设计的改善。

(2)通过研究我们认为数据库界面重要的检索符号元素非常有必要将其置于能充分引起新手用户关注、能引导他们依据检索需求尝试学习的位置。

(3)通过研究我们认为界面符号元素表达问题值得关注，尤其是一些新手用户不熟悉的功能，更需要花工夫思考如何表达，而不应是只依据设计者单方面理解随便赋予一个符号这样简单的事情，如果界面空间不大，我们认为考虑用弹出框等途径作辅助解释是有意义的，然而用文字怎么解释也颇具挑战性，否则会越解释越迷糊。

(4)通过研究我们认为界面一些功能的操作示范还有很大改进余地，图 4-16 是一个专业检索输入框界面，框外的文字对于新手用户几乎难以理解，实验 2 中我们提供了如方框内的示范例，结果学会人数徒增，如果我们能依据用户查询词性质动态提供相似示范例，相信学习效果会更好。

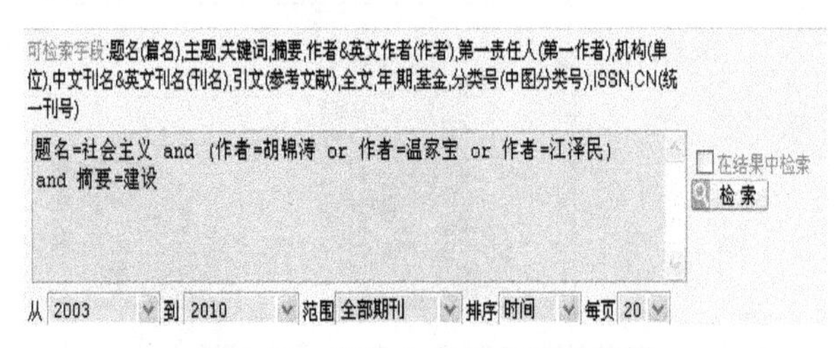

图 4-16　实验 2 专业方法示范例

(5)通过研究我们认为对一些用户陌生而实际是有意义的界面功能，通过有效的界面帮助、指引、提示、甚至相关智能推荐等引导其学习使用都是有可能的。过去我们很关注开发相关词的扩检功能，我们的研究提示我们还可作一些界面功能的推广，我们可以根据用户查询词性质(当然这需要进行智能处理开发研究，需要做大量用户实验)推见其他相关功能，让用户在人机交互 e-学习环境下学习选择合适的界面功能。

如果有人说，未来趋势是用户什么也不要学，什么也不要做，就能查到所要的信息，是的，但这是信息技术领域的一个努力目标，还需要时间，在这个过渡阶段，我们有理由本着用户为中心的理念，用较小的成本改善我们的界面，让我们原本已经做出巨大投入的资源利用更有效。

另一方面来说，计算机再发展也永远只能是扮演辅助人脑决策的角色，作为学术数据库永远有着帮助学术人员提高信息素养的责任，包括各种检索功能的了解与使用。

最后我们还是用文献(Norman，2002)所提及的一句话作为本节的结束语：如何帮助用户更加容易地获取各类数字产品界面按钮符号背后所要传递的信号，以使得技术功能被用户充分使用与接受，事实上变得比技术算法设计本身更为重要。

4.3　基于符号表征理论的用户心智模型与网站表现模型研究

之前我们做过一些网络搜索的小实验，如要求被试通过电子商务网站购买具有“漂亮外观的小猪存钱罐”，很多被试根据自己的理解将其归为家居用品类，然而网站实际将小猪存钱罐放在了办公用品类下；又如我们让用户去 CNKI 网站搜索文献，观测被试是否使用了该网站一个叫作“CNKI 搜索”的新产品，结果发现大多数人都未光顾，因为大家都不理解它的功能内涵。这都是网站信息传递过程中体现出来的网站表现模型与用户心智模型不一致的问题。

事实上，网站信息传递涉及两类群体的认知活动：一是网站设计者依据传递对象特点构建语言符号体系，如文献导航体系、商品分类体系等，进一步在对传递对象特征属性理解基础上进行标引，如在电子商务网站需要给一类商品分配一个类名，这种与具体传递对象已经建立起联结的网站界面语言符号体系我们不妨称其为网站表现模型(Norman，2002)；二是用户依据需求去理解网站表现模型，由此通过界面符号去捕捉其所指的意义，获取所需信息，见图 4-17。

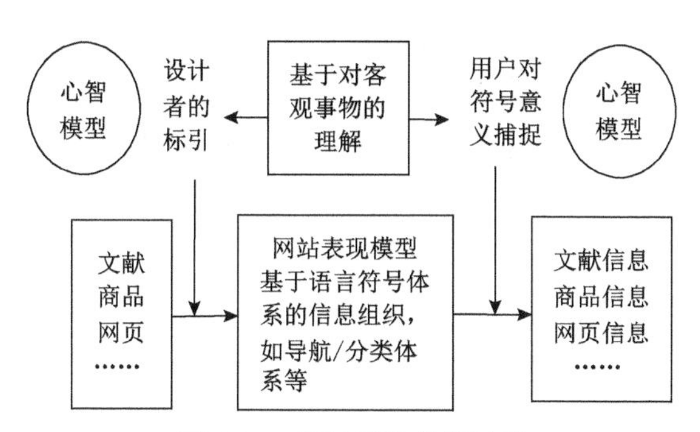

图 4-17　网站信息传递过程

进一步，在既定的界面符号体系下(暂不谈其合理性、科学性，这不在本节的讨论范围之内)，无论是网站设计者对传递对象的标引，还是用户通过符号体系对传递对象的搜索，都是建立在各自心智模型基础上的，即基于对传递对象及搜索对象的理解而建立的心智模型，而网站表现模型则是对设计者心智模型的一种映射，只有当网站表现模型越接近用户的心智模型时，才意味着用户会较好地理解网站，网站信息传递才不会受阻。

4.3.1　基于符号表征的用户心智模型与网站表现模型理论研究

1. 表征与认知表征

表征是指在实物缺席的情况下重新指代这一实物的任何标识或符号集(史忠

植，2008）。表征既有生物意义上的表征，也有认知意义上的表征，还有人工智能领域的机器表征等。生物意义上的表征体现为外界的相关特征呈现给生物体，指导有机体，使其更好地适应环境（张淑华等，2007）。认知意义上的表征不仅是认知对象的替代物，传递着认知对象的信息，它还是反映认知对象的一种内部心理结构，是在思维中被加工的客体（彭聃龄和张必隐，2004）。人工智能领域认为表征是加工对象的反映，具体体现为一个形式系统，这里的表征直接面对计算，目的在于被机器识别（Thomas et al.，2003）。表征本质上是对某一种事物本身的替代，或是指代某种事物的信号、外在形式，如 A 代表 B，因此它可以用来传递某种事物的信息。

而认知是一个信息加工的过程，即信息的获得、加工、储存和使用的过程，感知、表象、记忆、思维和言语等是其中的行为表现；或者认知是一个刺激输入、编码、转换、存储和提取的过程（谭绍珍和曲琛，2004）。当有机体加工外界信息时，这些信息是以表征的形式在头脑中出现的（Fang and Holsapple，2007）。

认知表征从根本上看就是用一定的符号表示信息的心理活动过程与方式，其基本构成要素可以表示为：符号、信息及它们之间的联系方式（Luria，1973）。也即是说表征就是在符号与信息之间建立联结，使符号成为信息呈现的方式。

在网站信息传递中，用户的信息获取，首先是运用语言符号，如将概念名词与信息需求建立联结，由此建立起关于需求的心智模型，然后在此基础上，通过与网站表现模型的比较，确定信息获取的界面节点，最后完成信息获取全过程。而这个符号表征过程与每个人原有的知识结构有着密切的关系。

2. 符号表征、语言符号、概念与意义

事实上通过知觉将外在的事物、事件转换成心理事件都可以称为认知表征。人类认知表征方式是随年龄而发展的，布鲁纳将认知表征的发展分为三个阶段：动作表征、形象表征和符号表征（刘奇志和谢军，2004）。当儿童发展到一定年龄，都会进入符号表征这一认知阶段，此时的认知有着明确概念的逻辑运算，能构建概念与概念之间的逻辑关系，由此进行推理，并有了抽象思维。这里符号包括手势、姿态、旗语、语言等，其中一种很重要的符号是语言（张淑华等，2007）。

而符号表征中的符号则是由能指和所指构成的二元关系，“能指”（signifier）指的是符号形式，即符号自身所能指向的那个客观事物，如语言文字符号“红花”表示的是红颜色的花；“所指”（signified）是符号内容，也就是符号能指所传达的思想感情或意义（胡壮麟，1999），如“红花”可以代表红颜色的花这一事物内涵，也可能是指特定的含义，如企业产品的红花品牌。在网站符号体系中，更多是要捕捉符号自身所能指向的那个客观事物，如电子商务网站的商品。

在语言符号体系中，词汇是表达客观存在事物概念的基本符号，是一种重要和主要的语言单位，而概念则是人脑对客观事物本质特征的概括与认知。无疑，概念是用词汇，也即依赖语言符号来表达、巩固和记载的，而词汇则是概念产生和存在的必要条件(王静雯，2009)。在网站信息传递中，无论是网站的表现模型还是用户的心智模型，主要都是通过词汇这一重要的语言符号对事物对象的本质属性加以表征的。

而网站表现模型中词汇符号背后的意义捕捉则是用户使用网站过程中主要的认知活动，而前面所说的理解问题在很大程度上也体现在这个环节中。按照罗素指称理论(胡壮麟，1999)，一个词的意义就是它所指向的客观世界事物，在电子商务网站，指向的则是某类商品。而一个网站的表现模型与用户的心智模型是否一致，本质与网站设计员与用户对某一个名词概念的意义捕捉是否一致有关，只是前者表现在网站标引的活动中，后者则表现在网站搜索过程中。进一步根据认知语用学中关于语言使用离不开语境的观点(张淑华等，2007)，我们可以认为不同的网站情境及不同的个体背景知识都会导致不同词汇意义的理解。

3. 基于商品分类搜索的用户心智模型建立机制

1)关于商品需求的心智模型形成

用户进入网站购物，首先将在无意识中完成对商品的需求符号表征，即在需求刺激与大脑内部的知识概念体系之间建立一种联结，由此形成关于该商品的心智模型。

具体当用户要买一个电子词典，依据符号表征理论有理由认为用户会在瞬间从大脑已有的知识存储中提取出一系列有关的概念，如可能会想到“数码产品”“学习工具”等这些概括了电子词典基本属性特征的上位概念，还可能会联想到电子词典的下位概念，如品牌等。

依据认知语用学中的语境理论如果对数码产品使用了解较多，用户则可能会更多提取出诸如电脑等一类的概念；如果平时在办公室工作中使用过类似工具，那可能更多会与办公用品挂钩；此外那些经常接触的词汇符号会更早或更有可能被提取出来，至于个体会按什么顺序、什么模式提取相关概念，心理学家也有很多研究，为此还提出了各种词汇提取模型及大脑概念知识存储模型(张晓东，2003)；而一个完好个体的知识结构会对外部刺激信息加工更快、更准确，对其理解、记忆更有效(张淑华等，2007)。

此外，同一外部刺激还会因为认知环境不同而导致个体认知的差异，比如，在要求用户理解“电子词典”这一商品过程中有否给出购物的情境，或有否让用户观看部分网站分类现有结构，都可能导致用户不同的符号表征过程，由此形成不同的心智模型，这一点在我们的实验室已经得到证实(Luria，1973)。

2) 关于网站分类表现模型理解与操作的心智模型形成

这是一个关于网站分类理解与搜索行动信念构建的过程，具体包括用户依据需求心智模型对网站的分类表现模型的理解，即在外部信息与大脑中相关知识，也即网站界面的分类类名概念与大脑中有关商品需求心智模型中的概念之间建立一种联结，然后在此基础上确定下一步的行动信念。

具体步骤如下，也如图 4-18 所示。

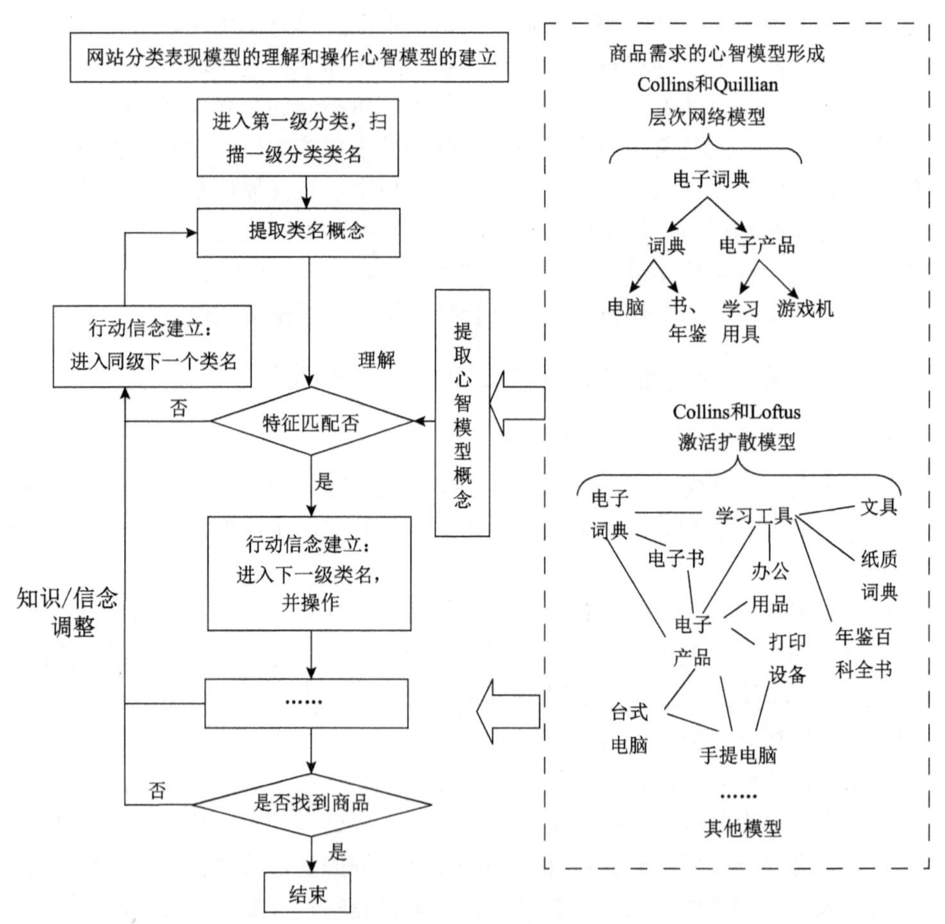

图 4-18　用户商品分类搜索的心智模型建立机制

第一步，扫描，即逐个扫描网站的一级分类类名节点。

第二步，提取，即提取分类类名节点概念和先前大脑中已形成的有关商品需求心智模型相关概念。

第三步，匹配，即将分类类名节点概念与心智模型相关概念进行比较，判别在不同概念词汇之间的相关属性特征的重叠度，由此理解它们是否指向同一类目标商品。

第四步，行动信念建立与操作，如果经判别，类名节点概念与心智模型相关概念属性特征相匹配，则产生选择点击并进入下一层级的节点继续扫描与匹配的行动信念，并操作；否则进入同级类名的下一个节点比较，如此循环往复，直到该级相匹配的分类枝叶节点。

第五步，调整，经行动结果反馈未能找到所需商品，则返回上层任何一级分类概念节点，重新理解、重新与心智模型相关概念进行比较，直到搜索到所需商品。

显然，如果网站分类表现模型与用户心智模型越相近，用户调用的认知资源会越少，理解判断过程就会越迅速，信息搜索效率也就会越高。

4.3.2　基于符号表征的用户心智模型与网站表现模型实验设计

下面我们针对上述理论进行实证分析，具体将尝试对用户需求心智模型进行提取，测度其与网站分类表现模型的差异，并观测用户分类搜索效率与这种差异的关联关系。

1. 实验概述

具体我们设计了如下的实验。

首先，本着自愿原则，从南京理工大学信息管理系的大四学生中招募了 29 名实验样本，并集中在实验室，通过要求他们以网上购物为具体情境，就“电子词典”商品进行概念联想的方法记录他们头脑中有关该商品的心智模型。

其次，选择易趣网截取涉及“电子词典”的分类节点树作为网站的表现模型，并与 29 名被试心智模型混合在一起，运用 SPSS 软件，将其进行聚类，由此观测被试之间心智模型的差异，以及他们与网站表现模型之间的差异。

最后，仍然选择易趣网，要求上述被试使用该网站的分类体系对“电子词典”商品进行搜索，时间为 10 分钟。我们通过屏幕录像软件记录被试检索的时间和路径，由此观测被试心智模型和易趣网表现模型之间的差异，与被试的实际搜索表现呈现什么关联关系。

2. 心智模型与表现模型提取与量化表征

1）实验被试心智模型提取与量化表征

具体我们采用概念图法提取被试心智模型信息，概念图法也称为概念映射法，其功能是将某个主题的概念及其关系进行图形化（Novak and Gowin，1984）。这类方法应用比较多，如加拿大麦吉尔大学有关用户心智模型与网络叙词表匹配的实验研究就采用了概念图法对需求进行描述（Cole et al.，2007）。

本实验我们让被试描述“电子词典”的概念图，具体要求如下。

(1) 将想到的和“电子词典”有关的概念写出来，并用圆圈圈起，以作为概念节点，并在圆圈内记下有关这个概念写下的顺序。依据心理学中有关认知活动的符号表征规律(张淑华等，2007)，个体最熟悉的相关概念会越先想到，因此也可认为是越重要的概念，由此产生关于每个概念节点相对“电子词典”的重要度数值，其中数值越小，表示越先想到，也由此表明有较高的重要度。

(2) 概念之间的关系用连线标出，并在连线之间用 1～7 分来注明自认为两个概念之间的关联密切程度，具体 7 分表示两者之间关系最为密切，1 分反之，由此产生概念之间的关联度数值。

(3) 提出 10～15 个概念，时间为 10 分钟。

图 4-19 是某被试的“电子词典”概念图样例的一部分。

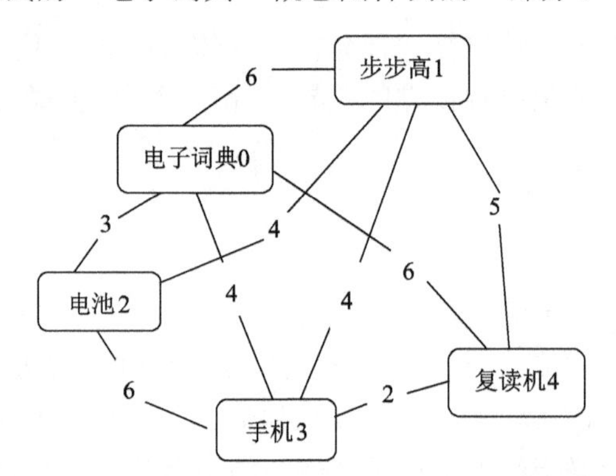

图 4-19　某被试给出的“电子词典”部分概念图

2) 网站分类表现模型提取与量化表征

为比较网站分类表现模型与被试心智模型的一致性，我们还需要从网站涉及“电子词典”的分类路径中截取一个分支树，实施步骤如下。

(1) 表现模型截取。首先我们沿着涉及“电子词典”节点概念的上级、同级乃至下级概念的节点路径进行截取，由此获得易趣网“电子词典”的表现模型，具体见图 4-20 的粗体部分。这里我们只对个别概念进行语义调整，如将“纸张本册”和“笔类/书写工具”合并为“文具”。

为了与被试心智模型一起聚类，我们还要对截取的“电子词典”表现模型进行重要度与关联度表征，目的是与被试心智模型有一个一致的量化形式。

(2) 重要度表征(马张华等，2002)。借鉴被试重要度值的产生原则，我们模拟以一个用户的视角去感知易趣网的表现模型中每个概念节点相对“电子词典”的亲近程度(以后我们可以考虑以多个用户视角进行认知，并进行一致性评判处理)，由此作为重要度评判依据，具体从图 4-20 中的“电子词典”节点开始。

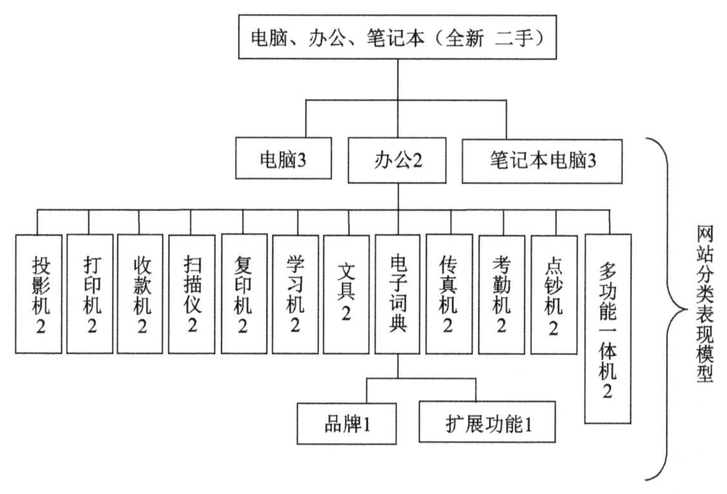

图 4-20　易趣网表现模型提取

首先，“电子词典”的下位概念节点——“品牌”“扩展功能”指的是某具体品牌或具有某功能的电子词典，电子词典的属性特征它们都有，为此我们认为它们相对“电子词典”概念来说有较高级别的重要度，因此赋值为 1。

其次，在易趣网表现模型中，“电子词典”的同级概念及其直接的上位概念——“办公”都因为办公用品这共同属性被聚到一起，但是它们并没有直接指向“电子词典”这类商品，而是指向功能特征上具有一定距离的办公用品，因此有理由认为它们相对“电子词典”概念来说，重要度级别没有“电子词典”的下位概念高，因此赋值为 2。

最后，在易趣网表现模型中，与“电子词典”间接相关的上级概念——“电脑”“笔记本电脑”，是“办公”的旁系概念。因此，它们相对“电子词典”来说重要度要再低一个级别，因此赋值为 3，具体重要度数值见图 4-20 方框中的相关数字。

(3) 关联度表征。在这里借鉴图解理论中距离指数原理（潘明风，2005），将两两概念之间的链接数视为距离，链接数越少距离就越小，由此关联度也越大，依据被试概念图中关联度越高赋值越高原则，对于易趣网表现模型中两两概念节点之间只有 1 根联结线的，赋值为 7 分，2 根联结线的则为 5 分，3 根联结线则为 3 分，4 根联结线则为 1 分。在这里我们将同级或上下级关系之间的概念都视为 1 根联结线，因为事实上它们之间都是由于一个限定特征而被联结在一起的。

3. 心智模型与表现模型聚类

完成用户心智模型与网站表现模型的提取后，我们就可以将它们作为一个样本整体进行聚类分析。在聚类之前我们对被试概念图中的概念做了一些预处理，具体通过概念的标准化、项目汇总对概念进行降维，比如，将“步步高”“文曲星”“诺亚舟”等各种具体品牌概念归于“品牌”下；“白色”“银白色”等各种具体颜色概念归于“颜色”下；“方形”等具体形状概念归于“形状”下；将“存储量”“数据内存”归于“内存容量”下；“MP3”“MP4”“MP3/MP4”归于“MP3/MP4”下，将“可下载”“支持电话簿”“支持搜索”“翻译功能”“历史记忆功能”“支持音乐播放”“支持游戏”“真人发音”合并为“扩展功能”。

然后在此基础上建立重要度矩阵 $W1$、关联度矩阵 $W2$ 及综合矩阵 $W3$。

1) 重要度矩阵 $W1$

首先构建 $N\times M$ 重要度矩阵，设样本集 $R=\{r_1, r_2,\cdots, r_j,\cdots, r_M\}$，其中 r_i 为第 i 个样本(包括易趣网表现模型)；概念变量集 $S=\{s_1, s_2,\cdots, s_j,\cdots, s_n\}$，其中，$s_j$ 为每个样本概念图中的第 j 个概念。

然后构建如表 4-11 所示的重要度矩阵 $W1$。

表 4-11　重要度矩阵 $W1$ 示例

	s_1	s_2	$\cdots$	s_j	$\cdots$	s_n
r_1	$w1_{11}$	$w1_{12}$	$\cdots$	$w1_{1j}$	$\cdots$	$w1_{1n}$
r_2	$w1_{21}$	$w1_{22}$	$\cdots$	$w1_{2j}$	$\cdots$	$w1_{2n}$
$\vdots$	$\vdots$	$\vdots$		$\vdots$		$\vdots$
r_i	$w1_{i1}$	$w1_{i2}$	$\cdots$	$w1_{ij}$	$\cdots$	$w1_{in}$
$\vdots$	$\vdots$	$\vdots$		$\vdots$		$\vdots$
r_m	$w1_{m1}$	$w1_{m2}$	$\cdots$	$w1_{mj}$	$\cdots$	$w1_{mn}$

表 4-11 中，$\mathrm{w}1_{ij}$ 为重要度值，具体根据式(4-21)做了处理，由此可以使重要度数值分布在 0～1，并使数值越大表示该概念越重要。

$w1_{ij}$ 重要度值计算公式：

$$w1_{ij}=\begin{cases}1-\log(x_{ij},15), & 1\leqslant i\leqslant m, 1\leqslant j\leqslant n\\ 0, & \text{当该概念未在样本中出现时}\end{cases}\tag{4-21}$$

其中，x_{ij} 为概念变量 s_j 在样本 r_i 心智模型中出现的顺序；15 为被试心智模型中给出的最多概念数，也就是所有心智模型中概念的最大顺序。

2) 关联度矩阵 W_2

同理构建 $N\times M$ 的关联度矩阵 W_2，矩阵元素 $w2_{ij}$ 为关联度值，具体我们参照有关文献中关于利用条件概率法计算“术语”局部权重的原理(马张华等，2002)，构建了关联度值 $w2_{ij}$ 的计算公式，如式(4-22)和式(4-23)所示：

$$w2_{ij}=p_i/q_i,\ 1\leqslant i\leqslant m,\ 1\leqslant j\leqslant n\quad (\text{有链接}) \tag{4-22}$$

$$w2_{ij}=0\quad (\text{无链接}) \tag{4-23}$$

其中，p_i 为 r_i 样本概念图中与概念变量 s_j 直接链接的节点连线数上的关联度数值之和(当 r_i 样本概念图中无 s_j 时，p_i=0)，q_i 为 r_i 样本概念图中所有概念($S_i^*(s_{ik})$)之间连线上关联度数值之总和，如式(4-24)所示。

$$S_i^*=s_{i1}, s_{i2},\cdots, s_{ik},\cdots, s_{nk^*},\ \ k^*\leqslant n, S_i^*(s_{ik})\subseteq S \tag{4-24}$$

3) 关联矩阵 $W3$

最后，经过对 $W1$ 与 $W2$ 两个矩阵各自进行归一化后得到矩阵 $W1'$和 $W2'$，通过 $W1'$和 $W2'$矩阵点乘可得综合矩阵 $W3$，其中矩阵元素为 $w1_{ij}'\times w2_{ij}'$。

4) 聚类结果

在综合矩阵 $W3$ 基础上，我们采用 Ward 即离差平方和法作为聚类方法，以及 squared euclidean distance 即平方欧式距离描述变量相似性，对包括易趣网表现模型在内的所有样本进行聚类。从聚类的谱系图来看，在三级聚类上样本显示出比较明显的类间差异，为此我们将样本分为三大主要群组，还有一名被试单独列出，具体分布情况为：第 1 群组，包含 13 名被试用户的心智模型，并与易趣网表现模型分在一起；第 2 群组，包含 7 名被试用户的心智模型；第 3 群组，包含 8 名被试用户的心智模型。

4. 易趣网分类搜索实验

为进一步观测与易趣网表现模型聚为一类的被试，其在使用易趣网分类搜索“电子词典”是否有较好的表现，由此来分析用户心智模型与网站表现模型的一致性是否会影响用户的搜索效果，具体要求所有被试利用易趣网分类体系搜索“电子词典”商品，上述被试中共有 27 人参与，时间为 10 分钟，通过屏幕录像软件记录被试搜索的时间和路径。

其中搜索时间作为搜索效果的测度指标，并根据相关理论假设：如果某群组被试心智模型与网站分类表现模型较接近，则其搜索时间会较短，因为时间越短意味着用户认知负荷较小、操作较快，也即用户认知与网站分类构建思路较一致。

首先，计算三个聚类组群体完成实验任务所花的平均搜索时间，第 1 群组为 183 秒，第 2 群组为 188 秒，第 3 群组为 480 秒。

进一步，通过 SPSS 对 3 个群组搜索时间数据进行方差分析。①方差齐性检验，结果显示显著性水平 $P>0.05$(P=0.770)，通过方差齐性检验；②方差分析，结果显示显著性水平 $P<0.05$(P=0.016)，即心智模型被分为 3 组的搜索时间存在显著

差异，其中第 1、2 群组平均搜索时间较短，而与易趣网聚为一类的第 1 群组时间最短，由此验证了实验假设。

4.3.3 基于符号表征的用户心智模型与网站表现模型实验结果分析

接下来，我们将结合前面的理论阐释，对实验结果进行分析与讨论。

1. 关于易趣网 “电子词典”的分类路径

易趣网的商品一级分类目录界面中，“电子词典”被归属在了“电脑、办公、笔记本”一级类目下，由此看出在易趣网的分类表现模型中，“电子词典”核心特征被概括为两个：电子类、办公类；表 4-12 是易趣网有关“电子词典”的各级分类节点概念。

表 4-12 易趣网有关“电子词典”的各级分类节点概念

类目层级	“电子词典”分类路径所涉及的各级分类节点概念
1 级	电脑、办公、笔记本(全新 二手)
2 级	电子词典、学习机、投影机、打印机、收款机、扫描仪、复印机、传真机、多功能一体机、考勤机、点钞机、纸张本册、笔类/书写工具
3 级	电子词典品牌(好易通、诺亚舟、快易典、快译通、文曲星)、电子词典扩展功能(支持屏幕手写、支持扩展存储卡、真人发音、支持播放 MP3 音频、支持播放 MP4 视频)

2. 关于三组被试心智模型所涉及的概念类型

我们对三组被试关于“电子词典”心智模型所联想的概念类型进行了统计，从表 4-13 可以看出主要涉及三大类概念：电子类、学习类及它们的混合，其中同时涉及电子类、学习类双特征概念的人数较多。

表 4-13 三组被试涉及概念特征结构比例 单位：%

	涉及电子、学习双特征概念数占所有概念数比例(如电子书、复读机、学习机等)	涉及学习类单特征概念数占所有概念数比例(如词典、英语书、英语学习等)	涉及电子类单特征概念数占所有概念数比例(如电脑、游戏机、MP3 等)
1 群组	49.18	17.21	33.61
2 群组	48.33	26.67	25
3 群组	69.23	13.85	16.92

进一步观察每组的心智模型概念原始记录数据，在电子类单特征概念中，发现 1、2 组较多人涉及“电脑”概念，这一点很重要，因为这与网站分类的选择使用有很大关系。

3. 关于一级类目浏览与选择分析

如图 4-17 分析，用户利用网站分类表现模型搜索商品，第一步就是带着关于商品的心智模型对所有一级类别进行扫描浏览，一般来说用户会采用排除法，快速跳过离心智模型概念属性特征距离较远的类名，然后在属性特征有重叠的概念节点上停留比较(谭绍珍和曲琛，2004)。

从易趣一级分类目录界面来看，除三个类目涉及电子类产品[充值卡、手机、通信设备；电脑、办公、笔记本(全新、二手)；数码相机/摄像机/图形冲印]，其他类目容易被迅速排除在概念匹配范围之外，而针对表 4-12 所示的用户心智模型主要涉及的概念类型，我们认为大多数用户可能更容易关注“电脑、办公、笔记本”类目。

进一步观测用户选择的分类路径记录，发现几乎有 60%以上的被试选择了“电脑、办公、笔记本”，其中 1、2 群组进入的人数比例更多些，具体见表 4-14。

表 4-14　三组被试选择相关概念各组人数比例　　单位：%

	选择“电脑、办公、笔记本”各组人数比例	选择易趣其他一级类目人数比例	心智模型涉及“电脑”概念人数比例	心智模型涉及带“电”开头的概念人数比例
1 群组	92.31	7.69	61.54	92.31
2 群组	100.00	0.00	28.57	85.71
3 群组	87.50	12.50	12.50	50.00

再进一步分析发现，1、2 群组被试的心智模型概念图几乎都涉及有电脑及带电的概念，如电子产品、电子书等，而第 3 群组涉及较少，由此我们有理由相信，之所以 1、2 群组大多数被试会选择“电脑、办公、笔记本”，这与他们的心智模型有关。也正是这个原因，使得这两组有可能以较短时间完成搜索任务，因为他们不用花更多时间浏览每个一级类目，而将关注度直接指向与心智模型概念字面特征、属性特征重叠度最高的类目。

另一方面也可以由此认为，易趣分类的表现模型设计与大多数用户心智模型比较接近。

4. 关于一级类目中“办公”概念的选择分析

易趣网一级分类类名往往包含了多个名词概念，如“电脑、办公、笔记本”，而在每个一级类目下还显示有属于这些一级类目下的热点小类，如“电脑、办公、笔记本”下有移动硬盘、电脑配件等明显与电脑相关的附属产品；因此，在选择了一个一级类目后，选择其中哪个概念就变得很关键，比如，在这里是

“电脑”还是“办公”还是“笔记本”？这将是影响搜索效率的重要一步，因为如果选择“办公”概念之外的其他概念则意味着会增加路径节点，由此会增加搜索的时间成本，而易趣网的实际情况是电子词典被放在了“办公”概念底下。

事实上，我们的确在原始记录中发现 9 个搜索时间最短的(在 100 秒之内)被试全部在“电脑、办公、笔记本”中首先点击了“办公”，而其中第 1 群组就占了 7 个，见表 4-15。表 4-15 中“以后再点击‘办公’”是指尽管进入了“电脑、办公、笔记本”，但没有首先选择“办公”，而是选择了电脑等其他概念。这说明首先选择“办公”是导致搜索效率提高的关键环节，由此也容易解释第 1 群组为什么使用易趣网分类整体时间比较短。

表 4-15　各组群被试在“电脑、办公、笔记本”中概念选择点击分布情况

	1 群组人数	2 群组人数	3 群组人数	合计
首先点击“电脑”	0	1	2	3
以后再点击“电脑”	0	0	0	0
首先点击“办公”	7(53.85%)	2(40%)	1(12.5%)	10(34.62%)
以后再点击“办公”	4	3	4	11
未搜索到	2	0	2	4
合计	13(100%)	5(100%)	9	27(100%)

进一步我们又仔细考察了被试心智模型的概念图原始数据，除了个别外，基本都未涉及“办公”类概念。那怎么解释他们最终都会选择“办公”，我们认为这在很大程度上应该归功于易趣网将电脑与办公、笔记本连在了一起。根据特征比较理论及概念激活扩散理论(张淑华等，2007)，我们有理由相信，被试首先是将电子词典的特征属性与电脑相比，很快就会判断，电子词典不是电脑，然后往下一个概念看，是“办公”，再下一个是“笔记本电脑”，显然电子词典也不是笔记本电脑，鉴于“办公”与“电脑、笔记本”连在一起，容易使人激活出大量与办公有关的电子产品概念，包括可用于工作学习的电子词典等，而原来更多考虑用于学生、学校的电子词典属性特征，这时就与用于办公电子用品概念特征产生了重叠，这就是我们认为导致被试进入“电脑、办公、笔记本”类目后很快选择“办公”的可能原因。

基于符号表征理论，对用户心智模型与网站表现模型进行解释与研究，本论文仅仅进行了初步的尝试，其中还有很多问题值得深入研究与解决，如心智模型科学量化、网站表现模型科学提取、相似性聚类、心智模型动态改变等问题。

第 5 章　网站商品分类目录的用户心智模型动态测量研究

5.1　网站商品分类目录搜索机制的理论分析

5.1.1　基于语言符号表征视角的心智模型解释

对于用户来说，其在使用网站过程中语言符号表征的核心内容就是在网站界面、信息需求等外部事件与大脑中的符号化知识体系之间建立联结。比如，在网站购物搜索活动中，我们面对一款商品，我们需要对它的属性特征加以概括，并与相关的商品概念名词符号建立联系；进一步可能还会与更一般的概念词汇之间建立联系，如电子词典商品与电子产品、数码产品、学习用品等一般概念符号建立联系。

就网站购物而言，用户心智模型是关于个体为了做出购物决策而针对特定网站外部环境及购物需求特点从大脑中调出的那部分相关的“知识体系”，如关于电子词典商品相关属性及针对网站界面符号使用的操作知识等，并因此引发有关购物操作的行为信念，如是否要选择某一概念符号进行搜索操作。

在这里有关网站购物的特定知识调用过程，如关于商品特征属性、关于网站界面符号使用知识等，实际就是一个关于特定事件——网站购物与大脑内部的相关知识符号之间建立联结的过程，也即是语言符号表征的过程，因为我们头脑中的大量知识均是以概念词汇符号形式存储的，而心智模型就是语言符号表征过程的结果，具体见图 5-1。

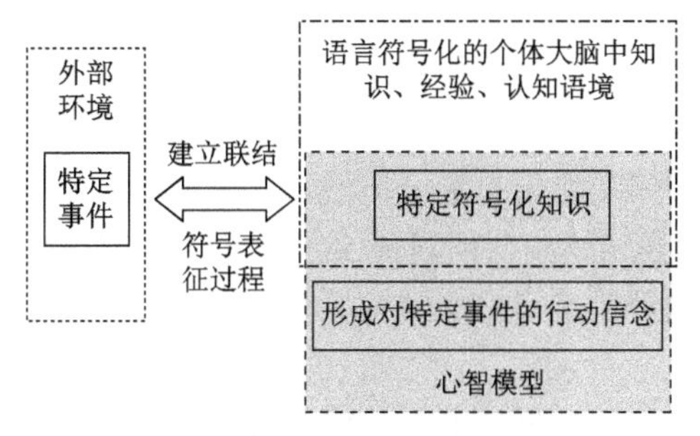

图 5-1　语言符号表征与心智模型关系图

5.1.2 基于心智模型的商品分类目录搜索机制分析

基于上面的分析，我们认为用户利用网站商品分类目录获取商品信息的过程就是一个有关商品特征属性、网站界面分类类名选择的相关知识调用与语言符号表征、并建立行动信念的过程，也即用户关于购物心智模型建立的过程。下面我们分析用户基于心智模型的分类搜索认知机制，以及产生网站表现模型和用户心智模型差异的原因。这里，我们假设用户能在该网站商品分类目录中搜索到需要搜索的商品。

1. 网站商品分类目录搜索过程及心智模型作用机制

1）商品需求的心智模型形成

用户进入网站购物，首先将在无意识中完成对商品的需求符号表征，即在需求刺激与大脑内部的知识概念体系之间建立一种联结，由此形成关于该商品的心智模型。

具体当用户要买一个电子词典，依据符号表征理论有理由认为用户会在瞬间从大脑已有的知识存储中提取出一系列有关的概念，如可能会想到“数码产品”“学习工具”等这些概括了电子词典基本属性特征的上位概念，还可能会联想到电子词典的下位概念，如品牌、功能等。

2）用户操作心智模型的形成和动态修改

这是一个关于网站分类理解与搜索行动信念构建的过程，具体包括用户依据需求心智模型对网站的网站表现模型的理解，即在外部信息与大脑中相关知识，也即网站界面的分类类名概念与大脑中有关商品需求心智模型中的概念之间建立一种联结，然后在此基础上确定下一步的行动信念。

具体步骤如下，也如图 5-2 所示。

步骤 1：扫描。一般用户首先会逐个扫描网站的一级分类类名节点。

步骤 2：匹配。首先捕捉分类节点概念的意义，辨认该分类节点是什么商品范畴，还有哪些相关类目，该过程取决于用户经验和大脑知识结构；然后将分类类名节点概念与个体关于目标商品的心智模型相关概念进行比较，依据符号表征理论，被试应该会对不同概念词汇之间的相关属性特征的重叠度进行比较判断，由此理解它们是否指向同一类目标商品。

步骤 3：学习调整。即修正当前心智模型；依据心智模型动态形特点理论，以及皮亚杰学习理论，用户将同级节点逐一比较，如果和用户心智模型有一致的节点，用户可能会保留原有心智模型；当都不一致，可能会重新建立认知图式，即修正自己的心智模型，可能将分类节点概念纳入原有图式结构中，以靠近分类体系。不管用户认为网站分类目录是否合理，在搜索目标商品的前提下，在基本知识结构基础上修正，为了找到商品，必须转变原有认知。比如，很多网站电子词典归于办公用品，这种归类方式未必合理，如很多用户认为应在电子产品下，于是，他们修正原有知识图式，在以后其他网站分类搜索时便会考虑在办公用品路径下搜索。

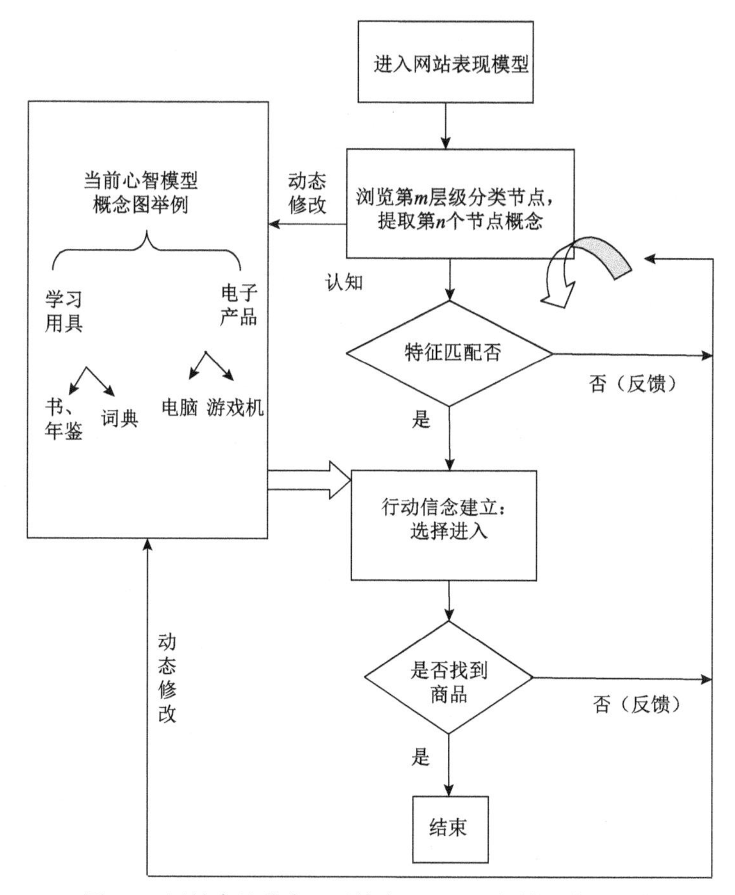

图 5-2　网站商品分类目录搜索过程及心智模型作用机制

步骤 4：预期。即对各节点建立行动信念；根据心智模型构建理论，认知符号理论，以及行为主义与认知学习理论，这时被试即要对每个节点的行动决策结果进行预期，如果经判别，某类名节点概念与当前或经修正后的心智模型相关概念属性特征相匹配，或被试则可能会产生选择点击这一节点内在驱动，即对这一点击行动未来的成功率建立较高预期。

步骤 5：点击。即选择成功预期较高的节点完成点击，由此进入下一层级的节点，重复完成上述步骤，直到分类枝叶节点。

步骤 6：调整。经行动结果反馈未能找到所需商品，则返回任何一级分支树重复上述过程，直至达到预期目标。按照行为主义、认知主义学习理论，这是一个依据前期行动策略反馈进行不断策略调整的学习过程，及心智模型不断被修正、行为策略信念不断被调整导致节点选择行为不断被调整的认知过程。

显然，如果网站表现模型与用户心智模型越相近，用户调用的认知资源会越少，理解判断过程就会越迅速，信息搜索效率也就会越高。

2. 网站商品分类目录搜索中的分类节点与心智模型匹配机制

用户在使用分类目录搜索的过程，其实是一个基于心智模型的匹配机制，其实就是一个刺激-反应的过程，包括两个理解的环节：对需求的理解和对分类目录的理解，分类选择的过程就是将两个理解过程的结果进行匹配的过程，具体如下。

(1)基于设计员心智模型界面符号表征。网站设计者根据自己的知识结构及对商品的认知和商品间层级关系的认知，构建分类目录时调用那部分特定的知识，将内在的心理意象即内在的心智模型，转化为外在有层级关系的分类词汇和分类整体结构，这是基于设计员心智模型的界面符号表征。

(2)商品需求符号表征。用户在使用网站分类目录前，根据自身的背景知识形成目标商品需求的符号表征，这是基于用户心智模型的商品需求表征，在这个过程中，最可能受到用户对商品本身熟悉程度的影响，如对商品属性、功能、特点是否了解。对事物越熟悉，已有的心智模型就越为完善，需求表征的效果就越好。

(3)分类节点概念符号表征。用户在使用网站分类目录的过程中，根据自身的背景知识形成分类节点的符号表征，对分类类名名称、类名的上下位逻辑关系等进行思考，理解分类词汇的意义所指对象，获取分类节点概念内涵。

(4)匹配认知，概念间建立语义联系。用户在浏览了分类目录后，将获取的分类节点概念内涵不断地与脑中已有的商品需求表征进行匹配，找到与需求表征最相匹配的类目，从而进行分类的选择。如若选择后发现没有满意的结果，用户就会不断对其心智模型进行修正，重新选择分类节点进行匹配，直到搜索到目标商品。

图 5-3 为基于网站商品分类目录搜索中的分类节点与心智模型匹配机制。

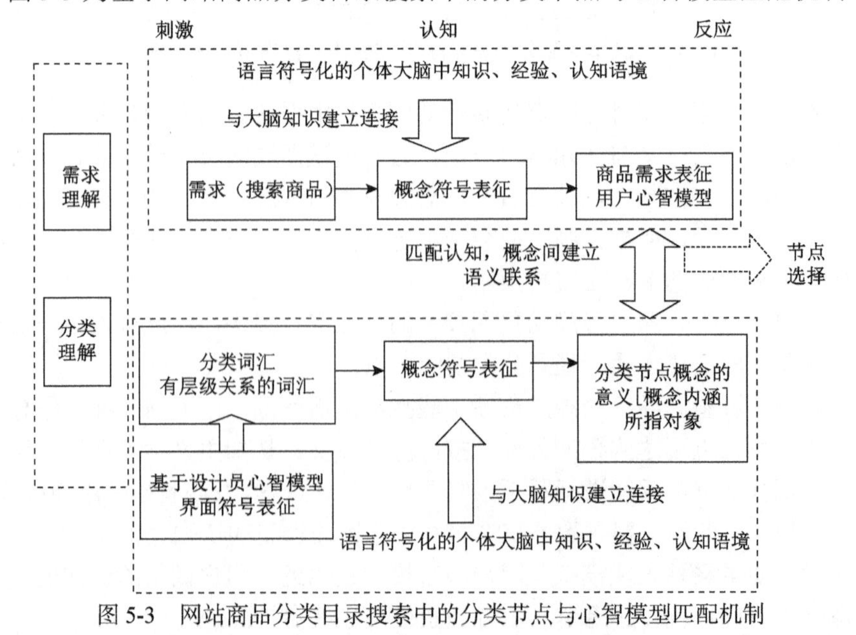

图 5-3　网站商品分类目录搜索中的分类节点与心智模型匹配机制

5.1.3 研究假设

1. 网站表现模型与用户心智模型不一致原理分析

首先，我们从语言符号表征角度来看，不同的个体其进行语言符号表征会表现出不同的差异水平，它直接与个体的认知结构有关，也就是关于客观世界的外在知识结构内化后的个体知识心理结构有关(张淑华等，2007)。

在本节研究的网站信息传递特定情境中，面对需要进行语言符号表征的认知对象，主要是网站界面及信息需求。事实上无论是网站界面还是信息需求，大多或是以图形或是文字等符号作为输入的表现形式，于是这里的语言符号表征就变成在捕捉外部输入符号的意义基础上，与个体大脑中的内部知识符号，如概念词汇建立联结的过程。根据认知语用学者提出了认知语境理论(张淑华等，2007)，这些语言符号表征都将与网站界面上下文情境及个体背景知识有关，这后者主要是指个体关于网站界面使用的相关知识背景，也即个体认知结构中关于网站界面使用的那部分知识体系，但是不同个人因为其不同的经历会导致不同的知识体系，从而会导致对外部输入不同的语言符号表征。而这部分的知识体系就构成个体心智模型的重要组成。

用户在网站商品分类目录搜索过程中，理解“电子词典”这一商品时，依据认知语用学中的语境理论如果对数码产品使用了解较多，用户则可能会更多提取出诸如电脑等一类的概念；如果平时在办公室工作中使用过类似工具，那可能更多会与办公用品挂钩；此外，那些经常接触的词汇符号会更早或更有可能被提取出来，至于个体会按什么顺序、什么模式提取相关概念，心理学家也有很多研究，为此还提出了各种词汇提取模型及大脑概念知识存储模型(张晓东，2003)。而一个完好个体的知识结构会对外部刺激信息加工更快、更准确，对其理解、记忆更有效(徐春艳，2003)。

此外，同一外部刺激还会因为认知环境不同而导致个体认知的差异，如在要求用户理解“电子词典”这一商品过程中有否给出购物的情境，或有否让用户观看部分网站分类现有结构，都可能会导致用户不同的符号表征过程，由此形成不同的心智模型，这一点在已有研究已经得到证实(王静雯，2009)。

在这里可以借用 Norman(2002)有关系统设计人员与界面用户之间的实现模型、表现模型及心智模型三种关系描述，来对网站信息传递中的设计人员、用户的认知与界面符号体系构建之间的相关关系进行抽象，见图 5-4。

即在一个既定的网站符号语义关系结构体系下，设计员通过构建一种表现模型(可以理解为网站目标传递内容与界面符号建立一一对应关系的模型)来传递网站信息内容，在这个过程中，设计员作为众多个体中的一类对事物认知的心智模

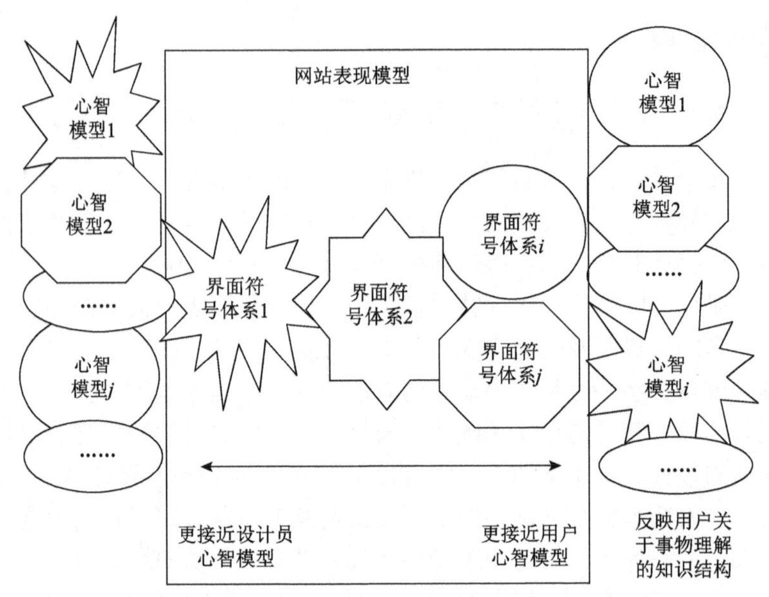

图 5-4　基于网站信息传递的表现模型与心智模型

型会直接体现在表现模型中，由此传递给用户。由于作为复杂群体的用户的经历、认知结构都不尽相同，每个人对同一事件的认知结果及由此建立的心智模型也会不同。而且用户在使用网站的过程中，他们的心智模型也会发生变化。当我们的表现模型距离大多数的用户心智模型较远时，网站信息传递就会因理解不一致而受阻。因此，用户心智模型和网站表现模型不一致问题的根本原因就在于用户认知结构的差异，一个设计员个体的心智模型代替了千变万化的用户心智模型。因此，我们可以提出假设，网站表现模型与用户心智模型越相近，用户的分类搜索效率越高。

2. 实验假设设计

本节首先梳理语言学和符号学相关理论，符号表征与认知活动各自的机理及两者的关系，语言符号表征与心智模型的关系；并且结合符号表征相关理论及心智模型理论，研究基于心智模型的分类搜索认知机制，主要包括基于心智模型的分类搜索认知流程和基于心智模型的分类搜索匹配机制；最后分析了网站表现模型与用户心智模型产生差异的原理，以为下一步电子商务网站分类目录的用户心智模型测量和动态改变测量实验研究奠定理论基础。

1) 基于心智模型分类搜索机制

根据心智模型的分类搜索机制，我们有理由认为：用户选择每一个分类节点是将用户商品需求的概念符号表征和对分类节点的概念符号表征进行匹配的过程。

A. 商品需求符号表征

即在搜索前构建的心智模型，也即关于某商品的概念及其联系用语言符号表征为一个概念图。

B. 分类节点符号表征

即在分类搜索中，用户根据自身的背景知识，对分类类名名称、类名的上下位逻辑关系等进行思考，理解分类词汇的意义所指对象，并用大脑中存储的相关概念符号加以表征。

C. 将商品需求符号表征和分类节点符号表征匹配

用户选择哪一个分类节点进行继续搜索，取决于用户对商品需求的概念符号表征和对每一层级每一个分类节点的概念符号表征进行匹配的一致性程度。

如若选择最终没有获得符合搜索目标的结果反馈，用户就会重新进行上述匹配，直到搜索到目标商品。为此，本实验本质是通过构建实验平台，观测用户商品需求的概念符号表征和分类节点的概念符号表征匹配的认知活动及其改变。

2）实验理论假设的提出

根据上述理论机制分析，我们提出以下理论假设。

假设 5-1　分类节点浏览就是用户对节点概念与心智模型概念的比较，其中初始模型概念和分类节点概念的不一致程度越大搜索效率越低。

由网站商品分类目录搜索机制中，商品需求的心智模型即用户初始心智模型与网站表现模型不一致程度小，用户就少走弯路，搜索效率较高。

假设 5-2　基于搜索目标驱使，搜索中，用户会依据分类节点修正心智模型，以摸索靠近实际储存有搜索目标的标准分类路径。

用户通过修正初始心智模型，不一致程度会得到不断调整，这是一个个体知识与节点刺激交互作用结果，节点概念可能会产生一种提示，如“对，这个概念更符合我的搜索目标”，由此接纳入自己的知识图式中，因此，用户会依据对分类节点的认知修正自己的心智模型。

假设 5-3　分类节点的选择取决于节点概念与心智模型概念对照匹配的结果。

根据信息加工认知理论，选择哪一个分类节点点击搜索行为，取决于节点与心智模型比较认知推理、确认的结果，也即为认知反应。

假设 5-4　基于搜索目标驱使，搜索结果决定用户是否会修正心智模型。搜索失败，用户会通过修正心智模型，使其更接近标准分类路径；搜索成功，用户会维持原有心智模型，并作为经验带到以后的搜索活动中；从开始搜索到最终搜索到商品，与网站表现模型的差异越来越小。

根据信息加工理论、皮亚杰学习理论，用户受个体知识背景及其经验影响下，在初始概念图的支持下，对分类节点与目标任务做出自信的判断：如果反馈为赏，节点选择策略维持，自信心上升；如果反馈为罚，重新认知各分类节点，即节点影响认知，修正心智模型，并指导节点选择策略的试错性调整，自信心缓和；如果反馈继续为罚，上述过程重复；一旦出现正反馈迹象，即与心智模型明显相似，自信大增，维持策略，直到成功。

5.2　面向网站商品分类目录的用户心智模型动态测量实验设计

5.2.1　实验设计

下面，通过网站表现模型与心智模型动态差异测量进行实验观测，验证提出的四个理论假设。并且探索动态测量心智模型和用户表现模型的不一致程度改变的方法，具体探索半开放式表征的概念图与标准路径相似度改变的测量，即 $\mathrm{Sim}(L_i, L_0)$ 的动态改变。

我们希望借鉴动态贝叶斯网络分析原理构建实验平台，再现整体分类表现模型——如 n 棵 m 层每层 p 个节点的分类树，观测 N 个用户在 t 轮、t+1 轮、t+2 轮……$t+T$ 轮中怎么通过不断改变对每个节点的认知来不断改变搜索路径，最后获得搜索成功的。

1. 借鉴贝叶斯网络构造原理构建搜索网络 G[①]

1) 构建搜索网络 G

参考贝叶斯网络构建的全部学习方法，基于对实际分类搜索体验知识与经验，模拟电子商务网站构造与电子词典相关的 n 棵三层节点的分类树，并将其中各个分类节点通过搜索结果连接成一个搜索网络 G，搜索网络 G 是一个有向无环图 DAG，$G=(V, E)$。

$V=(X_1,\cdots,X_i,\cdots,X_n;\ X_{11},\cdots,X_{ij},\cdots,X_{nm};\ X_{111},\cdots,X_{ijk},\cdots,X_{nmp},Y_0,Y_1)$，每一个分类节点构成 G 网络节点：X_{ijk}。

其中，i 为第 i 棵分类树，i=1, 2,···, 5；j 为第 i 棵分类树下的第 j 支子分类树，j= 1, 2,···, m；k 为第 i 棵分类树下第 j 支子分类树的第 k 个节点，k= 1, 2,···, p；Y_0 表示没有搜索到该商品，搜索失败；Y_1 表示搜索到该商品，搜索成功。

在本节中，如图 5-5 所示，这是一个有多个入口，两个出口的有向无环网络。

① 资料来源：董立岩(2007)。

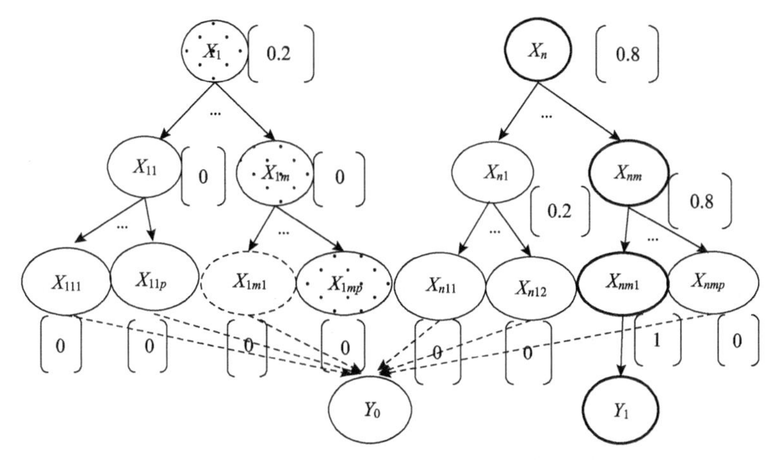

图 5-5　基于贝叶斯网络的搜索网络模型

2) 定义节点变量 X_{ijk}

节点变量 X_{ijk}：分类节点被用户点击并搜索到目标商品的可能性事件。

3) 定义变量间依赖关系

E 是节点间弧的集合，代表了随机变量间的依赖关系。在本设计中，E 代表各分类树中节点连接线，方向从上级节点指向下级节点，代表搜索事件发生的方向，即只有选择了上一节点的事件发生，才有下一节点事件产生。

4) 获取变量状态参数

变量状态参数通过被试主观报告获取，实验平台模拟实际电子商务网站分类目录，被试点击一级节点后，呈现给被试的是该一级节点下的二级节点，点击二级节点后，呈现给被试的是该二级节点下的三级节点。因此，设置选择一级节点概念的概率通过被试主观报告获取。

(1) 一级节点选择概率：直接让被试主观报告给出，为 $P(X_i)$，$0 \leqslant P(X_i) \leqslant 1$。

(2) 选择一级节点 X_i 后选择二级节点 X_{ij} 的概率：直接让被试主观报告给出，为 $P(X_{ij})$，$0 \leqslant P(X_{ij}) \leqslant 1$，其他未被选择的一级节点下的二级节点选择概率设为 0。

(3) 选择二级节点 X_{ij} 后选择三级节点 X_{ijk} 的概率：直接让被试主观报告给出，为 $P(X_{ijk})$，$0 \leqslant P(X_{ijk}) \leqslant 1$，其他未被选择的二级节点下的三级节点选择概率设为 0。

2. 借鉴动态贝叶斯网络原理构建不同时间片的 G[①]

动态网络，主要研究一些随时间变化的随机变量，并对时间演化的程进行表

① 资料来源：胡笑旋(2006)。

示。文献(Ting and Chong，2006)探索了用户第一次、第二次和第三次和探究式界面交互时的认知改变，并且展示了不同时间片下变量参数变化的情况，表明了学习者在不同时间片对新知识的吸收程度的改变。我们基于贝叶斯网络原理，借鉴该文献的思想，构建不同时间片。

(1)构建时间片。本书中，把分类目录的所有节点概念，即一级节点到三级节点看作一个整体，把用户从一级分类节点到枝叶节点搜索选择可以作为 1 个时间片的搜索流程，即全体实验被试浏览 n 棵分类树后，选择第 i 棵进入第 j 层级，在浏览完该层级 l 个节点后选择第 k 个节点后，便进入第 j+1 层再进行每个节点的浏览选择，直到完成 m 层的分类搜索，最终进入结果节点，根据是否符合搜索目标的判断决定是否要重新搜索，也即进入第 2 个时间片的搜索。在这里我们需要借助动态贝叶斯网络的时间片之间相关节点影响分析的思想。

用户搜索某商品，假设用户从一级节点开始搜索直到枝叶节点，搜索到商品，路径结束；否则重新开始从一级节点开始搜索直到枝叶节点，直到找到为止。由此构成 n 个搜索轮回，并作为 n 个时间片，图 5-6 是构造的两个时间片。第一个时间片用户的搜索路径是：“$X_1 \to X_{12} \to X_{122}$”，第二个时间片用户的搜索路径是：“$X_2 \to X_{22} \to X_{222}$”，用粗体字表示。

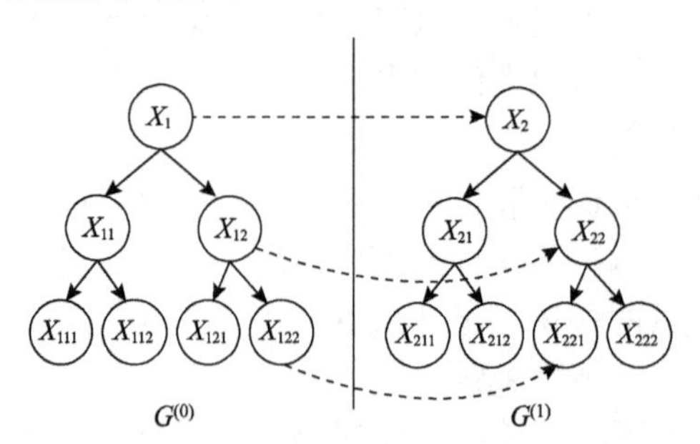

图 5-6　用户使用分类体系的两时间片构造

(2)依据动态贝叶斯网络构建原理。设变量集 $X=(X_1,\cdots,X_n)$，并用 $X_1(t),\cdots,X_n(t)$ 表示变量在 t 时刻的状态。

另设随机过程满足马尔可夫假设，即 t 时刻的状态只受到 $t-1$ 时刻的影响，$P(X(t) \mid X(0),\cdots,X(t-1))=P(X(t) \mid X(t-1))$。

(3)借鉴动态贝叶斯网络思路，我们可以将 G 进一步扩展为一个具有时间片窗口长度的动态网络 G^t，具体如图 5-7 所示。

图 5-7　t 个时间片的动态贝叶斯网络

3. 实验平台设计

1) 分类目录设计

借鉴动态贝叶斯网络原理，构造网络 $G(V, E)$，V 代表所有分类节点，E 是各层级节点连线，代表了随机变量间的依赖关系。在本设计中，E 代表各分类树中节点连接线，方向从上级节点指向下级节点。

网络 G 由 5 个一级节点，三层，共 136 个节点构成。

$V=(X_1, \cdots, X_i, \cdots, X_5; X_{11}, \cdots, X_{ij}, \cdots, X_{5m}; X_{111}, \cdots, X_{ijk}, \cdots, X_{5mp}, Y_0, Y_1)$，每一个分类节点构成 G 网络节点：X_{ijk}。

其中，i 为第 i 棵分类树，i=1, 2, …, 5；j 为第 i 棵分类树下的第 j 支子分类树，j=1, 2, …, m；k 为第 i 棵分类树下第 j 支子分类树的第 k 个节点，k=1, 2, …, p。

总的指导思想为不是构造完美分类，而是构造与实际相仿，有可能再现认知障碍的电子商务网站分类目录。

(1) 选择 5 棵分类树：一般网站有几十棵分类树构成，大部分分类树和目标商品不相关，为了去除不相关的噪声，模拟实际，并将实际情况进行简化，选择 5 棵分类树，能达到实验目的即可。

(2) 分类目录共 3 个层级：由于一般网站为三层居多，我们设计为三个层级。

(3) 一个标准路径：模拟实际，一般网站的“电子词典”归属只在一个类目下。

(4) 三个相关大类，二个不相关大类：考察实际网站，各个网站的“电子词典”归属差别较大，基本有的相关类目有 3 个，模拟实际，设置三个相关大类；基本有的不太相关类目只放 2 个，适当组合，是概念尽量不重叠。

我们的目标商品是电子词典，电子词典是一种将传统的印刷词典转成数码方式、进行快速查询的数字学习工具。电子词典是现代社会学生学习生活、社会人士移动办公的掌上利器，电子词典具有数码、学习、办公、书籍等特性。我们考察了几大电子商务网站淘宝网、当当网、卓越亚马逊，易趣网、京东商城和易迅网的电子词典的相关类目设置，最后设置了有五个一级节点，分别是“图书音像/数字”“数码/影像”“文化、办公用品”“苹果、电脑产品”“电脑、数码配件”。分类目录共三个层级的分类目录，“电子词典”放在“数码/影像→学习阅读”下。其中三个一级节点，按照常识被试会认为“电子词典”属于该大类下，还有两个一级节点被试一般不会认为放有电子词典，由此构造逼近实际情境的分类搜索环境。

2) 获取被试商品需求表征的心智模型

基于过去开放式概念图测量的困难，如 10 个概念，概念间自由连线会导致相似度测量误差，我们进行了改进。由于心智模型不断发生改变，用户通过不断学习逐步靠近网站标准路径（即目标商品归属的分类路径）的过程，并且考虑分类的层级关系，层级结构概念图也是目前三类概念图之一，具体见 4.1.2 小节层级结构的概念图设计依据。因此，为了使该概念图形式简化并便于分析，采用三个层级节点概念构成的概念图。

在实验平台中，让被试填写完基本信息后，接着就让被试填写初始概念图，为了使用户心智模型和网站表现模型结构一致，用户心智模型概念图模拟“电子词典”标准路径，让被试填写他心目中的“电子词典”标准路径，并给出“电子词典”的一个同级概念。让被试在给出的输入框中填写电子词典的上级节点概念、上上级节点概念和同级节点概念，被试每个层级搜索时都要求记录。

3) 网站表现模型构造设计

本实验中的网站表现模型即为网站标准路径，我们将“电子词典”放在一级节点“数码/影像”下，进一步，放在二级节点“学习阅读”下，因此网站表现模型为：“数码/影像→学习阅读→电子书”；或者“数码/影像→学习阅读→录音笔”；或者“数码/影像→学习阅读→平板电脑”；或者“数码/影像→学习阅读→复读机/点读机/早教机”，由于“电子词典”的同级节点概念有“电子书”“录音笔”“平板电脑”“复读机/点读机/早教机”，网站表现模型有四种情况。

4) 获取被试对分类节点的信念值

获取被试对分类节点的信念值，通过被试浏览选择每个分类节点时，提问“你认为这节点类名与电子词典概念相关吗？”获取。问题给出了五个等级的选择项：非常，比较，一般，不太，不相关，我们将“非常，比较，一般，不太，不相关”转化为 0～1 的数值：1，0.75，0.5，0.25，0。

我们在设计这个提问时，认为被试在进行浏览和选择点击某个分类节点概念时，提取了电子词典的相关属性特征，还提取了网站分类节点的相关属性特征，并对这两者进行比较。被试实际在网站浏览时，他自己并不知道是在比较网站给出一级节点概念和他认为的一级节点概念是否相同，或者二级节点概念和他认为的二级节点概念是否相同，他心中的想法是模糊的，但是他带着要购买商品“电子词典”的目的，只是在比较网站上给出的这些节点是不是和他要找的商品相关，因此，“你认为这节点类名与电子词典概念相关吗？”直截了当，被试也容易理解。

同时，被试在回答这个问题时，只是就当前的节点进行比较，因此对于一级节点来说，被试给出选择该节点的可能性就是边缘概率；对于二、三级节点来说，被试都是点击了上级节点后见到出现的目前的节点，给出选择该节点的可能是，是条件概率，符合贝叶斯网络的定义状态参数的思想。因此，我们可以根据他给出的选项答案，直接得出选择某节点的信念值，得出贝叶斯网络的变量参数。

5) 被试浏览、比较、选择某个分类节点

被试完成一次浏览、比较、修改概念图和选择某个分类节点的页面，我们将这些步骤放在一个页面上。如果把这些步骤分开，被试会在修改概念图时遗忘网站分类节点。并且，在实际电子商务网站选择某个节点的过程中，其中比较分类节点和修改心智模型的过程是被试内在的认知过程，而浏览并选择分类节点是外在行为表现。在实际操作过程中，这些操作步骤是在同一个界面完成的，因此，我们将这四个过程放在一个页面。图中的浏览分类节点的节点按钮是静态的，被试只能浏览，无法点击。修改心智模型的步骤中，用户上一次填写的概念图直接在输入框中直接给出，输入框是可编辑的，用户可以按照自己的想法修改概念图。最后的浏览分类节点按钮是动态的，此时被试选择点击某个节点进入该节点的子目录。

这些步骤的详细讲解会在实验指导语中给出，指导语中特别强调让被试按顺序完成实验步骤，并且认真记录每一次心智模型的改变。

6) 返回一级节点的情况

当被试认为同级的所有节点都不想选择的时候，可以选择返回一级节点重新选择。这里只考虑返回一级分类节点，由于需要构造一个完整的时间片，即让被试从一级节点开始搜索直到枝叶节点为一个时间片。进一步，按钮“返回一级节点”按钮，但是必须让被试觉得没有可能再往下选择类目时，才会点击按钮“返回一级节点”，如果用户只是尝试性点击该按钮，最终的实验数据会比较混乱。因此，“返回一级节点”按钮应标明为“这些节点没有一个是我想选择点击的，我想返回一级节点”。

5.2.2　实验流程

1. 实验基本流程

基于上述理论分析内涵，通过下面流程设计，完成假设分析需要的各种数据，具体见图 5-5。

假设在搜索第 t 轮：

(1) 构成商品需求表征的心智模型概念图。

要求用户在实验平台上先写下关于某商品上级与下级、平级概念三个概念。

(2) 浏览一级节点。

在实验平台上构造 5 棵分类树、每棵分类树下有 3 个层级，假设标准路径为图 4-9 粗框所示“$X_n \rightarrow X_{nm} \rightarrow X_{nm1}$”，让被试浏览实验平台分类目录，被试的首轮路径为阴影表示的“$X_1 \rightarrow X_{1m} \rightarrow X_{1mp}$”或虚框表示的“$X_1 \rightarrow X_{1m} \rightarrow X_{1m1}$”，记录被试如何慢慢靠近标准路径，记录如下相关数据。

第一，节点与心智模型比较记录，依据假设 5-1：分类节点浏览就是用户对节点概念与心智模型概念的比较。

第二，心智模型修正记录，依据假设 5-2：基于搜索目标驱使，搜索中，用户会依据分类节点修正心智模型，以摸索靠近实际储存有搜索目标的标准分类路径。

第三，节点选择记录，依据假设 5-3：分类节点的选择取决于节点概念与心智模型概念对照匹配的结果。

(3) 浏览二级节点，重复上述过程。

(4) 浏览三级节点，重复上述过程。

(5) 搜索结果反馈。

搜索成功，找到目标商品 Y_1，结束搜索；搜索失败，重新返回，进入 $t+1$ 轮。

2. 实验实施

我们本着自愿原则，在论坛、人人网、QQ 群发出实验通知，告知实验基本任务，并承诺实验完成给予每人 20 元的现金奖励，如果完成的好，再选出部分被试给予 70 元的现金奖励。我们共招募 146 名被试。被试是来自南京理工大学的化工学院、环境与生物工程学院等 7 个学院的本科生和研究生，实验任务完成需要 30 分钟左右。

实验主要分为三部分。

第一部分，被试统一学习实验指导语，让被试了解整个实验过程，减少由被试对实验的不理解造成获取的实验数据的误差。

第二部分，被试基本信息的填写。

第三部分，被试点击打开实验平台，在实验平台中完成实验任务，模拟实际电子商务网站搜索“电子词典”的过程，该部分是主要实验任务。

5.2.3 基于概念图相似度计算的心智模型动态测量方案设计

本节需要测量用户心智模型概念和网站表现模型之间的相似度，我们首先确定概念图相似度的计算公式，计算公式需要比较同级概念之间的相似度。因此，我们首先对被试给出的 300 多个概念进行预处理，并且通过专家评估法给出概念对之间的相似度，从而求得两概念图的相似度。

1. 用户心智模型概念预处理

得到被试的概念图后，我们首先要对其进行一定的处理，从而将抽象的概念和思维用数据表示出来，我们对被试给出的 300 多个概念进行降维处理，对重复的概念进行合并，主要有以下内容。

(1) 标点符号处理。将文字及意思相同，标点符号不同的概念合并，如将“电脑、数码配件”“电脑，数码配件”“电脑数码配件”合并为“电脑、数码配件”。

(2) 字形相似。将概念内单元词语顺序颠倒，但词义不变的概念合并，如将“学习、办公用品”“办公学习用品”合并为“学习、办公用品”。

(3) 同义词词林查询。将同义词进行合并，如将“图书”和“书籍”合并为“图书”，将“词典”和“辞典”合并为“词典”。

(4) 百度百科、辞海等查询。将“查询”“查找”“搜索”合并为“查询”“数字”“数码”合并为“数码”“用品”“用具”合并为“用品”。

(5) 其他。实验告知被试在电子商务网站东西，电子商务网站分类类名都是描述商品的，因此被试给出的概念也是描述商品的，因此将“用品”“产品”“工具”“器材”“商品”“设备”合并为“用品”；将“学习类”“学习”合并为“学习用品”。

将概念合并规则让 10 名领域专家评估，这 10 名专家是网站分类专业领域专家并且是电子消费品网购用户，结合领域专家的意见反馈，合并为 96 个概念。

2. 概念对相似度评判

预处理后，需要计算被试心智模型概念图和网站表现模型之间的相似度。目前，概念之间的相似度计算大体上分为以下几种。

(1) 利用大规模的语料进行统计。这种方法是事先选择一组特征词，然后计算这一组特征词与每一个词的相关性(一般用这组特征词在实际的大规模语料中在该词的上下文中出现的频率来度量)，于是，对于每一个词都可以得到一个相关性的特征词向量，然后利用这些向量之间的相似度(一般用向量的夹角余弦来计算)作为这两个词的相似度。这种做法的假设是，凡是语义相近的词，他们的上下文也应该相似(刘群和李素建，2002)。

(2) 利用同义词词典。根据世界知识(ontology)或分类目录(taxonomy)计算词语语义距离的方法，一般是利用一部同义词词典(thesaurus)(宋明亮，1996)。

(3) 专家评估。通过一定的方式对概念进行处理，然后让专家对处理结果进行评估(张书娟，2012)。

第一种方法要有“电子词典”相关的大规模语料库，目前无法找到比较成熟的大规模语料库，并且被试给出的很多概念带有个人色彩，这种方法计算量大，计算方法复杂，因此没有采用该方法。对于第二种方法，我们通过查找同义词词林、HowNet 等同义词词典，找到可以计算概念间相似度的只有两三对，主要是由于被试给出的是关于电子词典的概念，被试的表达方式比较主观，很多概念比较新颖，因此，同义词词林和 HowNet 等同义词词典收录的概念相当少。因此，第二种方法也不能完全采用。

我们采用的是专家评估法，仍然让前面提到的 10 名领域专家评估，具体见附录 C。

(1) 概念处理。将 96 个概念再进行处理，将所有概念分布到三个层级，将每个层级的概念和标准路径该层级的概念进行比较。将所有一级节点概念和“数码/影像”进行比较，将所有二级节点和“学习阅读”进行比较，将所有三级节点和相关的三级节点进行比较。

(2) 专家评估。以电子问卷的形式发放给 10 名领域专家，并告知这些概念是在被试在电子商务网站分类目录中搜索“电子词典”时，自己给出的该商品的上上级概念，上级概念和同级概念，请领域专家对被试心智模型概念图和网站表现模型概念图的同级概念对的相似度打分，分值在 0～1，0 为不相似，1 为相似。

(3) 概念对相似度计算。计算 10 名领域专家的相似度数据的平均值，得到概念对相似度。

分析被试的原始概念图，将被试的原始的 300 多个概念和合并后的 96 个概念进行对照，标出所有被试每一次点击分类节点时给出的概念图中概念相似度。此时，大部分概念的相似度能够给出。但是存在一些特殊情况。

如某被试的概念图为“学习用品→数码产品→复读机”，按照同级概念比较的思想，一级节点和二级节点的概念相似度均为 0.1，那么概念图的相似度较低，从理论上看，该概念图的相似度存在问题。

我们将“学习用品→数码产品→复读机”和“数码产品→学习用品→复读机”进行比较。按照分类的思想，信息分类是把具有共同属性或特征的信息归并在一起，把不具有这种共同属性或特征的信息区别开来的过程(徐春艳，2003)。在电子商务网站中，将所有商品根据属性特征进行粗分类后，还可以将大类进行细分，将该大类中具有共同属性或特征的信息进行细分，层层深入，枝叶节点为某个商品。第一个概念图的一级节点考察的是学习属性，第二个概念图的一级节点考察的是数码属性；二级节点是对一级节点的进一步划分，因此，第一个概念图的二级节点考察的是“学习属性+数码属性”，第二个概念图的二级节点考察的是“数码属性+学习属性”，两者的二级节点实际上是相同的。因此，在针对这个特殊情况来给定被试的概念相似度，我们采用了上述思想。

最后，我们求得所有概念对间的相似度，将概念对间的相似度代入下面的概念图相似度计算公式即可计算两个概念图的相似度。

3. 概念图相似度计算

字符串相似度度量是寻找两个字符串的公共子串，利用公共子串的长度根据相应的公式来衡量两个字符串的相似程度(牛永洁和张成，2012)。采用字符串相似度计算方法，我们将用户心智模型概念图中的三个概念和网站表现模型概念图中的三个概念看成是两个字符串，将两个字符串进行匹配，计算两个字符串之间的相似度。根据文档相似度算法的启示，我们将两个概念图同级概念对进行匹配，概念图一共有三个层级，两个字符串的相似度看作三个概念对的共同的部分除以这三个概念对 L_{i1} 和 L_{01}、L_{i2} 和 L_{02}、L_{i3} 和 L_{03} 的并集(余刚等，2006)。另外，不同层级的概念对整个概念图的贡献程度是不同的，因此，不同的概念有不同的权重，这里的权重我们分别设为 w_1，w_2，w_3。最终，两个概念图 L_i 和 L_0 相似度计算方法如式(5-1)所示：

$$\mathrm{Sim}(L_i, L_0)=\frac{w_1\times \mathrm{Sim}(L_{i2},L_{02})+w_2\times \mathrm{Sim}(L_{i2},L_{02})+w_3\times \mathrm{Sim}(L_{i3},L_{03})}{3} \tag{5-1}$$

权重 w_1，w_2，w_3 是否相同？下面，我们分析被试心智模型概念图和网站表现模型概念图各级节点对的相似度和搜索效率的相关性，两者相关性越高，说明该级节点的影响越大，权重值越高。这里的搜索绩效的指标我们用搜索到“电子词典”所需的轮数表示，轮数越多，说明搜索绩效越低。对搜索到电子词典所需的轮数和初始概念图一级节点相似度做相关分析，结果如表 5-1 所示。

表 5-1　一级节点相似度和轮数相关分析结果

		轮数	初始概念图一级节点相似度
轮数	Pearson Correlation	1	−0.850*
	Sig.(2-tailed)		0.015
	N	7	7
初始概念图一级节点相似度	Pearson Correlation	−0.850*	1
	Sig.(2-tailed)	0.015	
	N	7	7

表 5-1 中，Pearson 简单相关系数等于−0.85，显然两者是高度负相关，而相关系数的假设检验 P=0.015，P<0.05，说明初始概念图的一级节点相似度和搜索所需轮数显著负相关。下面，比较二级节点、三级节点的相似度和搜索所需轮数的相关分析，见表 5-2 和表 5-3。

表 5-2　二级节点相似度和轮数相关分析结果

		轮数	初始概念图二级节点相似度
轮数	Pearson Correlation	1	−0.659
	Sig.(2-tailed)		0.107
	N	7	7

续表

		轮数	初始概念图二级节点相似度
初始概念图二级节点相似度	Pearson Correlation	−0.659	1
	Sig.（2-tailed）	0.107	
	N	7	7

表 5-2 中，相关系数的假设检验 P=0.107，P>0.05，说明初始概念图的二级节点轮数和的相似度的负相关关系不显著。

表 5-3　三级节点相似度和轮数相关分析结果

		轮数	初始概念图三级节点相似度
轮数	Pearson Correlation	1	−0.049
	Sig.（2-tailed）		0.917
	N	7	7
初始概念图三级节点相似度	Pearson Correlation	−0.049	1
	Sig.（2-tailed）	0.917	
	N	7	7

表 5-3 中，相关系数的假设检验 P=0.917，P>0.05，说明初始概念图的三级节点相似度和轮数负相关关系十分不显著

因此，三个层级节点的相似度对轮数的影响是不同的，一级节点的影响最大，其次是二级节点，最后是三级节点。从分类的角度看，这三者有层级关系。因此，一级节点对整个概念图来说最重要，其次是二级节点，最后是三级节点，我们给出三者的重要程度为 3、2、1，三个概念的权重为 1/2，1/3，1/6。 最后，我们可以利用式(5-2)计算第 i 个被试的商品需求表征的心智模型概念图 L_i 和网站表征模型概念图 L_0 相似度：

$$\mathrm{Sim}(L_i,\ L_0)=1/2\times\mathrm{Sim}(L_{i1},\ L_{01})+1/3\times\mathrm{Sim}(L_{i2},\ L_{02})+1/6\times\mathrm{Sim}(L_{i3},\ L_{03}) \quad (5\text{-}2)$$

其中，$\mathrm{Sim}(L_{i1},\ L_{01})$ 为被试概念图一级节点概念和网站标准路径一级节点概念的相似度；$\mathrm{Sim}(L_{i2},\ L_{02})$ 为被试概念图二级节点概念和网站标准路径二级节点概念的相似度，$\mathrm{Sim}(L_{i3},\ L_{03})$ 为被试概念图三级节点概念和网站标准路径二级节点下的“电子词典”的同级节点概念的相似度。

5.3　商品分类搜索中的用户心智模型特点分析

参加心智模型动态测量实验的被试共 146 人，其中 9 人未搜索到“电子词典”放弃搜索，137 人最终搜索到“电子词典”，图 5-8 代表搜索到“电子词典”所需各轮数下的人数。

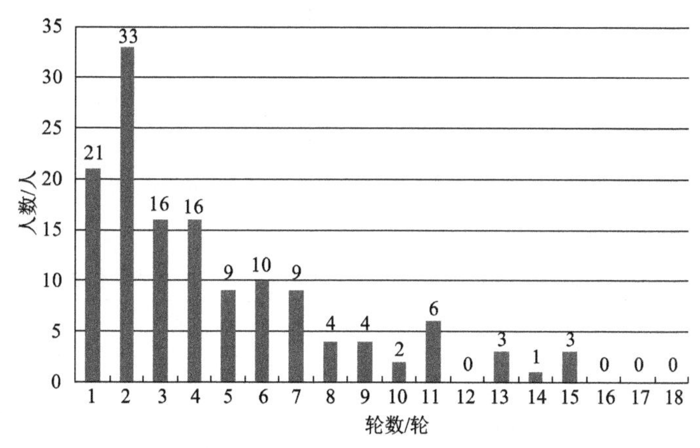

图 5-8　搜索“电子词典”所需各轮数下的人数

根据图 5-8，前 7 轮被试人数较多，该批被试的数据具有一定的说服力，而后面的轮数下被试人数较少，数据偶然性较大，因此，我们选取前 7 轮共 114 名被试进行分析。我们将这 114 名被试按照搜索需要的轮数分成 7 组，每组对应的人数即为搜索需要不同轮数的人数，由图 5-8 可知，搜索需要一轮的被试有 21 人，搜索需要二轮的被试有 33 人，依次类推。本章中提到的 1 轮被试、2 轮被试……7 轮被试就是这 7 组被试。下面，我们将依据理论假设对相关数据进行分析。

5.3.1　用户心智模型与网站分类目录节点认知相关性分析

本节为了验证 5.1.3 小节提出的假设 5-1，分类节点浏览就是用户对节点概念与心智模型概念的比较，其中初始模型概念和分类节点概念的不一致程度越大搜索效率越低。

1. 初始心智模型相似度与一级节点认知相关性分析

这里采用的观测指标为：初始心智模型相似度与第 1 轮标准路径中的一级节点信念值的相关性。

1) 选择理由

(1) 初始心智模型相似度：初始心智模型代表了被试的基本的知识结构，对被试的搜索行为有重要的影响。

(2) 标准路径中的一级节点信念值：心智模型相似度是将被试心智模型和标准路径比较相似度后获得的，我们选择标准路径一级节点“数码/影像”的信念值。

(3) 第 1 轮节点信念值选择：被试在第 1 轮一级节点选择时是将初始心智模型和网站一级节点进行比较后选择，并且能获得整体数据。

2) 结果分析

将 7 轮小组被试共 114 人的初始心智模型相似度和一级节点信念值进行相关性分析，结果见表 5-4。图 5-9 是初始概念图相似度和首轮点击“数码影像”节点信念值的曲线图，从图 5-9 中可以考察看出，“初始概念图相似度和数码影像”节点信念值相关程度高。

表 5-4　初始概念图相似度和首轮点击“数码/影像”节点信念值的相关分析

		初始概念图相似度	“数码/影像”节点信念值
初始概念图相似度	Pearson Correlation	1	0.793*
	Sig.（2-tailed）		0.033
	N	7	7
“数码/影像”节点信念值	Pearson Correlation	0.793*	1
	Sig.（2-tailed）	0.033	
	N	7	7

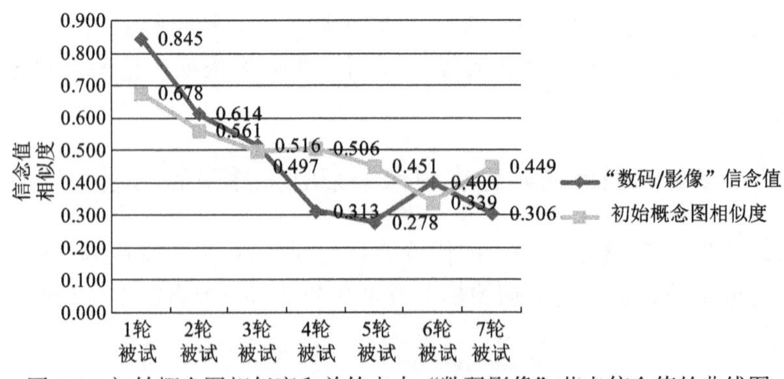

图 5-9　初始概念图相似度和首轮点击“数码影像”节点信念值的曲线图

表 5-4 是两者的相关分析，Pearson 简单相关系数等于 0.793，两变量是高度正相关，P 值为 0.033，小于 0.05，说明两个变量的相关关系显著成立。初始概念图的相似度和选择“数码/影像”的信念值显著正相关。

为了进一步分析两者的关系，我们假设两者是线性关系，下面进行一元线性回归分析。表 5-5 是回归方程的拟合优度检验，其中 R^2 是可决系数，说明因变量的方差中，自变量能解释 62.8%，模型拟合效果一般。

表 5-5　回归方程的拟合优度检验

模型	R	R^2	调整 R^2	估计值的标准误差	Durbin-Watson
1	0.793[a]	0.628	0.554	0.070 20	2.392

表 5-6 是方差分析表，表中的显著性值 P=0.033，说明显著性检验通过，被试初始概念图相似度和数码影像节点信念值线性关系显著。

表 5-6　方差分析表

模型	平方和	df	平均值	F	Sig.
回归	0.042	1	0.042	8.458	0.033
残差	0.025	5	0.005		
总和	0.066	6			

表 5-7 是系数表，(Constant) 表示截距，数码影像节点信念值表示斜率，最后一列是显著性水平，根据表 5-7 第三列截距和斜率的取值，可以得出回归方程如式 (5-3) 所示。

$$Y=0.309+0.403X+e_i \tag{5-3}$$

表 5-7　系数表

模型	非标准系数		标准系数	t	Sig.
	B	标准误差	Beta		
(Constant)	0.309	0.070		4.415	0.007
“数码/影像”节点信念值	0.403	0.139	0.793	2.908	0.033

式 (5-3) 说明，被试的初始概念图的相似度为 0 的时候，被试选择点击“数码/影像”的可能性为 30.9%，被试的初始概念图的相似度为 1 的时候，被试首轮选择点击“数码/影像”的可能性为 71.2%，该方程的拟合度是 62.8%，初始概念图相似度只能解释“数码/影像”信念值 62.8%的变化程度。

由此得出结论：被试初始概念图相似度和数码影像节点信念值呈显著正相关。说明初始心智模型和第 1 轮一级节点信念值相关，意味着初始心智模型和标准路径离得远，初始心智模型相似度越高，选择标准路径一级节点的信念值越高。

2. 初始心智模型相似度和搜索所需轮数相关性分析

这里采用的观测指标为：初始模型相似度和轮数相关性。

1) 选择理由

(1) 初始心智模型相似度：浏览之后的心智模型已经受到了分类目录的影响，只有初始心智模型相似度能表明被试原始心智模型和网站表现模型之间的不一致程度。

(2) 轮数：用户搜索过程中所需的从一级节点到枝叶节点搜索的次数就是轮数，用户每次从开始搜索到搜索失败后返回一级节点重新搜索，就会多增加一轮。因此，轮数可以衡量用户的搜索效率。

2) 结果分析

将七轮小组被试共 114 人的初始心智模型相似度和搜索轮数进行相关性分析，结果见表 5-8。从图 5-10 可以看出，搜索所需轮数越多的被试，大体上初始概念图的相似度越来越低，这里的各轮被试即为搜索到“电子词典”需要的不同轮数的被试。

表 5-8　初始概念图相似度和轮数相关分析结果

		轮数	初始概念图相似度
轮数	Pearson Correlation	1	–0.864*
	Sig. (2-tailed)		0.012
	N	7	7
初始概念图相似度	Pearson Correlation	–0.864*	1
	Sig. (2-tailed)	0.012	
	N	7	7

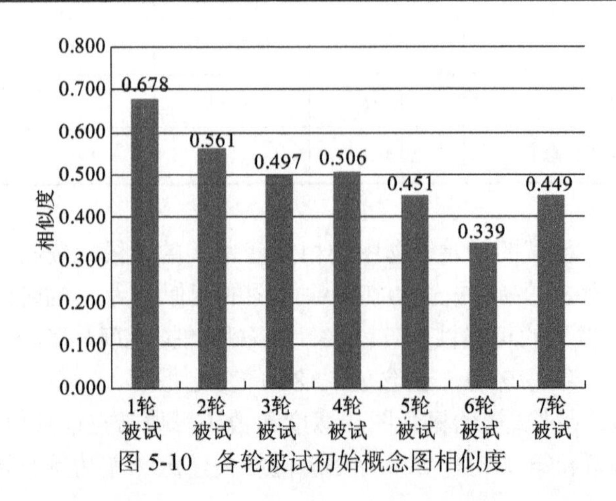

图 5-10　各轮被试初始概念图相似度

其中，搜索只需一轮的被试初始概念图相似度明显高于其他被试，由此，搜索 2 轮的被试初始概念图相似度降低的幅度最大，搜索 3、4 轮的被试概念图相似度有所降低，基本相同；而搜索 5 轮、7 轮被试的相似度基本相同，6 轮最低，5、6、7 轮比前面几轮的被试初始概念图的相似度有所下降，总体来说，需要轮数越多的被试初始概念图相似度越低。下面，我们对初始概念图相似度和搜索所需轮数做相关分析，表 5-8 为初始概念图相似度和轮数相关分析结果。

表 5-8 中，Pearson 简单相关系数等于−0.864，显然两者是高度负相关，而相关系数的假设检验 P=0.012，P<0.05，说明初始概念图的相似度和搜索轮数显著负相关。

下面，我们假设两者是线性关系，对初始概念图相似度和搜索轮数做回归分析。表 5-9 是回归方程的拟合优度检验，其中 R^2 是可决系数，说明因变量的方差中，自变量能解释 74.6%，模型拟合效果较好。

表 5-9　回归方程的拟合优度检验

模型	R	R^2	调整 R^2	估计值的标准误差
1	0.864	0.746	0.695	1.192 64

表 5-10 是方差分析表，表中的显著性值 P=0.012，说明显著性检验通过，被试初始概念图相似度和搜索需要轮数的线性关系显著。

表 5-10　方差分析表

模型	平方和	df	平均值	F	Sig.
回归	20.888	1	20.888	14.685	0.012
残差	7.112	5	1.422		
总和	28.000	6			

表 5-11 是系数表，(Constant)表示截距，初始概念图相似度表示斜率，最后一列是显著性水平，根据表 5-11 第三列的截距和斜率的取值，可以得出回归方程如式(5-4)所示。

$$Y=12.826-17.747X+e_i; \quad X \leqslant 72.27\% \tag{5-4}$$

表 5-11　系数表

模型	非标准系数		标准系数	t	Sig.
	B	标准误差	Beta		
(Constant)	12.825	2.347		5.465	0.003
初始概念图相似度	−17.747	4.631	−0.864	−3.832	0.012

根据式(5-4)，初始概念图相似度达到 66.63%时，被试 1 轮就能搜索到电子词典，初始概念图相似度为 61%时，被试通过 2 轮搜索到电子词典。该公式的拟合优度是 74.6%。

由此得出结论：通过数据被试初始概念图相似度和轮数呈显著负相关。说明初始模型概念决定着用户的搜索行为效率，初始心智模型概念和分类节点概念的不一致程度越高，用户搜索效率越低。

3. “电子词典”使用经历和初始心智模型一级节点相似度关联分析

这里采用的观测指标为：使用和未使用过“电子词典”的被试初始心智模型一级节点相似度的差异。

1) 选择理由

(1) 初始心智模型一级节点相似度：初始心智模型一级节点概念对初始心智模型影响最大，从一定程度上代表了用户的初始心智模型。

(2) 是否使用过“电子词典”：被试使用“电子词典”的经历表明了个体不同的认知背景。

2) 结果分析

我们比较使用过电子词典和未使用过电子词典的被试的初始概念图一级节点相似度，发现两组被试的一级节点相似度有显著性差异，如表 5-12 和表 5-13 所示是对使用和未使用过“电子词典”的初始概念图中一级节点的相似度做方差分析。

表 5-12　使用和未使用过电子词典被试初始一级节点相似度方差齐性分析

方差齐性检验	df_1	df_2	Sig.
1.164	1	139	0.283

表 5-13　使用和未使用过电子词典被试初始一级节点相似度方差分析

	平方和	df	平均值	F	Sig.
组间方差	0.656	1	0.656	4.944	0.028
组内方差	18.451	139	0.133		
总和	19.107	140			

方差齐性检验结果显示显著性水平 $P>0.05$ ($P=0.283$)，通过方差齐性检验。方差分析结果显示显著性水平 $P<0.05$ ($P=0.028$)，即使用和未使用过电子词典被试的初始概念图的一级节点相似度存在显著差异，其中未使用过电子词典被试的初始

概念图的一级节点相似度较小，而使用过电子词典被试的初始概念图的一级节点相似度较大。

因此，不同认知背景的被试，这里的认知背景是使用“电子词典”的经验，会影响被试形成初始商品需求表征的心智模型。而初始心智模型和网站表现模型差异的大小，又会影响被试在电子商务网站分类目录中的搜索效率。由认知理论，结构完好的知识结构，将控制信息加工的速度、准确性、有效组织、理解、记忆新输入的信息(徐春艳，2003)，同时，不同个人因为其不同的经历会导致不同的知识体系，不同的认知背景导致形成不同的商品需求表征的心智模型。

由此得出结论：被试有关“电子词典”不同的知识背景形成了对“电子词典”不同的商品需求表征的心智模型，从而也影响了被试在电子商务分类目录中的搜索效率。

验证假设 5-1：分类节点浏览就是用户对节点概念与心智模型概念的比较，其中初始模型概念和分类节点概念的不一致程度越大搜索效率越低。

5.3.2　网站分类目录节点的用户心智模型改变分析

本节分析是为了验证 5.1.3 小节给出的假设 5-2，基于搜索目标驱使，搜索中用户会依据分类节点修正心智模型，以摸索靠近实际储存有搜索目标的标准分类路径。

1. 浏览节点前和浏览节点后心智模型相似度显著性差异分析

本节分析采用的观测指标为：第 1 轮一级节点的浏览前后心智模型与一级节点相似度的差异，也就是将初始心智模型和第 1 轮一级节点的浏览后修正过的心智模型进行差异比较，即是这两个心智模型概念的差异比较。

1) 选择理由

(1) 第一次浏览节点前后心智模型相似度：一般搜索者在第一次浏览节点后，会受到比较大的影响，如果被试认为节点概念合理，会纳入知识图式中。

(2) 心智模型与一级节点相似度：因为要看受一级节点影响心智模型的变化，所以这里的相似度两个心智模型都是和一级节点概念进行比较。

2) 结果分析

表 5-14 列出了配对样本 t 检验的假设检验结果，五个一级节点概念“图书音像/数字”“数码/影像”“文化、办公用品”“苹果、电脑产品”“电脑、数码配件”影响下，被试心智模型基本上发生了显著的改变。表中，只有浏览“图书音像/数字”节点前后，P=0.953，P>0.05，没有显著性差异，心智模型没有发生显著改变。其他四个节点，P 值分别是 0.003、0、0 和 0.008，P<0.05，有显著性差

异，被试的心智模型发生了显著改变。由此得出结论：基于搜索目标驱使，搜索中，用户在浏览节点前后心智模型有显著差异，从而表明用户会依据分类节点修正心智模型。

表 5-14　被试在首轮浏览一级节点前后心智模型显著性差异分析

	配对	配对差异					t	df	Sig. (2-tailed)
		平均值	标准偏差值	均值的标准差	95%置信区间				
					下限	上限			
图书音像/数字	$\mathrm{Sim}(L_i，X_1)^1$ $\mathrm{Sim}(L_i，X_1)^2$	−0.000 7	0.127 71	0.011 96	−0.024 40	0.023 00	−0.059	113	0.953
数码/影像	$\mathrm{Sim}(L_i，X_2)^1$ $\mathrm{Sim}(L_i，X_2)^2$	0.073 51	0.259 79	0.024 33	0.025 31	0.121 72	3.021	113	0.003
文化、办公用品	$\mathrm{Sim}(L_i，X_3)^1$ $\mathrm{Sim}(L_i，X_3)^2$	−0.066 43	0.183 48	0.017 18	−0.100 48	−0.032 38	−3.866	113	0.000
苹果、电脑产品	$\mathrm{Sim}(L_i，X_4)^1$ $\mathrm{Sim}(L_i，X_4)^2$	0.040 72	0.101 39	0.009 50	0.021 90	0.059 53	4.288	113	0.000
电脑、数码配件	$\mathrm{Sim}(L_i，X_5)^1$ $\mathrm{Sim}(L_i，X_5)^2$	0.021 77	0.085 69	0.008 03	0.005 87	0.037 68	2.713	113	0.008

2. 心智模型相似度改变和分类节点信念值的相关性分析

本节分析采用的观测指标为：第 1 轮一级节点的浏览前后心智模型的差异值与分类节点信念值。

1) 选择理由

(1) 浏览前后心智模型的差异值：$\Delta = \mathrm{Sim}(S_i，S_j)^1 - \mathrm{Sim}(S_i，S_j)^2$，因为心智模型的改变与节点认知有关，所以，我们要对信念值和心智模型前后变化的相关性进行分析。

(2) 第 1 轮一级节点信念值：比较的是被试浏览第 1 轮一级节点前后心智模型的变化。

2) 结果分析

计算将 7 轮小组被试共 114 人的数据，将这些被试第 1 轮浏览一级节点前的初始心智模型与一级节点的相似度和浏览一级节点后的心智模型与一级节点的相似度改变程度，即 $\Delta = \mathrm{Sim}(L_i, X_j)^1 - \mathrm{Sim}(L_i, X_j)^2$ 和被试第 1 轮浏览一级节点时对一级节点的信念值进行相关性分析，结果见表 5-15。

表 5-15　各组被试第 1 轮浏览一级节点前后心智模型相似度和信念值

被试组别	图书音像/数字			数码/影像			文化、办公用品			苹果、电脑产品			电脑、数码配件		
	浏览前心智模型	浏览后心智模型	节点信念值	浏览前心智模型	浏览后心智模型	节点信念值	浏览前心智模型	浏览后心智模型	节点信念值	浏览前心智模型	浏览后心智模型	节点信念值	浏览前心智模型	浏览后心智模型	节点信念值
1 轮	0.28	0.28	0.43	0.38	0.46	0.85	0.28	0.26	0.62	0.19	0.19	0.30	0.21	0.21	0.30
2 轮	0.28	0.26	0.55	0.26	0.38	0.61	0.32	0.41	0.67	0.24	0.19	0.28	0.18	0.16	0.30
3 轮	0.27	0.26	0.67	0.26	0.30	0.52	0.27	0.38	0.77	0.21	0.18	0.23	0.16	0.12	0.22
4 轮	0.29	0.33	0.64	0.33	0.39	0.31	0.31	0.36	0.81	0.29	0.22	0.31	0.17	0.13	0.30
5 轮	0.23	0.20	0.44	0.20	0.35	0.28	0.31	0.38	0.75	0.20	0.18	0.36	0.15	0.13	0.30
6 轮	0.25	0.27	0.63	0.27	0.26	0.40	0.32	0.41	0.78	0.20	0.12	0.43	0.12	0.08	0.43
7 轮	0.31	0.33	0.67	0.33	0.41	0.31	0.29	0.37	0.64	0.21	0.18	0.22	0.12	0.11	0.28

首先，从表 5-15 罗列的各组被试第 1 轮浏览一级节点前后心智模型相似度和信念值数值来看，被试心智模型的变化和信念值相关，例如，对于 1 轮被试来说，该批被试对“数码/影像”节点的信念值较高，他们在浏览“数码/影像”前后心智模型相似度上升。另外，除了搜索 1 轮的被试，各组被试对“文化、办公用品”节点的信念值都比较高，此时被试心智模型相似度上升明显。

由表 5-16 可知，被试在浏览“图书音像/数字”“数码/影像”“文化、办公用品”节点时，对这三个节点的认知和心智模型相似度的改变相关关系显著。而被试对“苹果、电脑产品”“电脑、数码配件”节点的认知和心智模型的相似度改变相关关系不显著。

表 5-16　被试在首轮浏览一级节点前后心智模型变化程度和节点信念值相关关系

	图书音像/数字		数码/影像		文化、办公用品		苹果、电脑产品		电脑、数码配件	
	心智模型相似度变化	节点信念值	心智模型相似度变化	节点信念值	心智模型相似度变化	节点信念值	心智模型相似度变化	节点信念值	心智模型相似度变化	节点信念值
Pearson Correlation	1	−0.403	1	0.241	1	−0.355	1	−0.183	1	−0.099
Sig. (2-tailed)		0.000		0.010		0.000		0.052		0.295

续表

	图书音像/数字		数码/影像		文化、办公用品		苹果、电脑产品		电脑、数码配件	
	心智模型相似度变化	节点信念值	心智模型相似度变化	节点信念值	心智模型相似度变化	节点信念值	心智模型相似度变化	节点信念值	心智模型相似度变化	节点信念值
N	114	114	114	114	114	114	114	114	114	114
Pearson Correlation	−0.403	1	0.241	1	−0.355	1	−0.183	1	−0.099	1
Sig.（2-tailed）	0.000		0.010		0.000		0.052		0.295	
N	114	114	114	114	114	114	114	114	114	114

实验中，所有被试在搜索“电子词典”的过程中，大部分被试首轮选择“图书音像/数字”“数码/影像”“文化、办公用品”这三个节点，被试认为这三个节点和“电子词典”比较相关，因此，被试会受分类节点影响，特别是受他们认为和目标商品比较相关的分类节点的影响，根据分类节点修改心智模型。

由此得出结论：浏览节点时对某个节点的信念值高，那么心智模型相似度在浏览该节点前后上升；浏览节点时对某个节点的信念值低，那么心智模型相似度在浏览该节点前后下降。说明被试看到某节点后有提示，心智模型改变，对节点有更高的认可度。

验证假设 5-2：基于搜索目标驱使，搜索中，用户会依据分类节点修正心智模型，以摸索靠近实际储存有搜索目标的标准分类路径。

5.3.3　用户分类节点选择与分类节点认知的相关分析

本节分析是为了验证 5.1.3 小节提出的假设 5-3：分类节点的选择取决于节点概念与心智模型概念对照匹配的结果。这项分析也为日后基于分类搜索行为分析用户的心智活动提供理论依据。

1. 分类节点信念值与分类节点选择关系

本节分析采用的观测指标为：被试选择节点和节点认知一致性。

1）选择理由

被试选择节点和节点认知一致性：考察被试选择分类节点时，是否选择节点信念值最高的节点，如果被试选择节点信念值最高的节点，那么被试分类节点的选择取决于分类节点认知。

2）结果分析

我们观测所有被试选择点击的节点和该节点信念值在同级所有节点中的情况，

结果见表 5-17。由表 5-17 可知，前 7 轮被试共点击节点 817 次，其中 802 次选择点击信念值最大的节点，一致性程度达到 98.16%。说明被试选择点击节点的过程遵循我们给出的分类搜索机制，即被试选择点击他认为的和“电子词典”最相关的节点，由此得出结论：分类节点选择时，被试选择节点和对节点认知的一致性程度高，分类节点选择的过程是节点概念与心智模型概念进行对照匹配的过程。

表 5-17　被试选择节点和节点认知一致性程度

点击次数	和节点认知一致次数	一致率
817	802	98.2%

2. 1～4 轮被试分类节点信念值与分类节点选择具体分析

1) 1 轮被试分类节点信念值与分类节点选择具体分析

如图 5-11 所示，1 轮被试在选择一级节点时，认为“数码/影像”的信念值最大，为 84.5%，其他比较相关的一级节点是“文化、办公用品”和“图书音像/数字”，不是很相关的是“苹果、电脑产品”和“电脑、数码配件”。由于电子词典有“数码”“学习”“办公”的属性，而该组被试的初始概念图中大部分首先想到的是“电子词典”的数码属性，该组被试网站表现模型和心智模型明显相似，被试对分类节点与目标任务做出自信的判断，搜索过程中反馈一直为赏，节点选择一直维持策略，直到搜索成功。

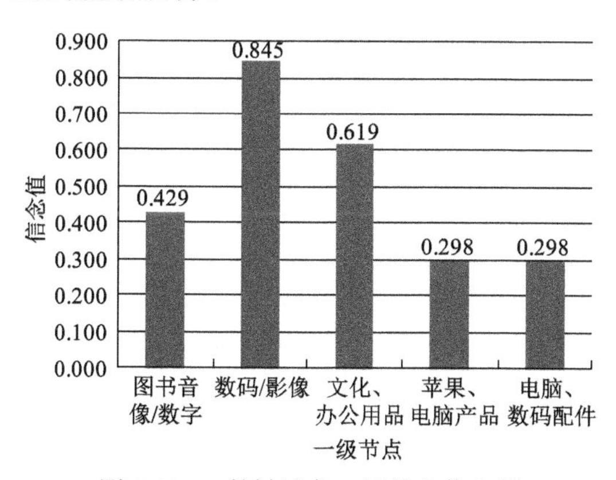

图 5-11　1 轮被试各一级节点信念值

2) 2 轮被试分类节点信念值与分类节点选择具体分析

如图 5-12 所示，2 轮被试第一轮认为三个大类：“文化、办公用品”“数码/影像”“图书、音像数字”的信念值比较大，分别是 67.4%、61.4%、54.5%，都在 60%左右。到第 2 轮，由于被试没有搜索到“电子词典”，重新认知各分类节点，修正自己的心智模型，尝试了被试一开始浏览的时候认为相关度差不多高的

“数码/影像”节点，此时被试受到分类节点的正反馈，认为正确的一级节点是“数码/影像”，“数码/影像”节点的信念值大幅度提升。

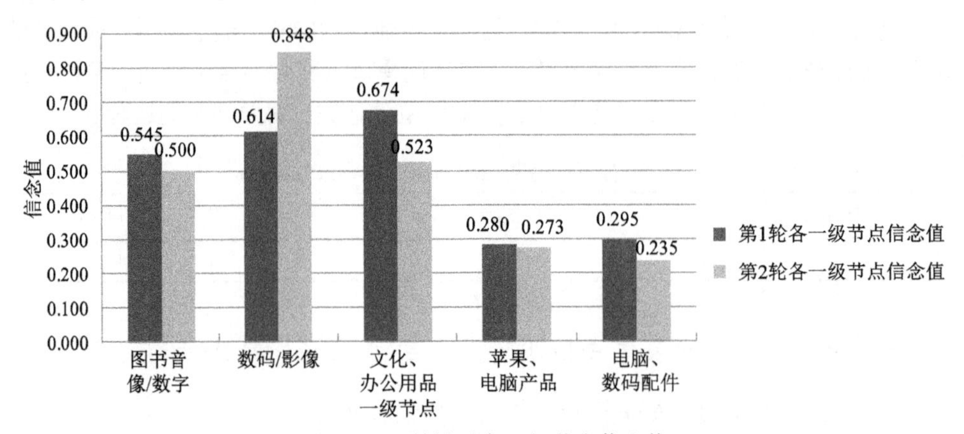

图 5-12　2 轮被试各一级节点信念值

图 5-13 表示了 2 轮被试首轮一级节点点击情况。

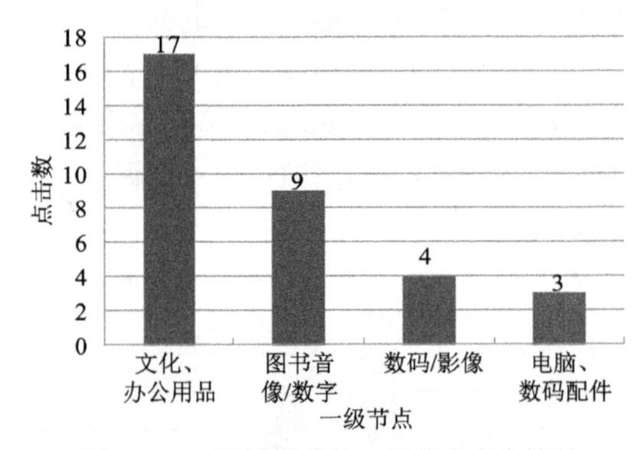

图 5-13　2 轮被试首轮一级节点点击情况

3) 3 轮被试分类节点信念值与分类节点选择具体分析

如图 5-14 所示，搜索 3 轮的被试在前两轮，有 37.5%的被试首先关注了学习属性；该组被试认为选择点击“文化、办公用品”“图书、音像数字”的信念值最大，“文化、办公用品”为 76.6%和 73.4%，“图书、音像数字”为 67.2%和 59.4%，和两轮搜索到电子词典的被试相比，搜索 3 轮的被试认为“数码/影像”的信念值比搜索 2 轮的被试小一些，“数码/影像”在所有节点中排在第 3。

该组被试更加关注电子词典的办公、学习和教育的特性。大部分被试认为“文化、办公用品”“图书、音像数字”的信念值比较大，达到了 70%左右，该组大部分被试前两轮尝试点击“文化、办公用品”，或者尝试点击“图书、音像数字”，在这两者之间跳转；因此会比搜索两轮的被试多一轮的尝试。在前两轮都没有搜索到“电子词典”的情况下，被试尝试选择点击信念值低些的“数码/影像”；因此到了第 3 轮，被试尝试选择点击“数码/影像”，前两轮数码/影像的信念值为 51.6%和 53.1%，到第 3 轮提高了将近 30%，“文化、办公用品”和“图书、音像数字”都降低了 10%左右。而其他的两个大类，“苹果、电脑产品”和“电脑、数码配件”的信念值一直比较低，3 轮都在 20%～30%，第 1 轮在 20%左右，后 2 轮达到了 30%左右。

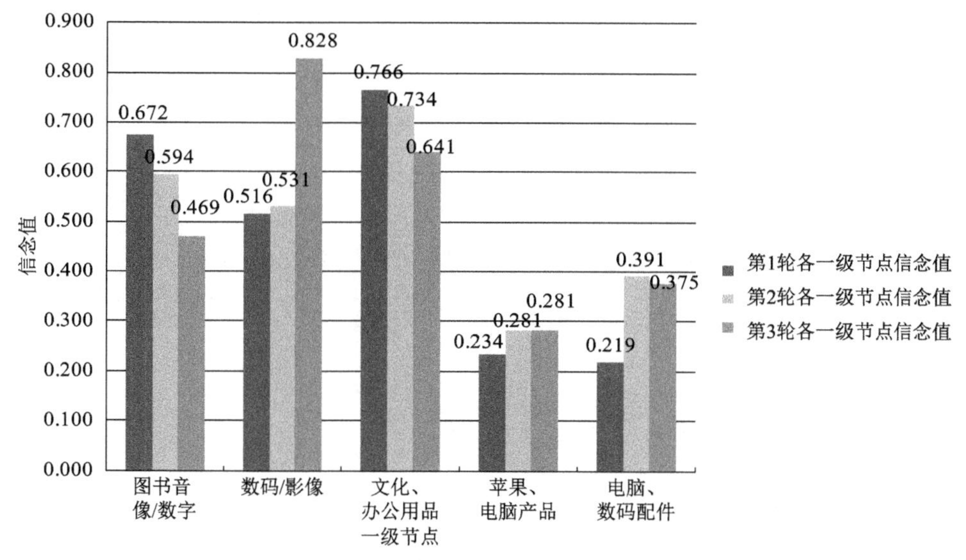

图 5-14　3 轮被试各一级节点信念值

被试选择点击的前 2 轮的概念节点情况如表 5-18 所示。

表 5-18　3 轮被试选择点击的前两轮的概念节点

第 1 轮	第 2 轮	人数/人
图书音像/数字	文化、办公用品	4
图书音像/数字	图书音像/数字	2
文化、办公用品	图书音像/数字	4
数码/影像	文化、办公用品	1
文化、办公用品	苹果、电脑产品	1
苹果、电脑产品	文化、办公用品	1
文化、办公用品	电脑、数码配件	2

4) 4 轮被试分类节点信念值与分类节点选择具体分析

如图 5-15 所示，搜索 4 轮的被试有 16 人，该组被试前 3 轮虽然一直在调整心智模型，但是受到初始心智模型的影响，被试选择了不标准的分类节点路径，因此又受到不正确的表现模型的影响，因此被试前 3 轮一直没有搜索到电子词典，被试一直受到负反馈，因此一直调整心智模型，直到调整到选择正确的一级节点，被试受到了分类节点正反馈，直到搜到电子词典。

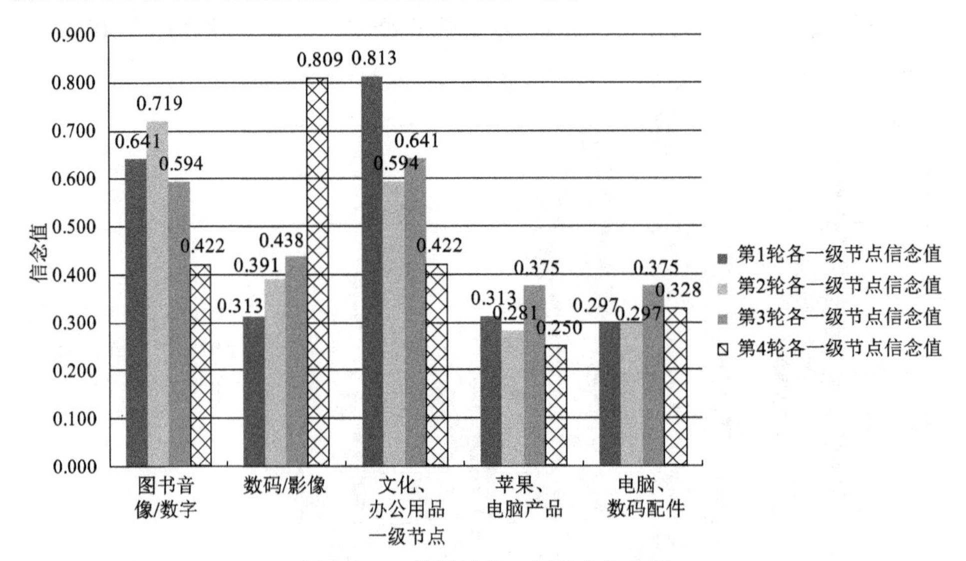

图 5-15　4 轮被试各一级节点信念值

被试选择点击的前 3 轮的概念节点情况如表 5-19 所示。

表 5-19　4 轮被试选择点击的前 3 轮的概念节点

第 1 轮	第 2 轮	第 3 轮	人数/人
图书音像/数字	文化、办公用品	苹果、电脑产品	2
图书音像/数字	文化、办公用品	文化、办公用品	2
图书音像/数字	图书音像/数字	文化、办公用品	1
图书音像/数字	图书音像/数字	图书音像/数字	1
文化、办公用品	图书音像/数字	图书音像/数字	2
文化、办公用品	图书音像/数字	文化、办公用品	2
文化、办公用品	图书音像/数字	苹果、电脑产品	1
文化、办公用品	图书音像/数字	电脑、数码配件	1
文化、办公用品	文化、办公用品	文化、办公用品	2
文化、办公用品	电脑、数码配件	文化、办公用品	1
数码/影像	电脑、数码配件	图书音像/数字	1

3. 5～7 轮被试分类节点信念值与分类节点选择具体分析

本节分析采用的观测指标为：5～7 轮被试完成任务的小组分类节点信念值与分类节点选择的关系。

1) 5 轮被试分类节点信念值与分类节点选择具体分析

图 5-16 是 5 轮被试的各一级节点的信念值，该组被试比较盲目，一直受到错误的分类节点路径的影响，在第 1 轮，被试认为“数码/影像”的信念值在五个一级节点中最低，“文化、办公用品”和“电脑、数码配件”的信念值较高，从总体来看，前 4 轮被试一直认为“数码/影像”的信念值最低，被试一直在尝试其他的节点，节点选择的范围也不是局限在“图书音像/数字”和“文化、办公用品”，而是除了“数码/影像”之外的其他几个一级节点。因此，概念图相似度受到分类节点的影响，越来越低，在尝试了其他几个节点后都没有搜索到“电子词典”，最后一轮被试只好选择尝试了“数码/影像”，被试的概念图相似度从低谷一下升到了顶峰。被试选择点击的前 4 轮的概念节点情况如表 5-20 所示。

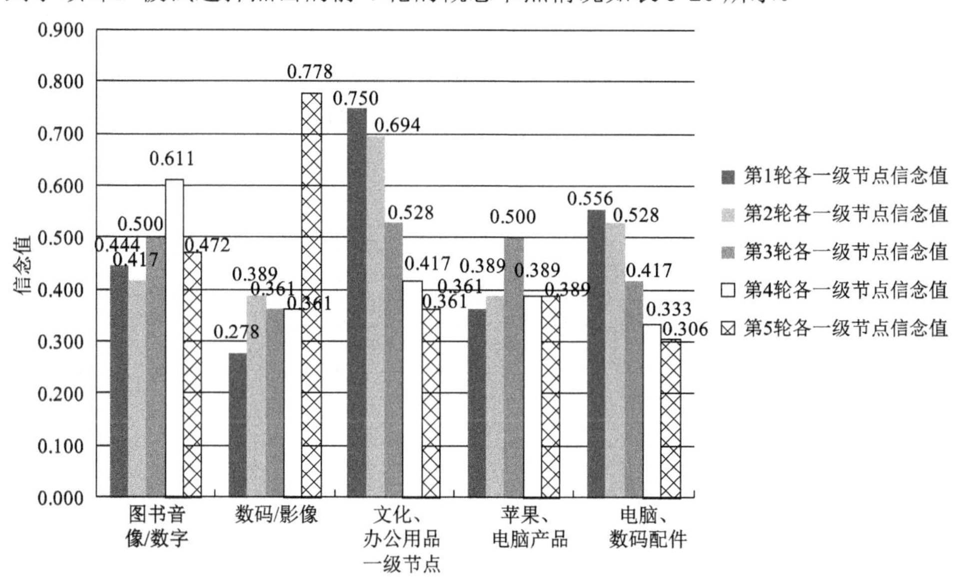

图 5-16　5 轮被试各一级节点信念值

表 5-20　5 轮被试选择点击的前 4 轮的概念节点

第 1 轮	第 2 轮	第 3 轮	第 4 轮	人数/人
文化、办公用品	电脑、数码配件	图书音像/数字	图书音像/数字	1
文化、办公用品	文化、办公用品	文化、办公用品	文化、办公用品	1
文化、办公用品	图书音像/数字	电脑、数码配件	文化、办公用品	1
文化、办公用品	电脑、数码配件	苹果、电脑产品	图书音像/数字	1

续表

第 1 轮	第 2 轮	第 3 轮	第 4 轮	人数/人
电脑、数码配件	文化、办公用品	图书音像/数字	图书音像/数字	1
电脑、数码配件	电脑、数码配件	文化、办公用品	苹果、电脑产品	1
电脑、数码配件	文化、办公用品	苹果、电脑产品	图书音像/数字	1
图书音像/数字	数码/影像	文化、办公用品	电脑、数码配件	1
图书音像/数字	文化、办公用品	苹果、电脑产品	图书音像/数字	1

2)6 轮被试分类节点信念值与分类节点选择具体分析

图 5-17 是 6 轮被试的各一级节点的信念值，该组被试和 5 轮被试相似，比较盲目，一直受到错误的分类节点路径的影响，在第 1 轮，被试认为“数码/影像”的信念值在五个一级节点中最低，认为“文化、办公用品”的信念值最高。第 1 轮被试都选择“文化、办公用品”“图书、音像数字”节点，第 2 轮开始被试还尝试了“电脑、数码配件”“苹果、电脑产品”“数码/影像”节点，因此，被试概念图中更多关注了“数码属性，”但是都没有搜索到电子词典，到第 6 轮的时候，这批被试尝试了“数码/影像”，搜索到了正确的结果。被试选择点击的前 5 轮的概念节点情况如表 5-21 所示。

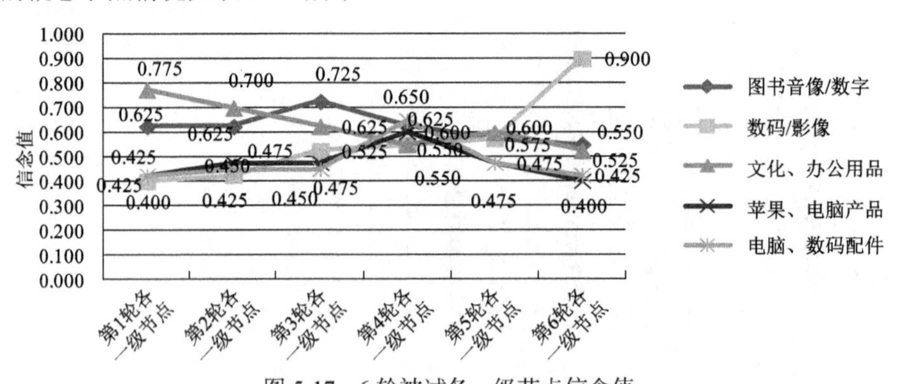

图 5-17 6 轮被试各一级节点信念值

表 5-21 6 轮被试选择点击的前 5 轮的概念节点

第 1 轮	第 2 轮	第 3 轮	第 4 轮	第 5 轮	人数/人
文化、办公用品	文化、办公用品	图书音像/数字	电脑、数码配件	数码/影像	1
文化、办公用品	文化、办公用品	图书音像/数字	电脑、数码配件	苹果、电脑产品	1
文化、办公用品	图书音像/数字	文化、办公用品	图书音像/数字	文化、办公用品	1
文化、办公用品	图书音像/数字	苹果、电脑产品	电脑、数码配件	文化、办公用品	1

续表

第 1 轮	第 2 轮	第 3 轮	第 4 轮	第 5 轮	人数/人
文化、办公用品	图书音像/数字	图书音像/数字	苹果、电脑产品	图书音像/数字	1
文化、办公用品	苹果、电脑产品	图书音像/数字	电脑、数码配件	数码/影像	1
文化、办公用品	电脑、数码配件	图书音像/数字	图书音像/数字	苹果、电脑产品	1
图书音像/数字	图书音像/数字	图书音像/数字	文化、办公用品	苹果、电脑产品	1
图书音像/数字	苹果、电脑产品	文化、办公用品	苹果、电脑产品	电脑、数码配件	1
图书音像/数字	数码/影像	数码/影像	电脑、数码配件	数码/影像	1

3) 7 轮被试分类节点信念值与分类节点选择具体分析

图 5-18 是 7 轮被试的各一级节点的信念值，7 轮被试的信念值中，“图书音像/数字”节点和“文化、办公用户”节点的信念值在前几轮一直都很高，而“数码/影像”节点的信念值在前几轮基本上一直处于第三的位置，说明该组被试比较固执，一直在“图书音像/数字”节点和“文化、办公用户”节点之间跳转，不愿意尝试其他节点，因此所需轮数也是最多。到最后 2 轮，该组被试的“数码/影像”节点的信念值才迅速上升。

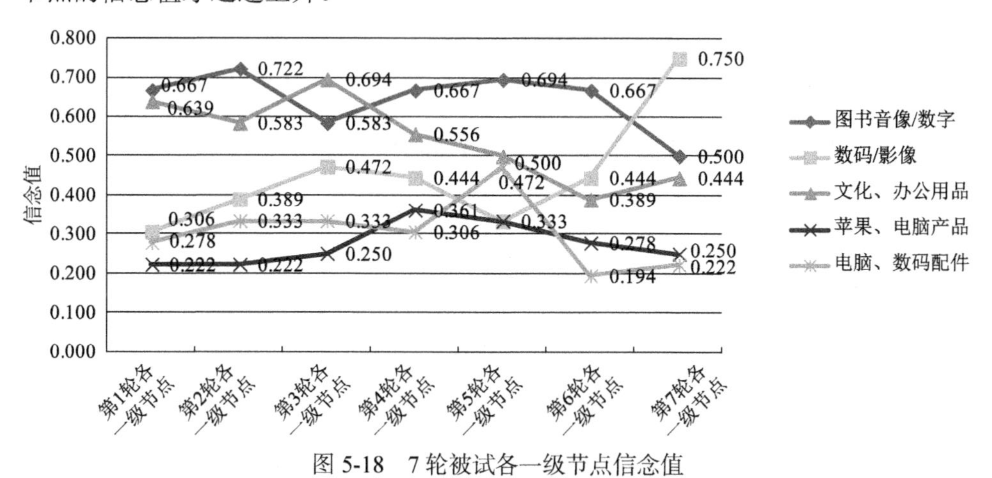

图 5-18　7 轮被试各一级节点信念值

被试选择点击的前 6 轮的概念节点情况如表 5-22 所示。

表 5-22　7 轮被试选择点击的前 6 轮的概念节点

第 1 轮	第 2 轮	第 3 轮	第 4 轮	第 5 轮	第 6 轮	人数/人
文化、办公用品	图书音像/数字	文化、办公用品	文化、办公用品	电脑、数码配件	数码/影像	1
文化、办公用品	图书音像/数字	电脑、数码配件	苹果、电脑产品	文化、办公用品	数码/影像	1

续表

第 1 轮	第 2 轮	第 3 轮	第 4 轮	第 5 轮	第 6 轮	人数/人
文化、办公用品	图书音像/数字	苹果、电脑产品	图书音像/数字	电脑、数码配件	苹果、电脑产品	1
文化、办公用品	电脑、数码配件	文化、办公用品	苹果、电脑产品	图书音像/数字	图书音像/数字	1
图书音像/数字	图书音像/数字	文化、办公用品	图书音像/数字	图书音像/数字	图书音像/数字	1
图书音像/数字	图书音像/数字	数码/影像	图书音像/数字	图书音像/数字	图书音像/数字	1
图书音像/数字	图书音像/数字	文化、办公用品	图书音像/数字	图书音像/数字	苹果、电脑产品	1
图书音像/数字	文化、办公用品	图书音像/数字	图书音像/数字	图书音像/数字	图书音像/数字	1
电脑、数码配件	文化、办公用品	文化、办公用品	文化、办公用品	图书音像/数字	图书音像/数字	1

由表 5-22 可知，2 轮及以上的被试基本上都选择了“文化、办公用品”和“图书音像/数字”，他们认为“文化、办公用品”和“图书音像/数字”和“电子词典”更加相关。被试更关注“电子词典”的“办公”“学习”“图书”属性，对“文化、办公用品”和“图书音像/数字”的信念值较高，并不愿意改变，搜索效率较低。

由此得出结论：用户在浏览选择分类节点时，会将分类节点与心智模型概念进行匹配，用户选择的节点概念是信念值最高的节点概念。

因此，验证假设 5-3：分类节点的选择取决于节点概念与心智模型概念对照匹配的结果。

5.3.4 分类搜索结果对心智模型变化影响特点分析

本节分析是为了验证 5.1.3 小节提出的假设 5-4：基于搜索目标驱使，搜索结果决定用户是否会修正心智模型。搜索失败，用户会通过修正心智模型，使其更接近标准分类路径；搜索成功，用户会维持原有心智模型，并作为经验带到以后的搜索活动中；从开始搜索到最终搜索到商品，与网站表现模型的差异越来越小。

1. 用户心智模型变化特点分析

本节分析采用的观测指标为：各组被试在一级节点和主要的二级节点的信念值在每一轮中的变化；各时间片下被试对主要节点的信念值变化。

1) 选择理由

(1) 各组被试在一级节点和主要的二级节点的信念值在每一轮中的变化：我们要观测的是搜索失败以后心智模型有什么改变，本实验中的信念值是被试心智模型的另一种表征，也即是在心智模型概念图的支持下对节点的认知结果。

(2) 各时间片下被试对主要节点的信念值变化：根据动态贝叶斯网络的原理，

需要考察在一定贝叶斯网的结构下，不同时间片的条件概率的动态变化，这里我们分析在不同时间片下一些主要节点信念值的动态改变。

2) 结果分析

A. 被试对分类节点认知的变化特点分析

(1) 理性认知特点明显：被试向标准路径的认知随着轮数增加逐步靠近，即一次次反馈失败，认知反省加大，逐步靠近标准路径。

从表 5-23 中可以看出，随着轮数的增加，各组被试关于“数码影像”和“学习阅读”的信念值不断提高，最终会不断向标准路径靠近，逐步远离非标准路径。2 轮被试和 3 轮被试的理性认知十分明显，在接到失败反馈结果后，2 轮被试和 3 轮被试能迅速调整认知，改变搜索策略，最终找到目标商品。

表 5-23　各组各轮关注较多节点信念值

一级节点		图书音像/数字				数码/影像			文化、办公用品				苹果、电脑产品	电脑、数码配件
二级节点			数字馆	图书	教育		娱乐影音	学习阅读		日常办公用品	办公设备	教具文具		
组别	轮数													
1 轮	1	0.43				0.85	0.27	0.94	0.62				0.30	0.30
2 轮	1	0.55	0.66	0.31	0.53	0.61	0.13	0.88	0.67	0.33	0.33	0.81	0.28	0.30
	2	0.50				0.85	0.24	0.92	0.52	0.52			0.27	0.23
3 轮	1	0.67	0.70	0.25	0.65	0.52	0.25	1	0.77	0.40	0.65	0.50	0.23	0.22
	2	0.59	0.75	0.25	0.65	0.53			0.73	0.25	0.25	1	0.28	0.39
	3	0.47				0.83	0.27	0.88	0.64				0.28	0.38
4 轮	1	0.64	0.67	0.67	0.83	0.31	0.5	1	0.81	0.39	0.29	0.75	0.31	0.30
	2	0.72	0.72	0.34	0.63	0.39			0.59	0.38	0.38	0.69	0.28	0.30
	3	0.59	0.56	0.38	0.56	0.44			0.64	0.41	0.47	0.63	0.38	0.38
	4	0.42				0.81	0.28	0.95	0.42				0.25	0.33
5 轮	1	0.44	0.63	0.50	0.88	0.28			0.75	0.33	050	0.58	0.36	0.56
	2	0.42				0.39	0.25	0.75	0.69	0.42	0.42	0.58	0.60	0.917
	3	0.50	1			0.36			0.53	0.58	0.42	0.58	0.50	0.42
	4	0.61	0.88	0.75	0.63	0.36			0.42	0.38	0.75	0.25	0.39	0.33
	5	0.47				0.78	0.33	0.81	0.36				0.39	0.31
6 轮	1	0.63	0.50	0.38	0.75	0.40			0.78	0.63	0.69	0.69	0.43	0.43
	2	0.63	0.42	0.50	0.83	0.43	0.50	0.75	0.70	0.50	0.63	1	0.48	0.45
	3	0.73	0.38	0.46	0.92	0.53	0.50	1	0.63	0.75	0.38	0.75	0.48	0.45

续表

一级节点		图书音像/数字				数码/影像			文化、办公用品				苹果、电脑产品	电脑、数码配件
二级节点			数字馆	图书	教育		娱乐影音	学习阅读		日常办公用品	办公设备	教具文具		
组别	轮数													
6轮	4	0.63	0.75	0.63	0.88	0.55			0.55				0.60	0.65
	5	0.58	0.25	1	0.75	0.58	0.42	1	0.60	0.38	0.25	0.88	0.48	0.45
	6	0.55				0.90	0.33	0.95	0.53				0.40	0.43
7轮	1	0.67	0.75	0.50	0.67	0.31			0.64	0.75	0.50	0.25	0.22	0.28
	2	0.72	0.56	0.38	0.44	0.39			0.58	0.25	0.50	0.50	0.22	0.33
	3	0.58	0.50	1	0.50	0.47			0.69	0.42	0.33	0.83	0.25	0.33
	4	0.67	0.80	0.50	0.55	0.44			0.56		1		0.36	0.31
	5	0.69	0.79	0.42	0.67	0.33			0.50	0.50	0.50	0.75	0.33	0.47
	6	0.67	0.55	0.45	0.75	0.44	0.25	1	0.39				0.28	0.19
	7	0.50				0.75	0.25	0.75	0.44				0.25	0.22

(2) 选择“文化、办公用品”和“图书音像/数字”进行试错是导致搜索轮数增多的主要原因。

从表 5-23 中可以看出，多轮组被试试错明显，主要集中在“文化、办公用品”“图书音像/数字”中，特别是“数字馆”“图书”“教育”“日常办公用品”“办公设备”这几个二级节点，选择的人数多，信念值也较高，说明被试还是比较关注“电子词典”的“办公”和“图书”属性，另外，根据二级节点，被试较多关注“办公”和“图书”下的“学习”和“教育”属性。

“文化办公”认知和“图书音像”认知是导致用户心智模型和网站表现模型不一致主要原因，各组被试对“文化、办公用品”和“图书音像/数字”的认知呈现如下规律：初期预期较高，失败反馈强迫修正，整体显示预期整齐下降规律。而对“数码/影像”的认知在初期预期较低，均在搜索到电子词典的前一轮预期发生较大的变化，预期增高明显。这说明很多被试都受到一级节点“文化、办公用品”和“图书音像/数字”影响，“文化、办公用品”和“图书音像/数字”是导致搜索所需轮数不同的主要原因。这可能是由于被试将过去从其他网站或者其他途径习得的知识迁移到本实验搜索过程中，在本实验中受到分类目录的影响，心智模型发生改变。

B. 各时间片下主要节点信念值的变化

(a) 各时间片下“图书音像/数字”信念值变化呈平缓下降趋势

如图 5-19 所示，总体来说，各时间片下，被试对“图书音像/数字”的信念值都呈现平缓下降趋势。最后一轮，搜索到“电子词典”时，该节点信念值下降幅度很大。被试受到搜索失败的结果反馈后，不断地调整自己的心智模型，逐步靠近标准分类路径。

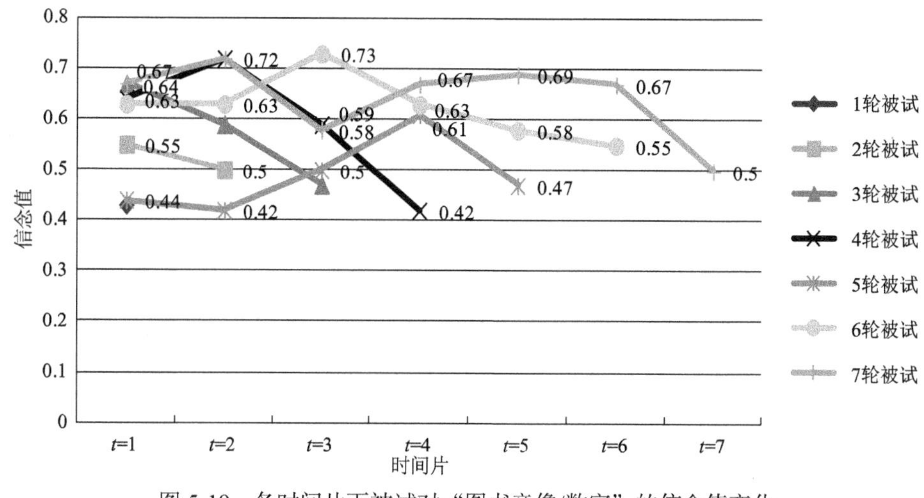

图 5-19　各时间片下被试对“图书音像/数字”的信念值变化

(b) 各时间片下“数码/影像”信念值变化呈上升趋势

如图 5-20 所示，在各时间片下，被试对“数码/影像”的信念值中越来越高，特被试最后一个时间片，被试对“数码/影像”的信念值提高得很快，说明基于搜索目标驱使，在目标商品搜索过程中，被试受到搜索结果反馈，将该节点纳入知识图式中，不断靠近标准路径。

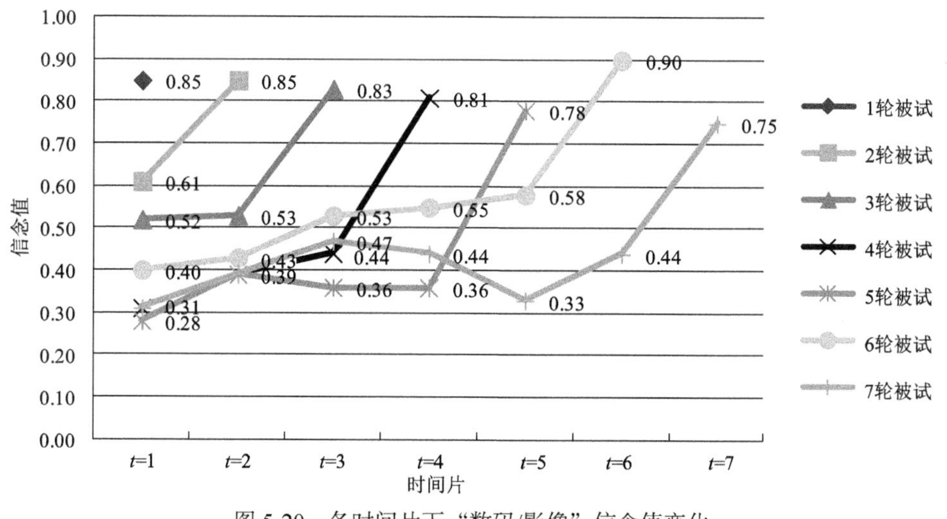

图 5-20　各时间片下“数码/影像”信念值变化

其中，1～5 组曲线呈单调上升，6～7 组曲线上升曲折，这也表明该两组搜索效率低的直接原因是其对标准路径的认知呈曲折状态。

(c) 各时间片下“文化、办公用品”信念值变化呈直线下降趋势

如图 5-21 所示，在各时间片下，被试对“文化、办公用品”的信念值越来越小，基于搜索目标的驱使，被试认为“电子词典”有学习、办公属性，和“文化、办公用品”相关程度高。但是在搜索过程中，受到搜索失败的反馈，被试对该节点的信念值越来越低，到最后一轮搜索到“电子词典”，大部分被试对该节点的信念值降到最低。

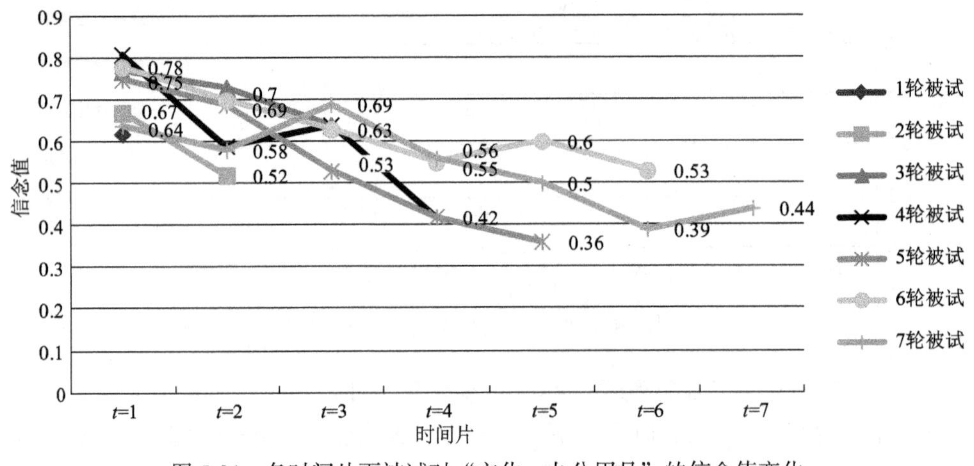

图 5-21　各时间片下被试对“文化、办公用品”的信念值变化

由此得出结论：在搜索的过程中，“文化办公”认知和“图书音像”认知是导致用户心智模型和网站表现模型不一致的主要原因，各组被试对“文化、办公用品”和“图书音像/数字”的认知呈现如下规律：初期预期较高，失败反馈强迫修正，整体显示预期整齐下降规律。因此，被试向标准路径的认知随着轮数增加逐步靠近，即一次次反馈失败，认知反省加大，逐步靠近标准路径。

2. 用户初期心智模型和末期心智模型比较

本节分析采用的观测指标为：首轮和最后一轮被试对分类标准路径信念值的差异。

根据 5.2.3 小节中式(5-1)的思想，具体采用式(5-5)计算被试首轮对分类标准路径的信念值。

$$\Theta_i = 1/2 \times \theta_i\text{(数码/影像)} + 1/3 \times \theta_i\text{(学习阅读)} + 1/6 \times \theta_i\text{(电子词典)} \tag{5-5}$$

其中，Θ_i 为被试 i 对标准路径的信念值；θ_i(数码/影像)为被试 i 对“数码/影像”

的信念值；θ_i(学习阅读)为被试 i 对“学习阅读”的信念值；θ_i(电子词典)为被试 i 对“电子词典”的信念值。

分别计算每个人在首轮对分类标准路径信念值 Θ_{i1} 和最后一轮对分类标准路径信念值 Θ_{i2}，进行显著性差异分析

1) 选择理由

被试首轮和最后一轮被试对分类标准路径信念值的差异：在本实验中，信念值是用户心智模型的一种量化表征，也是用户心智模型概念图与分类节点认知比较的结果。

2) 结果分析

下面对所有被试首轮信念值 Θ_{i1} 和末期信念值 Θ_{i2} 做显著性差异分析，结果见表 5-24。被试在完成搜索后，对分类标准路径的认知发生了显著改变，P=0.005，P<0.05，结果表明被试在首轮搜索和最后一轮搜索时对分类标准路径的信念值有显著性差异。

表 5-24　首轮信念值 Θ_{i1} 和末期信念值 Θ_{i2} 显著性差异分析

配对样本检验									
		配对差异					t	df	Sig. (2-tailed)
		平均值	标准偏差值	均值的标准差	95%置信区间				
					下限	上限			
配对	初期信念值-末期信念值	−0.429 71	0.264 46	0.099 96	−0.674 30	−0.185 13	−4.299	6	0.005

图 5-22 是被试分别在首轮搜索和最后一轮(末期)搜索时对分类标准路径的信念值，从图中可以看出，各小组首轮信念值 Θ_{i1} 和末期信念值 Θ_{i2} 呈不同变化状态。由于 1 轮被试只搜索 1 轮，而 2～4 被试在初期对分类标准路径的信念值在 0.5 左右，而 5～7 轮的被试在初期对分类标准路径的信念值在 0.2 左右；而各组被试在末期对标准路径的信念值都接近 0.8 及以上，初期-末期关于标注路径信念值的变化跨度越大，说明被试接受失败反馈，及时调整认知策略，靠近标准路径的认知动机明显。

由此，验证假设 5-4：基于搜索目标驱使，搜索结果决定用户是否会修正心智模型。搜索失败，用户会通过修正心智模型，使其更接近标准分类路径；搜索成功，用户会维持原有心智模型，并作为经验带到以后的搜索活动中；从开始搜索到最终搜索到商品，与网站表现模型的差异越来越小。

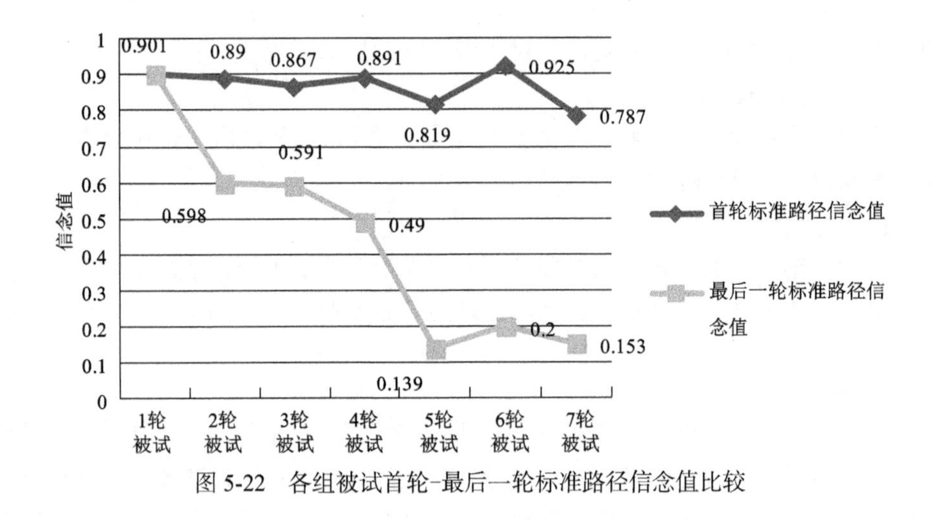

图 5-22 各组被试首轮-最后一轮标准路径信念值比较

5.4 总结与讨论

5.4.1 结果分析

1. 研究结论

1) 初始心智模型与分类节点搜索效率有很大关系

用户分类节点选择，并形成各自的搜索路径，是用户心智模型支持使然；不同认知背景的被试，这里的认知背景是使用“电子词典”的经验，会影响被试形成初始心智模型。而初始心智模型和网站表现模型差异的大小，又会影响被试在电子商务网站分类目录中的搜索效率。因此，分类搜索先验知识有着决定性作用。

2) 分类节点认知调整和心智模型改变有很大关系

被试给出首轮“数码/影像”信念值时依赖于初始概念图一级节点相似度，但是在后面的搜索中，被试的心智模型受到分类节点影响发生改变，通过分类搜索中的每一层级节点与目标任务相似度判断值与用户各层级概念图相似度比较，表明基于搜索目标驱使，搜索中，用户在浏览节点前后心智模型有显著差异，从而表明用户会依据分类节点修正心智模型，以摸索靠近实际储存有搜索目标的标准分类路径。

3) 被试分类节点的选择依赖于被试对分类节点的认知

用户分类搜索行为路径形成是用户认知演化的结果，而导致认知改变的主要原因来自网站表现模型框架的刺激影响，由此说明分类具有学习功能，好的分类会引导用户搜索知识图式从个体局限性向完整性方向转化，而糟糕的分类则会扰乱用户的认知系统。

4) 被试心智模型动态改变，逐渐靠近标准路径

用户对分类节点的认知遵循赏罚机制，也即是基于心智模型对照比较的结果。用户搜索过程中遵循的赏罚机制为，基本赏罚假设是：具有稳定不变的偏好、学习能力和信号识别能力及基本行为能力的个体，与外界信号相互作用，产生一个能被个体识别的状态，或者说个体能接收到外界环境的反馈信号，经识别，该信号或状态与稳定偏好进行“对照”，如果与稳定偏好的取向相同，则形成“赏”的评价，表现为强化效应行为(并存储该信号与稳定偏好的同向关联——进入记忆)；反之个体形成“罚”的评价，表现为负强化效应，并存储该信号与稳定偏好的反向关联(黄凯南，2004)。

2. 对网站商品分类目录改善的建议

1) 科学构建网站商品分类目录十分重要

由用户心智模型动态测量实验中，网站分类节点影响用户心智模型的改变，从而影响用户对分类节点的认知，影响用户分类节点的选择路径，最后导致用户搜索效率下降。因此，一个坏的分类目录，会使用户认知负荷加大，搜索效率下降，最后导致网站客户流失。从目前来看，淘宝网在不断改进其分类目录，这说明电子商务网站的确对分类很重视。本章研究表明，眼下电子商务网站分类目录建设确实存在用户认知与分类架构师之间的认知差距，如淘宝网更为口语化类名的标注，使用起来会方便，但容易干扰用户对具体类目的定位；易趣更为专业化的类名则会让用户难于理解，从而选择错误的大类，等等。因此，电子商务网站科学构建网站商品分类目录十分重要。

2) 考虑对具有多重属性特征的商品多途径归类

拿本章中的目标商品“电子词典”来说，截止到 2012 年 12 月 24 日，各大网站对“电子词典”的分类路径如下。

(1) 淘宝网有两条分类路径：①文化用品市场→电子文具→电子词典；②数码市场→办公/电教→电教→电子词典。

(2) 当当网有一条路径：手机、数码→时尚影音→电子教育→电子词典。

(3) 亚马逊有一条路径：电脑、办公→办公及学生用品→电子教育→电子词典。

(4) 易趣网有一条路径：电脑、办公、笔记本(全新 二手)→办公→电子词典/学习机。

(5) 京东商城的路径和当当网类似：手机、数码→时尚影音→电子词典。

(6) 易迅网有一条路径：苹果/影像/数码→学习阅读→电子词典。

下面分析被试首轮选择一级节点的情况，所有被试首轮点击各一级节点的人数比例如图 5-23 所示，在首轮选择一级节点时，146 名被试中有 60 人选择了“文化、

办公用品”，占到总数的41.1%；有44人选择了“图书音像/数字”，占到总数的30.1%；有28名被试选择了“数码/影像”，占到总人数的19.2%，另有11人选择了“电脑、数码配件”，3人选择“苹果、电脑产品”，分别占到7.5%和2.1%。因此，大部分被试选择了“文化、办公用品”“图书音像/数字”“数码/影像”。

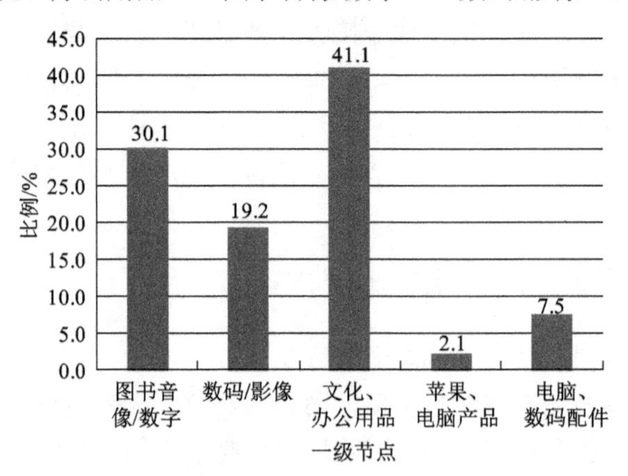

图 5-23　所有被试首轮点击各一级节点的人数比例

实际网站对“电子词典”归类时，只有淘宝网将“电子词典”归在“数码”和“文化办公”两个大类下，满足了大部分用户搜索“电子词典”的需求。而其他电子商务网站，将“电子词典”归类时要么归在“数码”大类下，要么归在“文化办公”下，只满足了一半用户的需求，会使另外一部分和网站表现模型差异大的用户在这些网站搜索时搜索效率低下。因此，电子商务网站在设置商品分类目录时，可以向淘宝网学习，考虑对如“电子词典”那样有多重属性特征的商品，进行多途径归类。

3)考虑根据用户自定义分类节点概念改善网站分类目录

实验中，我们通过概念图法获取用户对“电子词典”的300多个概念。因此，网站商品分类目录改善，可以通过获取用户对商品提出的不同的主题概念，并形成用户商品概念云图，在此基础上对用户概念进行聚类，由此与网站现有分类目录进行差异分析与评价，并作为网站分类目录动态调整的依据。或者，充分利用网站现有分类目录的科学性的基础上，同时考虑用户的心智模型，将网站分类目录与用户自定义的概念进行有机结合。可通过跳出弹出框，让用户给出自己定义的分类节点概念，在网站分类目录与用户自己定义分类节点概念之间建立自动映射，直接依据用户概念云图实现商品的分类搜索。

5.4.2　未来研究

以下对本章已有研究工作的不足之处和未来可以继续开展的研究进行了总结

和展望。

1) 理论研究的深度还有待加强

本章研究主要结合语言学、符号学、认知心理学、符号表征理论、心智模型理论，形成基于心智模型的电子商务分类搜索机制，分析用户在电子商务网站分类搜索中的心智模型形成及心智模型动态改变机制。这些分析的不足主要有：第一，我们只是研究了用户在使用电子商务平台时的心智模型的形成，没有深入研究用户心智模型形成的影响因素，实际上用户心智模型是一个由基因、环境、社会制度等相互作用，在人们漫长的成长过程中形成的，是一个十分复杂的过程。这里，我们只是简单给出了背景知识的概念，并没有深入研究被试之间背景知识的差异，深入研究背景知识对心智模型形成及改变过程中的影响。第二，现有的网络资源大多按照体系分类法进行设置，有的网站还会结合分面组配式分类等方法进行设置分类目录，本章只是针对用户使用根据体系分类法设置的电子商务分类平台时，用户的心智模型改变机制及分类搜索机制，以后还可尝试结合分面组配式分类等方法进行设置分类目录的情境。

2) 心智模型测量方法还可进一步探索

心智模型的测量方法的研究目前还在探索阶段，我们采用了概念图法，聚类法，概念图相似度计算方法及引用了贝叶斯网络的思想，测量商品需求表征的心智模型和心智模型的动态改变。目前，这些方法只是尝试和探索，只适用于本章，还不能形成成熟的方法体系，如果将这些方法移植到其他研究情景中，还需要将进一步修正和完善。

3) 不同群组心智模型的特点分析还有待进一步挖掘

第 5 章面向网站商品分类目录的用户心智模型测量实验中，我们只将用户心智模型聚为三个群组，并且分析和网站表现模型聚为一类的群组，以及和网站表现模型没聚在一起的群组之间搜索效率的差异。在后面的研究中，可以分析不同群组间的心智模型差异，以及不同群组用户心智模型的特点，分析不同群组的用户除了搜索时间之外不同的搜索行为表现。

4) 基于动态实验的心智模型特点分析还有待进一步挖掘

我们只分析了不同搜索轮数的被试心智模型与网站表现模型的差异。在后面的研究中，可以进一步将所有被试分组，可以根据用户的基本信息，如性别、认知风格、认知习惯、年级、是否使用过电子词典等，将用户分类，分析不同群组下用户心智模型的改变机理。对于用户给出的概念图，除了计算概念图的相似度外，还可以分析不同被试间概念图的特征及概念图变化的特点。

另外，希望在以后的研究中，能和实际网站结合，通过网站日志数据或者设计程序，将实验设计和实际网站平台结合，让被试在实际网站上完成搜索实验，获取用户实际搜索过程中的心理数据和行为数据。

第6章　基于用户心智模型的网站产品自定义分类目录研究

6.1　研究背景和意义

6.1.1　研究背景

网站分类目录是应用分类方法对丰富的网络资源进行组织和揭示的有效手段。尤其是电子商务网站的分类目录利用率很高，因此网站分类目录设计及优化是影响用户信息获取效率的关键因素。而目前网站分类体系研究存在以下两个问题。

1. 研究内容缺乏创新性

目前针对网站分类体系设计及优化的研究还是以系统为中心，主要集中在分类依据、标准等理论研究和分类的层次、粒度等具体现象的研究上，对用户认知的研究还比较缺乏，很少将用户认知体现在网站分类体系中。

2. 研究方法存在局限性

就研究方法而言，目前大多数网站采用传统的用户调研方式进行用户研究，而这些方法存在局限性，耗费成本高、获得信息较宏观，很难全面地搜集用户对网站的认知。例如，某知名电子商务网站存在用户无法利用网站分类目录找到所需产品的问题，采用电话调研、网上调研问卷等方式进行用户研究，结果都不够理想。

根据Norman(2002)提出的交互设计理论，认为网站的表现模型与用户心智模型越接近时，用户更能理解网站组织结构，能更高效地进行信息获取。心智模型是影响用户与网站交互时内在的认知模型，是用户关于网站的知识结构和信念体系。因此，在进行网站信息分类体系设计及优化时应尽量考查用户的心智模型，即用户关于网站分类体系的内在认知。

因此，针对以上两个问题，本章从认知角度出发，首先，探索分类的基本原理和方法。其次，探究如何利用的聚类分析法和多维尺度法，测量分析用户关于网站分类目录的认知。最后，选取某知名电子商务网站分类目录的真实数据为基础，对上述两项理论探索展开实证研究。

6.1.2　研究意义

本章对网站用户分类认知机制的探索、网站信息组织优化方法的探究，可以为优化网站分类目录提供依据，缩小网站信息组织与用户认知间的差异，提高用户在网站进行信息获取的效率。

1. 理论意义方面

(1) 本章从用户认知角度出发，探索分类的基本原理、分类方法及发展方向，以期从用户认知角度理解分类。主要完成了对网站用户分类认知机制的探索、网站信息组织优化方法的探究。本章“以用户为中心”的研究思路，完成了对用户行为产生的深层次理论问题的研究探讨，是对当前大多数以“以系统为中心”的网站分类目录的研究分支的理论深化和补充。

(2) 本章从概念层次出发，结合分类理论，设计实验测量用户心智模型。基于用户认知进行网站信息组织优化研究，将认知科学应用于信息构建领域，深化了网站信息构建研究的理论基础。

2. 实践意义方面

(1) 从网站用户研究来看，本章从实际数据出发，试图探索一种新的用户研究方式，测量用户关于网站分类目录的认知结构。如今大多数电子商务网站使用的用户研究方式主要包括：网页嵌入式调查问卷、发送邮件问卷、电话访谈等方式，但这些方式都存在局限性，涉及问题数量有限，问题较宏观，很难获取关于用户认知的细节数据。本章通过提取实际网站数据中用户关于网站分类目录的认知，为网站用户研究探索新方法。

(2) 从网站构建角度来看，为网站分类目录构建及优化提供新的思路和方法。针对基于等级式主题分类法、分面组配分类和学科分类法等传统分类法的网站分类目录的不足，本章尝试在网站分类目录构建过程中参考用户关于网站分类目录的认知，通过利用网站记录数据中有关用户对分类目录的认知情况，分析其与网站分类目录间的关系，进而构建更符合用户心智模型的网站分类目录，改进传统分类法网站分类体系不统一、类目不合理、不均衡、排列缺乏系统性等问题。

6.1.3　基于认知的网站分类相关研究

1. 基于认知的分类相关研究

一般意义上而言，分类就是依据种类、性质、等级、功能等不同属性将原本无规律的事物归成不同类别，使事物更有规律。而本章中所研究的分类是从人类的认知角度，透过分类的表面特征，从人类的心理过程深层次探索分类的基本原理，梳理总结认知心理学领域分类的方法及其研究发展方向。

1）基于认知视角的分类概念

从认知角度而言，分类的心理过程通常被称为“范畴”（成军，2006）。范畴化是指人们从事物在种类、性质、功能、形状等各个属性的差异中看到相似性，并根据事物某一属性的相似性将其归为相同类别，从而形成概念的过程和能力，这是对外界事物进行类别划分的心智过程，也是形成关于客观事物的主观概念及分类结构的理性活动。

针对这一观点，许多专家学者针对人们是否依据事物的“相似性”进行范畴化这一问题进行了大量的实验和研究。前苏联著名心理学家维果茨基（1997）针对儿童概念形成的实验研究证明：概念形成包括三个阶段：一是概念混合，该阶段形成概念的混合意向，以模糊的主观关联为基础，本质上是误认为事物间存在关联的主观判断；二是复合思维，该阶段，依据事物在不同属性或维度上的相似性进行分类；三是潜在概念，根据主观认识的事物间的相似程度，按照最大相似性进行分类。张光鉴（1992）认为，人们能够对客观事物进行分类，依据正是他们头脑中已经储存的经验，即相似块。基于这些相似块，人们去对比分析、鉴别那些繁杂的客观事物的属性，再把映射到大脑中的信息进行过滤，最后采用想象、联想或类比的形象思维方法和归纳演绎的逻辑思维方法来进行分类。但是不管采用何种分析方法，都必然离不开相似原理。史厚敏（2006）提出，分类是人类的一种基本思维活动，由于人类心智中存储着关于类别划分的心理机制，不论初级的认知活动还是复杂的高级认知活动都属于范畴化。刘果元和阴国恩（2006）假定分类还可看作信息加工的过程，且主要包括以下一系列认知操作：获取分类目标对象信息；确定对象间的相似点和差异点；概括对象间的共同属性以形成类标准；选择类标准；将分类对象进行分组等。

综上所述，从认知角度而言，分类是基于事物某种属性间的相似性对事物进行归类的一种认知活动，是形成概念及事物分类结构的一个心智过程，是利用人们类属划分的心理机制的思维活动，是需要综合运用感知能力、比较能力、抽象概括能力三种基本认知能力的信息加工过程。

2）认知心理学领域的分类方法

目前，在认识心理学领域，通过研究人们采用怎样的方式对事物进行分类，主要归纳出三种典型的方法。

方法 1：相似性评估。该类方法是让被试对需要分类的对象进行相似性评估，搜集数据，形成相似性矩阵，最终对相似性矩阵进行计算，找到最能反映评估结果的表征。该类方法中使用最为普遍的测量方法是多维尺度法和聚类分析法。多维尺度法使用相似性评估将对象都放置在相似性空间中，其中相似性高的对象在空间中的位置比较接近，而相似性较低的对象则相互远离。聚类方法也是采用相似的方法这两种方法用来建立实验中刺激的心理学空间，辅助评估分类模型。

方法 2：判别测试。该类方法中，提供不同类别，依次向被试展示需要分类的对象，要求挑选所属类别。被试的选择能够反映所有类别的结构，并可以用来分析类别之间的边界。该方法被广泛应用于区分不同类型的模型。判别测试可以应用到具有大量参数的自然刺激中。在心理物理学中，Lovell(1971)利用判别测试提出的响应分类技术，能够推理引导两个对象间感知决定的界限。

方法 3：典型性评估(王墨耘，2007)。该类方法中，通常通过让被试进行对象典型性评级来完成研究目标。典型性是指类别内部对象的代表性，具体是指对象与类别内其他对象的相似性程度，相似程度高表明对象具有高的类别代表性，可作为类别内的典型代表。因为需要对每个对象都做出判断，该方法很难应用于较大的对象集。在有大量的对象并且很少属于同一类别的情况下，这种方法是非常低效的。

除了以上三种方法外，研究者还提出许多分类方法，这些方法的用途总体可归纳为以下几种：用于呈现类别分布的心理空间、用于确定被试如何在不同类别中进行选择、被试如何确定某个特定类别的对象(Sanborn et al.，2010)。

总体而言，认知心理学领域提出的分类方法均是从用户认知角度出发，采用不同的测试方法，搜集用户关于对象分类的认知数据，定量地测量分析用户关于研究对象的分类结构，展现用户关于对象类别的心智表征。

3)认知心理学领域的分类研究现状述评

分类活动研究作为认知心理学领域的一个研究热点受到广泛关注。将事物进行分类是已被广泛研究和建模的基本心智操作。这类研究最早开始于 Ahn 和 Medin(1992)用颜色和形状进行抽象作用的实验研究。发展至今，认知心理学领域的分类研究可分为分类能力发展、分类影响要素和分类规则三个方面。

(1)分类能力发展：尤其是针对儿童分类能力的发展，Nelson 等(1995)最早提出幼儿是感知地对物体进行分类，认为只有在快接近 1 周岁时，儿童才开始形成概念性分类，在形成足够数量的概念性属性之前，儿童都是首先考虑物体的感知特征，这也表明感知分类和根据概念性属性分类产生的结果不同。许多学者对此进行了验证，Mandler 和 McDonough(1993)利用熟悉范例发现，7 个月大的幼儿依据感知相似性区分飞机和鸟的图片，结果并不是很准确；而 11 个月大的幼儿就可以基于动物和机械的概念性差异区分这两者。Hudson 和 Nelson(1983)描述了早期的概念性表征系统，认为 2 岁儿童表现出的表征组织是空间性且是临时的，儿童的表征是不依赖于感知变量的。

(2)分类影响要素：国内外学者基于分类影响要素进行研究主要可分类两大

类，第一类为分类主体因素，主要考虑人的一般能力、个性、年龄等个体差异因素。例如，Meiran 和 Fischman（1989）认为被试的一般能力会影响分类结果。Mervis 等（1994）认为被试的个性是影响分类结果的一个重要因素。阴国恩（1996）的研究认为儿童分类结果受年龄因素制约。第二类为分类对象因素，主要考虑分类对象相似性程度、对象数量、性质等因素。例如，Fenson 等（1988）认为分类材料的相似性程度会影响被试的分类结果。方富熹等（1991）发现分类材料的数量和性质也是影响分类结果的关键要素。樊艾梅和李文馥（1995）在 3～5 岁儿童的上级类概念匹配操作实验中，发现材料的感知相似性对实验结果有显著影响。

(3) 分类规则：Ward 等（1989）认为分类规则最为常见的是维度一致和全局相似性。其中，维度一致是指如果物体之间的某个特殊维度或属性相互匹配，则它们属于同一个分类，而全局相似性是指物体整体上感知相似，则可划分到同一类别。许多学者对决定物体维度一致或全局相似性的影响因素进行了研究。这些因素主要包括刺激完整性、年龄、任务条件和个体差异。例如，Ahn 和 Medin（1992）的研究表明，材料的不同呈现方式会影响大学生的分类规则。Thompson（1994）研究发现，被试中按一维特征分类的人数随着年龄的增长而不断增多。Medin 等（1987）研究发现，在两种分类规则都可行的情况下，若没有时间限制，大部分大学生按一维特征进行分类。

总体而言，对事物的分类反映了人们内在的概念性的表征系统。分类本质就是对事物的概念性认知过程，先识别事物，形成概念，然后根据形成的概念间相似性评估得到分类结构。基于认知的分类理论在网络环境中同样适用，研究对象为网站信息组织体系中的相关要素，用户会形成概念性认知，进而生成分类结构。网站分类目录是网站信息组织不可或缺的一部分，因此，为了更加符合用户认知，网站分类目录也应该以基于认知的分类原理为理论基础。

2. 网站分类目录与用户认知研究

网站分类体系就是将具有相同属性的信息归到同一类目，也称为网站分类目录，将网络信息资源作为对象，是依据其内容、特征等属性间的关联而建立的网络检索工具（马张华等，2007）。一般按照不同属性间的关系，将具有相同内容特征的资源聚集为一类，再按照资源间的相互关系、逐级展开，形成从上而下的树状体系。网络界面分类体系是通过语言词汇加以标识并构建而成的，用于展示网络信息资源之间各种关联的体系结构。在网站查找信息时，分类目录是用户的主要选择之一。分类目录是将网站大量信息以层次结构进行组织，是网站设计者对信息分类结构的具体体现，帮助用户快速找到相关信息。从用户认知角度来看，网站分类目录的本质是衡量用户所认为的不同概念之间的相似性，将概念提炼为分类目录并将其系统化展示的过程。因此，根据用户心智模型构建分类目录体系是提高用户信息获取效率的方式之一。网站分类目录体系结构与用户心智模型越接近，就越符合用户认知，用户信息获取的效率也就越高。本小节就目前国内外网站分类目录体系用户认知相关研究现状及未来发展方向进行了梳理。

1) 网站分类目录体系与用户认知研究现状

目前，学者们对网站分类目录的研究还处于初级阶段。现有研究主要停留在分类目录的功能介绍、优缺点分析、当前网站分类目录所使用的分类方法的介绍及分类目录不足之处等理论方面的简单介绍。例如，Silverman 等(2001) 通过研究得出，有 80%以上的网上买家因为没有找到想要的资源而离开网站，有 23%的在线购买事务以失败告终，其中找不到产品是用户放弃购买的原因，充分说明了网站分类目录体系优化的必要性；李丽和戚桂杰(2006) 针对雅虎的分类目录结构及其存在的问题进行了分析，提出相应的改进意见；谢茹芃(2008) 则从整个中文网络分类目录角度进行了总结，总结网站分类目录的特点及不足之处，然后给出优化建议。上述的研究主要分析基于传统分类方法设置网站分类目录的优缺点，提出相应的优化建议，但没有实证数据作为支撑，建议实践指导意义比较小。这些研究都忽略了网站分类目录使用者——用户的认知，作为网站的最终使用者，网站设计者应该了解用户关于分类目录的心智模型，将用户的心智模型体现在网站信息组织系统中，这样才能提高网站的可用性和易用性。

近年来，学者们逐渐开始关注网站分类目录构建与应用中的用户认知研究。Albadvi 和 Shahbazi(2009) 结合分类目录提出了一种网上零售的推荐技术，即分别提取用户在不同产品类别中的偏好，根据产品的类别、属性、网络使用日志挖掘用户的偏好从而产生推荐，并通过实证证明了结合分类目录实行推荐的效果很好；朱晶晶(2010) 基于用户的心智模型对网站分类体系进行了研究，详细阐述网站分类信息理解机制与用户心智模型之间的相互作用，进行相应的实证研究，为网站的分类体系建设提供了新的研究方法；尤少伟等(2012) 以政府网站为例，结合路径搜索法对用户关于分类目录的心智模型进行测量，从而给出了网站分类目录的优化建议；Kwon 等(2008) 设计了一个电子商务网站推荐系统，该系统集成多个电子商务网站，分析用户的检索词并与各网站的目录从而反馈检索结果，实证结果基于目录的检索比自然语言分析的检索结果要更精确；钱敏等(2012) 考虑用户的个性化差异，将用户根据其使用偏好差异进行分类，针对不同体验类别的用户设计不同的分类体系，并取得了良好的试验效果。这些研究取得仍处于探索阶段，但为未来将用户心智模型与网站信息组织相结合提供了很好的研究思路。

总体来说，为了使网站分类目录设计得更加符合用户心智模型，网站信息组织需要从“以系统为中心”向“以用户为中心”转换，从用户认知角度研究网站信息组织，这也是未来信息构建研究的发展趋势。

2) 网站分类目录体系与用户认知研究发展方向

随着网络信息技术的迅速发展，无论是信息的种类、数量还是信息的表现形式等都发生了巨大变化。传统的分类方法已经难以适应网络信息的发展。按照传统分类方法，只能依据某一种原则对事物进行分类，但是一般情况下，事物都有多种属性，会有两个或两个以上的分类标准，因此单纯依据某一个标准对事物进行分类，很难科学合理地将事物划分到正确的类别中，分类结果会比较模糊。随着网络信息技术的发展，人类的思维空间概念也发生了质的改变，人类进入了立体思维时代，因此，需要建立与人们的思维相对应的立体知识分类体系。信息结构按组织方式可分为线形结构、层次结构和网状结构。立体结构和网状结构是相互对应的。目的是在网络环境下生成一个合理的信息结构，并在此信息空间中展示。因此，网络信息分类体系应该向着多样化、多维化和网络化的方向发展(鞠英杰，2005)。

目前国外已经出现了一些基于立体思维的网站分类目录研究成果，如 Bilal 和 Wang(2005) 选取 11 名儿童作为被试，研究对象为儿童们经常使用的两种搜索引擎(Yahooligans 和 Kidsclick)的分类目录，在此实验中假设这些儿童的概念地图与分类目录之间重叠的部分越多，儿童使用这些分类目录的效率就越高，并设计相关实验进行验证，该研究就是尝试在网站分类目录中展现用户心智中的概念组织结构。

总体而言，网站分类目录需要“以用户为中心”，顺应用户新的思维模式——立体思维，展现用户心智中概念的组织结构，向着多维化和网络化的方向发展。

6.1.4 聚类分析法和多维尺度法在网站分类认知的应用

1. 聚类分析法与认知科学应用

聚类分析一种在文本分析、划分生物种群、市场细分等众多领域有着广泛应用的数据挖掘技术。从研究内容来看，如下三个方面的应用最为广泛。

(1) 用户行为研究：基于用户消费行为认知数据，利用聚类分析，对消费者进行市场细分，根据不同目标市场的用户特征进行产品设计，或分析营销手段对消费者行为的影响等。例如，叶莉(2008)在其硕士学位论文中从理论及实证角度研究了事件营销对消费者旅游目的地选择的影响，研究发现事件营销对用户从认知、态度上有一定刺激作用。当前信息技术发展迅速，聚类分析作为用户行为研究的重要分析方法之一也被广泛应用于电子商务环境下的用户认知行为研究。

(2) 教育学领域：该领域中主要是利用聚类分析对学生认知发展或心理健康状态进行研究，如儿童认知水平发展研究、学生心理状态与学业成绩的关系研究、学生关于职业规划的认知、特殊学生群体(贫困学生、少数民族学生等)心理状态研究。

(3) 中医学领域：该领域中主要是基于医生对病症的认知诊断数据，采用聚类分析进行研究，建立病症特征，构建中医证候的数学模型。例如，袁世宏等(2011)对中医证候问题的实质进行了研究，利用聚类法对疾病人群类特征进行分析，为客观定量地辨识证候类别提供帮助。

近年来，在用户认知与心理学领域，聚类分析作为一种重要分析手段，在该领域的应用越来越普遍。由于聚类方法特别适合于查看数据记录中的内在关系及对它们的结构进行评估，在用户认知研究领域的作用主要体现在两个方面：第一，独立分析。可以将聚类分析作为独立的工具，用来获得数据分布情况，通过观察每个分组的特点集中对特定的分组进行深入分析。第二，预处理分析。可将聚类分析作为其他算法预处理步骤，在聚类分析基础上进行特征抽取或者分类，从而提高结果精确度和挖掘效率。

在本章中，面向基于认知结构的网站用户信息获取这一目标，我们设计利用聚类分析对某知名电子商务网站的用户进行处理，试图找到用户提交的基于网站分类目录优化认知的概念与网站产品分类目录已有类别中概念间的关系，即将聚类分析法作为一种预处理分析手段与多维尺度法结合使用。

2. 多维尺度法与认知科学应用

多维尺度法通过处理表示事物间相近程度的观察数据，测量事物在某个维度特征上的相似性，并将不同事物在这些特征维度上的取值不同进行可视化。这种相似性既可是实际距离，也可是主观判断的事物相似性。从认知的角度来看，一般可通过分辨事物间的相似性来了解人们是如何感知、识别事物的，这里的相似性特征就是指人们从事物的千差万别中感知到的共同特征，是一种主观判断下相似性特征。因此，多维尺度法在对认知过程和认知结构可以做深度的勘察方面具有很大优势。

从对期刊的统计可看出，国外学者将多维尺度法运用于多个不同的领域，如心理学、市场研究、计算机领域等。除了具体领域的应用外，国外也有许多学者分析多维尺度法使用中的关键问题，如维数的确定，Verheyen 等(2007)提出了决定维数的七种方法；对多维尺度法进行扩展应用。Walter(2004)通过结合多维尺度法概念和双曲线空间的几何学，提出了双曲线多维尺度法(H-MDS)，是一种新型的处理多维度数据集的基于映射的可视化方法。Huang 等(2005)将多维尺度法与解释结构模型(interpretative structural modeling method，ISM)和分析网络处理(analysis network processing，ANP)程序相结合，用于解决复杂系统的相似性评估。国内方面，多维尺度法常与聚类分析结合使用，且多维尺度法常用于可视化展现，特别是专利分析，如郝智勇等(2010)提出了一种基于多维尺度法的专利文本可视化聚类方法，能迅速准确地从海量专利文本信息资源中获取所需信息并将其以可视化形式展现出来。多维尺度法也可用于分类，如牛春华和沙勇忠(2006)运用链接分析方法，探讨了我国 38 所“985”院校网站 Web 空间内部的链接情况，然后运用多维尺度法与聚类分析相结合的方法进行了网站聚类。表 6-1 对国内多维尺度法按照应用领域进行了统计，从表中可以看出，国内多维尺度法的应用领域主要分布在心理学、计算机、医药学、地质学、地理、运输等之中。

表 6-1　国内多维尺度法的应用领域统计结果

领域	数量	领域	数量
心理学	13	矿业工程	4
计算机软件及计算机应用	9	地理	3
宏观经济管理与可持续发展	7	自动化技术	2
医药卫生方针政策与法律法规研究	6	社会学及统计学	2
数学	6	预防医学与卫生学	2
公路与水路运输	5	高等教育	2
企业经济	5	药学	2
地质学	4	环境科学与资源利用	2

此外，统计结果表明，在不同领域，应用多维尺度法方法需要结合该领域的专业知识进行分析。例如，在心理学领域，多维尺度法方法在处理相似性评估数据对事物进行分类时，常和大学科系职业兴趣类型图构建、对人的智慧特征的分类理论、对空间认知的研究理论等专业背景精密结合。

多维尺度法尤其是非计量的多维尺度分析在心理学领域有广泛应用。多维尺度法方法对数据资料的精确度、样本容量的大小不像其他方法一样要求严格，因此，非常适用于心理学领域对复杂性研究样本进行直观定性分析的测量需求。多维尺度法多用于人们评判事物的潜在心理标准的探索与分析，测量多个事物在人们心中的相似性，分析出影响人们心理的潜在因素，被广泛应用于包括 1972 年 Reed 的概念学习，1993 年 Rumelhart 的类比推理的过程评价，1979 年 Homa 的概念结构演变，1987 年 Coury 的界面设计，1987 年 Black 的专家与新手表现的差异分析等经典案例之中(Coury et al.，1992)。多维尺度通过决定系数(R^2)来衡量所得到的模型对原始矩阵的解释量，揭示人们进行对偶比较时所依据的维度。R^2 越大，被试对偶比较时所依据的维度就越相似，进而可以用 R^2 来反映心智模型相似性程度的高低。对认知领域多维尺度法的应用现状可归纳为如下三个类别。

第一类是探索性数据分析。通过将对象放置为低二维空间中的点，从原始数据矩阵中观察得到的数据的复杂性往往可以简化，并且能同时保留数据中原有的重要信息，通过这种模式，研究人员可在两个或三个维度中更直观地看出数据的空间结构。凌文辁和方俐洛（1998）为了使 HOLLAND 式中国职业兴趣量表实用化，构建适合我国中学生使用的大学科系职业兴趣类型图。该研究中以各个科系作为研究对象，那么各个科系的相对距离即是以其在六种职业兴趣类型上的偏好程度来决定的。

第二类，用来发现个体对环境刺激的心智表示，并解释人的相似性判断如何产生。多维尺度法可以揭示隐藏在个体内心中具有意义地描述数据的潜在维度，因此由多维尺度法产生的多维表示方法也经常作为各种心理数学模型的分类、鉴定、再认测试、概化的数理基础。例如，Rusbult 等（1993）通过三个阶段的研究来探索年轻人关于典型恋爱类型的心智模型。阶段 1，被试描述完美恋爱；阶段 2，提取描述，评估描述的不相似性且计算出 1～6 个维度的多维尺度结果；阶段 3，给出结构的潜在标签，并为阶段 1 中每个标签的描述进行评级。两个维度有效地描述了衍生结构——亲密/表面化和浪漫-传统型/实际-非传统型。这些维度定义了四个象限，或是典范类型：图画幻想型、婚姻幸福型、功利型和友谊型。另外，目前国内有关多维尺度法的应用多是通过人们的心理感受，发掘受测样本在二维空间的分布及其潜在特征，如覃频频等（2006）探索乘客在评定 8 家快客运输公司的服务质量时所依据的潜在标准。

第三类，用于离散的刺激情况下被试的心智状态表征。例如，在 Griffiths 和 Kalish（2002）的“听觉语言数字临近一致性效应”实验的用户的心智状态的测量中，参与者评估不同刺激的相似性，假设概念相似性与空间距离成反比，用户心智信息被转换成一种低维空间表示形式，可以帮助我们理解参与者对刺激的相似性结构理解的心智表征。在该类研究中，Coury 等早在 1992 年就研究多维尺度法是否能作为评定心智模型状态的工具。在该研究中让训练有素的操作者评估系统数据子集之间的相似性，将得到的相似性评估数据进行多维尺度分析，得到相应维度，将维度的潜在解释作为用户心智模型的构成。Graham 等（2006）采用多维尺度分析的方法观察即时战略游戏新手玩家随着游戏经验增加而发展的心智模型的特征，测量用户与游戏设计者之间心理上的接近程度，并在二维空间中用距离和位置来描述他们之间的关系。

在本书中，设计采用多维尺度法，结合网站分类目录理解，对用户信息搜寻过程心智模型的空间性特性进行研究。同时，由于多维尺度法可直观展现个体关于某个研究主题的空间认知，具体表现为不同概念在用户认知中的空间距离，本书还设计利用多维尺度法可视化展现“概念空间性”，即用户提交的关于网站分类目录优化的概念和网站分类目录中已有概念间的空间分布。

3. 聚类分析法和多维尺度法的结合应用

聚类分析用于研究事物的分类，把研究对象按一定的规则归成组或类；多维尺度法通过低维空间展现事物之间的关系，并利用平面空间距离来反映事物间的相似程度。两者的结合使用可以相互验证分类结果，多维尺度法也可以使得聚类结果得到可视化的展现。已有国内外研究表明，国外将聚类和多维尺度法结合使用的发展一直比较稳定，每年的文献数量变化较小，文献数量最多的年代和最少的年代也就只相差 26 篇。其中，国外学者将两者结合研究的主题涉及多个领域，包括概念地图、面部表情研究、语义存储、社会科学等多样的学科。例如，Hsu 和 Li(2011)对比分析了在线分析和多维尺度法结合，在线分析和聚类结合，在线分析与聚类、多维尺度法三者结合这三种方法在发现分析报告之间相似知识的效率，结果发现三者结合的方法在多数案例中是最好的。Kim 等(2000)运用多维尺度法和最小生成树的方法交互地将层次聚类的结果进行可视化。而国内方面将聚类分析法与多维尺度法结合的研究发展较为缓慢。虽然自 1990 年起，国内就有学者将聚类和多维尺度法两者结合使用，但是每年的文献数量都很少，每年都只有 0～2 篇，直到 2004 年，文献数量也只有 5 篇，直到 2006 年起文献数量才开始迅速增长，整体呈现上涨趋势。国内相关研究主要集中在将两者结合主要用于生物学、图书情报学、心理学等领域。图书情报领域，两者结合主要用于空间认知主题分析、专利共被引网络分析、社会网络分析等。多数研究的基本思路就是基于共词分析方法，进行关键词聚类，并用多维尺度法进行可视化展现。如邱均平和秦鹏飞(2010)基于作者共引分析方法，首先生成作者共被引矩阵，然后采用聚类方法将高被引作者进行分类，再用多维尺度法进行可视化展现。

在心理学领域，聚类分析法和多维尺度法两者都是应用于被试对象的数据分析方法，且常被结合使用，如用聚类分析法对象聚集成不同类别，用多维尺度法展示心理空间。本质上看，这两种方法之间既有区别又紧密联系。一方面，两种方法都可以对评估数据的事物进行分类，因此可以用两者所得结果进行相互验证；另一方面，聚类分析法可以作为其他算法的预处理步骤，因此可以在聚类分析法对相似性原始数据的分类结果的基础上，再选用多维尺度法将相似性矩阵数据进行降维处理，得到最优维度。

目前，在心理学领域中，已有许多学者将聚类分析和多维尺度法两者结合应用于不同主题的研究中。国外方面，Frisby 和 Parkin(2007)为了研究认知测试诠释资料中子测试的功能相似性，采用卡片分类法进行实验，得到相似性数据，用多维尺度法进行分析，得到三个维度。再用谱系聚类方法对矩阵数据进行分析，两者所得的结果相互验证。除了研究被试对特定词语的感知外，还有国外学者已将研究延伸到儿童对面部表情的感知，Vieillard 和 Guidetti(2009)研究了 6～8 岁的儿童和成人分类和标识动态扮演身体/面部表情能力并探讨儿童的分类依据(表情效价、激励、强度、真实性)。用多维尺度法分析不同年龄儿童对情感分类的维度。聚类分析发现心理数据相似性的潜在模式，探索表情的层次心理结构随年龄发展的程度。Gao 等(2010)探索成人和 7～14 岁儿童对六种基本情感的面部表情的感知结构，面部表情会有强度的改变。多维尺度法表明不同被试组的最优维度结构都是三维或四维。设计实验，搜集不同被试组的相似性矩阵，然后进行多维尺度法分析，尝试 2～6 不同维度，确定最优维度。为了更好地理解多维尺度法分析结果中的面部表情的相似性，采用聚类方法进行验证，同一类中的面部表情感知上更相关。国内方面，两种方法的结合主要用于被试对某类词语间相似性的判断。王娟等(2011)结合这两种方法研究大学生基于气味词的分类，通过实验考察大学生对 60 个气味词的基于语义相似性和基于知觉相似性的分类。张积家等(2008)也利用实验搜集汉族和纳西族大学生空间词相似性分类的数据，然后利用这两种方法进行数据分析，得到两个民族大学生的空间认知，以分析语言和文化对空间认知的影响。

本章设计将两者结合使用，基于某知名电子商务网站分类目录的真实数据，从“概念相似性”和“概念空间性”两个角度出发，分别采用聚类分析和多维尺度法进行数据分析，展现概念分类和空间分布，为网站分类目录优化提供定量数据依据。

6.2 实证分析

我们依据心智模型分类理论，搜集某知名电子商务网站分类目录的真实数据，通过结合聚类分析和多维尺度法，测量用户关于网站分类目录的认知，对比分析用户认知与网站信息组织间的差异，最后对结果进行规律总结并应用于实验网站的分类目录优化。

6.2.1 实验设计

1. 实验背景

通过调研发现，某知名电子商务网站存在用户无法利用产品分类目录找到所需产品的情况，因此网站用户会针对网站分类目录提出相应建议，但是这些建议大多是从自身利益出发，针对自身产品所处分类目录提出的，网站并不能对所有用户的建议都一一采纳。

该网站的分类目录构建准则如下。①一级目录：根据客户提交的数据进行提炼，变动比较小，现在总共包括 27 个类目。②二级目录：网站建设人员进行人工映射，针对不同的产品，选取不同的维度对产品进行分类。③三级目录：根据用户产品信息，提取更新，变动较大。为了能够在网站分类目录中体现用户认知，该网站采取的措施(针对国内卖家)是允许根据自身产品自定义组名。自定义组名为用户基于对网站分类目录的认知而提交的关于网站分类目录优化的概念。因此，基于这样的分类目录构建准则，该网站对自定义组名的利用主要是用于对网站三级分类目录的调整。网站工作人员会定期对自定义组名进行整理分析，提取出少量的自定义组名对网站三级分类目录进行调整优化。该解决方案很大程度上依赖于网站设计师的主观想法，并没有发挥出自定义组名数据的作用，未能从定量客观的角度对数据进行全面分析，所得结果的可解释性较弱。

2. 实验目的

(1) 提出一种新的基于用户心智模型分类的用户研究方法。提取出用户认知数据，然后采用聚类分析和多维尺度法进行数据处理。从原始数据预处理，到用户认知数据提取，再到聚类分析和多维尺度法分析，这一整个分析过程的尝试。

(2) 基于用户认知的数据分析方法，定量分析网站日志数据（自定义组名）与网站原始分类目录的关系。首先提取以自定义组名提交为表现形式的用户对分类目录的认知，其次计算并分析用户认知与网站分类目录间的关系，并以概念相似性和概念空间性的形式进行展现。

3. 实验数据

1) 实验网站分类目录概念

本次实验选择某知名电子商务网站国际站作为研究对象。由于该电子商务网站仅一类目录就有 27 个大类，涉及的分类目录数量十分庞大。为了使得到的用户认知结构和概念相对集中，我们只选择了网站“照明产品”(Lights & Lighting) 的分类目录进行研究。同时，考虑到网站用户信息获取需求的地域差异性，且照明产品主要出产地主要在上海市、江苏省、浙江省和广东省四个省份，最终我们将实验数据搜集范围限定为上述四省份一级目录为“照明产品”(Lights & Lighting) 的网站分类目录。

在该知名电子商务网站照明产品分类目录中共包含：二级分类目录 17 个(其中 6 个概念有三级目录)，三级分类目录概念 45 个。图 6-1 中展示了顶级目录为“照明产品”(Lights & Lighting)，并由二级目录和三级目录中所有概念形成的概念形成三级分类目录体系的部分结构。

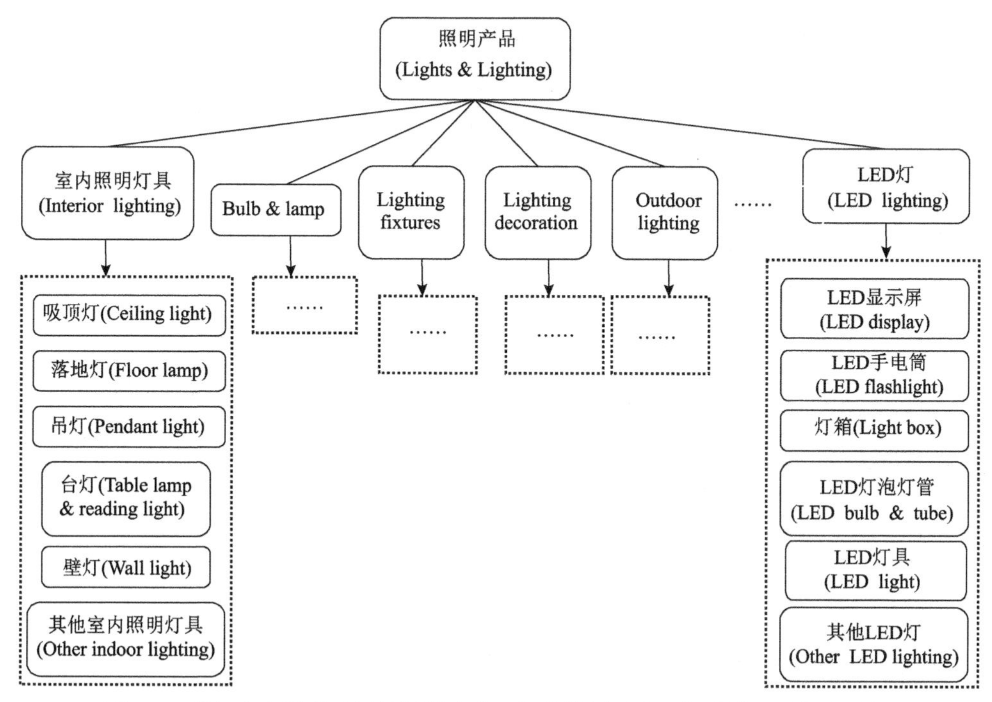

图 6-1 某知名电子商务网站照明产品二级分类目录和三级分类目录概念示例

2) 自定义组名

自定义组名是被记录在该知名电子商务网站日志中，由用户根据网站产品自定义的产品的类别名称，如记录在“照明产品”(Lights & Lighting)类目下的自定义产品类别名 LED power supply、LED rope light、LED street light 等。因此，自定义组名具有如下性质：属于同级平行目录，目录等级没有限制，可能属于原始目录的任何一级。

4. 实验方案

本章实验设计解决的关键问题是如何将用户认知与网站分类目录建立联系。因此，实验任务可分为以下两个方面：①特定产品大类用户自定义组名和网站原有的二级目录、三级目录之间的关系(为产品分类结构建立提供基础)；②特定产品大类特定省份用户自定义组名和网站原有的二级目录、三级目录之间的关系(为地区门户产品分类的建立提供基础)。以上述任务为指导，实验主要由如下几个基本步骤组成。

步骤 1：从网站现有的自定义组名数据出发，对具有代表性的自定义组名与网站分类目录中概念的进行共现关系统计。

步骤 2：在共现频次统计基础上，生成共现矩阵，以及生成相关系数矩阵。

步骤 3：使用谱系聚类法对相关性系数矩阵进行聚类分析，并根据聚类分析结果确定最终维度数，使用多维尺度法得到多维尺度分析空间图。

步骤 4：对用户自定义组名与二级目录、用户自定义组名与三级目录的聚类结果和多维尺度分析结果进行相互验证，并对用户认知与网站分类目录之间的概念关系进行归纳总结。

整个实验方案的数据处理流程如图 6-2 所示。

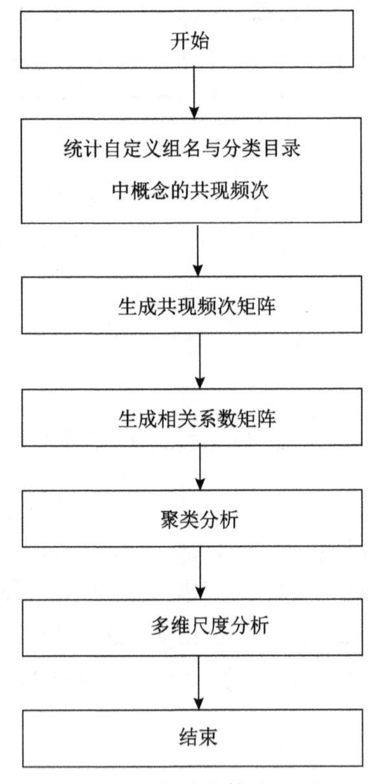

图 6-2　实验整体流程图

6.2.2　实验过程

1. 数据预处理

对该知名电子商务网站日志中记录“照明产品”(Lights & Lighting)类目的原始数据进行清洗，删除与实验目睹无关的或者存在数据的字段，如写产品描述错误、产品代码等。最终保存原始记录中与用户自定义产品类别相关的日志数据主要包括：用户名称、用户地域、自定义组名、产品类别等。清洗完成后的实验数据示例如表 6-2 所示。

表 6-2　清洗后的“照明产品”(Lights & Lighting)类目实验数据示例

公司序号	公司名	省份	城市	自定义组名 (客户自定义的分类目录)
1	Hengli Lighting Co., Ltd.	广东省	中山市	ACRYLICL
1	Hengli Lighting Co., Ltd.	广东省	中山市	Ceiling
1	Hengli Lighting Co., Ltd.	广东省	中山市	Chandelier
1	Hengli Lighting Co., Ltd.	广东省	中山市	Cloth shade lamp
1	Hengli Lighting Co., Ltd.	广东省	中山市	CRYSTAL
……				

随后，为了对具有代表性的自定义组名与网站分类目录中概念的进行共现关系统计，我们在清洗后的实验数据中通过设定阈值，筛选出频次较高的自定义组名。筛选过程主要分两步完成：第一步，对自定义组名字段进行词义消歧(大小写转换，单复数统一)，经过调参选择将词频阈值在 4 以下的大量频次较小的自定义组名过滤，共得到 114 个词频大于 4 的自定义组名。第二步，在整体实验数据筛选的基础上，在针对自定义组名创建的地区进行二次筛选。在已筛选出的 114 个自定义组名基础上，单独统计上海市、江苏省、浙江省和广东省四个省份发布的该自定义组名的项数，用于不同地区的用户信息获取需求分析使用。表 6-3 列出了自定义组名“LED spotlight”的四省份数据分布结果，而表 6-4 则列出了部分上海市发布的自定义组名及其频次。

表 6-3　四省份自定义组名筛选示例

自定义组名	所有数据	上海市	江苏省	浙江省	广东省
LED spotlight	229	6	10	43	170

表 6-4　上海市自定义组名筛选结果示例

筛选的自定义组名	出现频次
LED power supply	1
LED rigid strip	1
LED rope light	1
LED smd spotlight	1
LED spotlight	6
LED street light	2
……	

此外，我们在筛选过程中发现，原始数据数量与筛选出来的自定义组名数量基本符合正比关系，详见表 6-5。

表 6-5 四省份自定义组名原始数量与阈值筛选结果关系表

地区名称	原始数据数量	筛选自定义组名数量
上海市	152	29
江苏省	301	40
浙江省	1552	87
广东省	4867	110

2. 共现关系统计

针对筛选出来的自定义组名，计算自定义组名与网站二级分类目录、三级分类目录中概念的共现关系。综合考虑心智模型分类理论、数据及网站特征设计等因素，我们假设网站信息检索系统中，大多数用户在网站利用分类目录进行信息获取时，只进行垂直、水平、均等型三种点击形式，因此设计了如下共现关系的获取方案：将筛选过的用户自定义组名作为检索词放到网站进行检索，统计检索结果中显示的与其相关的网站原有分类目录中的概念，然后通过计算自定义组名与网站分类目录中概念的共现频次来分析两者之间的关系。图 6-3 描述了如何在“照明产品”(Lights & Lighting)类目中搜集自定义组名与网站二级分类目录、三级分类目录概念共现关系的一系列操作过程：①登录到某知名电子商务网站国际站；

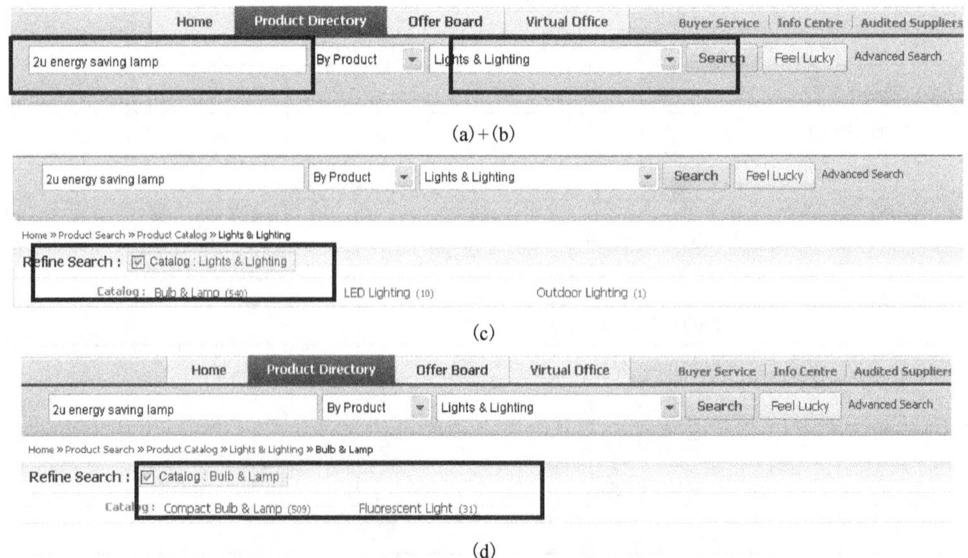

图 6-3 自定义组名与网站分类目录共现关系搜集过程

②在检索框中输入需要检索的自定义组名(经过预处理筛选)，在“all categories”下拉菜单中选择“Lights & Lighting”，然后点击“Search”；③统计检索结果“catalog”中出现的二级分类目录概念，如“Bulb & Lamp”类目；④依次点击“Bulb & Lamp”等二级分类目录中出现的概念，统计“catalog”结果中出现的对应的三级分类目录中的概念。

3. 相关系数矩阵生成

通过上述实验方案仅能了解二级、三级分类目录中的概念是否与某个自定义组名共现过，并没有得到两者的共现频次，也无法进行深入的分析，还需要对所搜集的数据进行加工。因此，需要对搜集到的共现关系进行相应的加工处理才能进行深入分析。我们通过生成共现矩阵，生成相关系数矩阵两种方式完成数据加工，并将结果矩阵用于聚类分析和多维尺度分析。

1) 生成共现矩阵

步骤 1：我们将自定义组名与分类目录中概念的共现分为两种情况。

(1) 自定义组名与二级分类目录中概念的共现频次，记为 F_1。

(2) 自定义组名与三级分类目录中概念的共现频次，即为自定义组名出现的频次。

F_1 的具体计算方法如式(6-1)所示：

$$F_1 = p \times x \tag{6-1}$$

其中，p 为检索结果中二级分类目录中概念出现频次；x 为自定义组名出现频次。

表 6-6 列出了二级分类目录中的概念与自定义组名的共现频次部分结果。三级分类目录概念与自定义组名计算方法与式(6-1)类似，由于篇幅原因不再赘述。

表 6-6　二级分类目录中的概念与自定义组名的共现频次部分结果

二级目录 / 自定义组名	Interior lighting	LED lighting	Lighting fixtures	Bulb & lamp	Lighting decoration	Outdoor lighting
LED power supply	138	161	92	138	46	161
LED reading lamp	15	15	0	20	0	35
LED recessed light	30	36	6	6	18	42
LED rigid bar	5	25	5	0	10	0
LED rigid strip	13	52	0	0	26	13
LED rope light	40	60	0	30	50	80
……						

步骤 2：确定分类目录中概念之间的共现频次，即为两个分类目录中概念与所有自定义组名的共现频次中的较小值，之后对其求和，记为 F_2，m，n 分别代表分类目录中概念 A，B 与自定义组名的共现频次，如式(6-2)所示：

$$F_2 = \text{sum}(\min(m,n)) \tag{6-2}$$

例如，属性列 B、C 分别为 Interior lighting 和 LED lighting 与自定义组名的共现频次，则可以通过 sum(min(B, C))，即首先选出两列中每一行较小的数据，然后求和。

步骤 3：确定自定义组名之间的共现频次。在本实验中，我们设定自定义组名间的共现频次均为 0。

最后通过上述步骤 1～步骤 3 生成的二级分类目录中概念与自定义组名的共现矩阵示例参见表 6-7。

表 6-7　二级分类目录中概念与自定义组名的共现矩阵示例

	Interior lighting	LED lighting	Lighting fixtures	Bulb & lamp	Lighting decoration	Outdoor lighting
Interior lighting		14 441	6 587	11 403	10 697	14 640
LED lighting	14 441		6 643	12 204	11 108	17 255
Lighting fixtures	6 587	6 643		6 467	5 836	6 620
Bulb & lamp	11 403	12 204	6 467		9 433	12 498
Lighting decoration	10 697	11 108	5 836	9 433		11 189
Outdoor lighting	14 640	17 255	6 620	12 498	11 189	
……						

2) 生成相关系数矩阵

在共现矩阵基础上，我们选择采用 Pearson 相关性系数式(6-3)作为相似度度量指标，生成对应的相关系数矩阵。

$$r = \frac{\sum_{i=1}^{n}(X_i - \overline{X})(Y_i - \overline{Y})}{\sqrt{\sum_{i=1}^{n}(X_i - \overline{X})^2}\sqrt{\sum_{i=1}^{n}(Y_i - \overline{Y})^2}} \tag{6-3}$$

其中，r 为两个变量间的线性相关强弱的程度，通常满足 $0 \leqslant r \leqslant 1$；$n$ 为样本量；x、y 和 $\overline{X}$、$\overline{Y}$ 分别为两个变量的观测值和均值。基于数据挖掘软件 SAS 的表 6-7 中示例的相关系数矩阵结果如表 6-8 所示。

表 6-8　相关系数矩阵结果示例

	Interior lighting	LED lighting	Lighting fixtures	Bulb & lamp	Lighting decoration	Outdoor lighting
Interior lighting	1	0.997 71	0.980 06	0.998	0.996 97	0.997
LED lighting	0.997 71	1	0.973 2	0.994 27	0.992 63	0.999 5

4. 基于谱系聚类法的概念相似性计算

1) 谱聚类方法算法描述

聚类方法可基于相似性数据将事物按特征聚集成类，谱聚类(spectral clustering，SC)是一种基于图论的聚类方法——将带权无向图划分为两个或两个以上的最优子图，使子图内部尽量相似，而子图间距离尽量距离较远，以达到常见的聚类的目的。其中的最优是指最优目标函数不同，可以是割边最小分割，如图 6-4 的 Smallest cut，也可以是分割规模差不多且割边最小的分割，如图 6-4 的 Best cut。

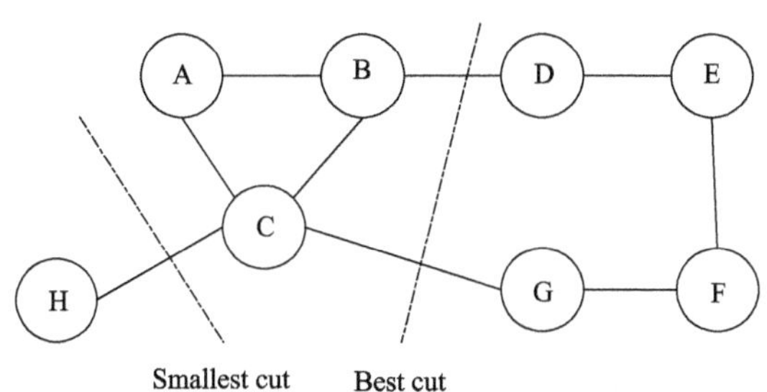

图 6-4　谱系聚类法分割示意图

实验证明谱系聚类是按照数据内部结构特点做出的有效分类，实现数据的离散化过程(李孟歆等，2008)。谱系聚类结果具有能够保留原始数据的内在特点，减小问题的复杂程度，缩短数据挖掘的时间等优点。因此，本章中将其用于聚类分析，下面先介绍其算法和统计量，然后结合实际数据展示其具体的分析过程。

谱系聚类首先每个变量都自成一类，然后把相似系数最大的变量聚为一小类，再将已聚成的小类按其相似性即类间距离再聚合，随着相似性的减小，最后将所有子类都聚成一个大类，从而得到一个按相似性大小聚合而成的一个谱系图。

(1) 先视每个样本自成一类，利用各样本之间的相似性进行合并来减少类别的数目。N 个样本分成 N 个类，X_i，X_j 表示样本 i、j，$d(x_i,x_j)$ 表示 i、j 之间的距离，记为 d_{ij}，M_p、M_q 表示两个类，分别含有 N_p，N_q 个样本，M_p、M_q 之间的距离记为 D_{pq}，计算两两样本间的距离，构成一个对称距离矩阵 $D_{(0)}$。我们选择 SAS 软件中方差加权距离计算样本间距离式(6-4)，此时 $D_{pq}=d_{pq}$ 。

$$d_{ij}=\left[\sum_{k=1}^{p}\frac{(x_{ik}-x_{jk})^2}{S_k^2}\right]^{\frac{1}{2}} \tag{6-4}$$

(2) 选择 $D_{(0)}$ 中非对角线上的最小元素，设最小元素为 D_{pq}，此时 $M_p=\{X_p\}$、$M_q=\{X_q\}$。将 M_p、M_q 合并成一个新类 $M_r=\{X_p、X_q\}$。在 $D_{(0)}$ 中消去 M_p、M_q 对应的行和列，加入有新类 M_r 与剩下的其他没有聚合的类间的距离所构成的一行和一列，得到新的距离矩阵 $D_{(1)}$，新矩阵为 N–1 阶方阵。

(3) 重复步骤 2 直到 N 个样本聚为 1 个大类为止。

(4) 画出聚类树图，根据统计量，选择最优类别数，得到聚类结果。

2) 谱系聚类法的统计量分析

利用谱系聚类法进行聚类分析时，最终最优类别数的选择是一个非常关键的问题。较好的聚类结果应在确保一个类中各样本尽可能相似的前提下，使得类的数量尽可能少。谱系聚类中采用统计量来确定最优的类别数量，统计量的结果可以在一定程度起到判别作用。谱系聚类法中常用的统计量有：R^2 统计量、半偏 R^2 统计量（SPRSQ）、伪 F 统计量（PSF）、伪 t^2 统计量（PST2）。

A. R^2 统计量

$$R^2=1-\sum D_i/\text{TSS} \tag{6-5}$$

其中，$\sum D_i$ 为在谱系的第 G 层对 G 个类的直径求和，TSS 为所有观察的总离差平方和。R^2 越大，说明分为 G 个类时每个类内的离差平法和都比较小，说明 G 个类越分开，聚类效果越好。

B. 偏 R^2 统计量（SPRSQ）

$$\text{SPRSQ}=D_w(p,\ q)/\text{TSS} \tag{6-6}$$

其中，$D_w(p,\ q)$ 为合并类 M_p 和类 M_q 为新类 M_R 后，类内离差平方和的增量。半偏 R^2 等于上次和平后 R^2 值减去这次合并后的 R^2 值。半偏 R^2 统计量（SPRSQ）值越大，说明上次合并后停止合并的效果最好。

C. 伪 F 统计值（PSF）

$$\text{PSF}=\frac{(T-P_G)}{G-1}\bigg/\frac{P_G}{n-G} \tag{6-7}$$

PSF 值越大，表示这些观测值可显著地分为 G 个类。

D. 伪 t^2 统计量（PST2）

$$\mathrm{PST2} = \frac{D_m - D_p - D_q}{(D_p + D_q)/(p+q+2)} \tag{6-8}$$

PST2 越大，说明上一次聚类效果较好。

对相关性系数矩阵进行聚类分析，这一步骤的关键在于选择聚类方法，即确定类间距离的计算方法。本节主要针对类平均法(average linkage)、离差平方和法(又称 Ward 最小方差法，mininum-variance method)、最长距离法(complte method)和最短距离法(single linkage)四种方法进行对比分析，选择最优方法。

3)谱聚类方法的计算过程及结果分析

SAS(邓祖新，2006)过程中产生的中间结果很多，此处只给出 SAS 过程中产生的关键结果。SAS 的具体操作及相关程序代码省略，直接给出四种聚类方法运行后得到的结果，分别如表 6-9～表 6-12 所示。

表 6-9　SAS 的类平均法聚类过程及结果

NCL	Clusters-joined		FREQ	SPRSQ	RSQ	ERSQ	CCC	PSF	PST2
15	CL23	CL43	32	0.0061	0.838	0.812	3.06	41.1	4.3
14	CL15	CL33	36	0.0132	0.825	0.804	2.35	40.6	8.6
13	CL19	CL51	4	0.0046	0.821	0.795	2.77	43.1	3
12	CL22	OB52	4	0.0041	0.816	0.785	3.31	46.1	2.2
11	CL14	CL17	39	0.0099	0.807	0.774	3.3	47.9	5.2
10	CL18	OB94	10	0.0067	0.8	0.762	3.27	51.5	5.7
9	CL21	CL11	98	0.1206	0.679	0.748	−4.7	31	71.9
8	CL74	OB37	4	0.0068	0.672	0.732	−4	34.6	23.2
7	CL9	CL20	101	0.0162	0.656	0.712	−3.7	37.9	5.6
6	CL13	CL12	8	0.0158	0.641	0.688	−3	42.8	6.1
5	CL7	CL10	111	0.0936	0.547	0.657	−6.3	36.5	32
4	OB31	CL16	3	0.011	0.536	0.613	−4.5	47	4.5
3	CL5	CL8	115	0.0786	0.457	0.549	−4.2	51.8	21.2
2	CL6	CL4	11	0.061	0.396	0.414	−0.69	81.4	12.3
1	CL3	CL2	126	0.3963	0	0	0	.	81.4

表 6-10　SAS 的离差平方和法聚类过程及结果

NCL	Clusters-joined		FREQ	SPRSQ	RSQ	ERSQ	CCC	PSF	PST2
15	CL52	CL20	10	0.0072	0.866	0.812	6.91	51.3	6.5
14	CL28	CL36	16	0.0081	0.858	0.804	6.66	52.1	8.4
13	CL19	CL37	19	0.0095	0.849	0.795	6.31	52.8	7

续表

NCL	Clusters-joined		FREQ	SPRSQ	RSQ	ERSQ	CCC	PSF	PST2
12	CL34	CL16	20	0.0098	0.839	0.785	6.07	53.9	8.8
11	OB31	CL29	3	0.011	0.828	0.774	5.81	55.3	4.5
10	CL27	CL14	19	0.0126	0.815	0.762	4.79	56.9	8.3
9	CL18	CL24	43	0.0145	0.801	0.748	4.53	58.8	18.9
8	CL21	CL23	8	0.0158	0.785	0.732	4.39	61.5	6.1
7	CL12	CL13	39	0.017	0.768	0.712	4.42	65.6	10.1
6	CL9	CL10	62	0.0211	0.747	0.688	4.49	70.8	15
5	CL15	CL11	13	0.0435	0.703	0.657	3.33	71.7	16.2
4	CL7	CL17	43	0.0482	0.655	0.613	2.81	77.3	22.7
3	CL5	CL8	21	0.1363	0.519	0.549	1.5	66.3	24.8
2	CL6	CL4	105	0.1486	0.37	0.414	1.7	72.9	63.6
1	CL2	CL3	126	0.3702	0	0	0	.	72.9

表 6-11 SAS 的最短距离法聚类过程及结果

NCL	Clusters-joined		FREQ	SPRSQ	RSQ	ERSQ	CCC	PSF	PST2
16	CL79	OB115	8	0.0039	0.697	0.82	–10	16.9	11.8
15	CL17	OB23	101	0.0049	0.692	0.812	–10	17.8	1.6
14	CL15	CL16	109	0.0814	0.611	0.804	–14	13.5	28.6
13	CL14	OB92	110	0.009	0.602	0.795	–14	14.2	2.5
12	CL13	CL67	113	0.048	0.554	0.785	–15	12.9	13.5
11	OB17	CL32	3	0.0033	0.551	0.774	–15	14.1	4.7
10	OB18	CL18	3	0.0023	0.548	0.762	–12	15.7	1.5
9	CL11	OB125	4	0.0036	0.545	0.748	–12	17.5	1.8
8	OB104	OB105	2	0.0024	0.542	0.732	–11	20	.
7	CL10	OB52	4	0.0041	0.538	0.712	–9.8	23.1	2.2
6	CL12	OB94	114	0.0167	0.522	0.688	–9.2	26.2	4.2
5	CL9	CL7	8	0.0158	0.506	0.657	–8.3	31	6.1
4	CL6	CL8	116	0.0641	0.442	0.613	–9.1	32.2	15.8
3	CL4	OB37	117	0.0368	0.405	0.549	–6.4	41.8	8
2	CL3	OB31	118	0.0726	0.332	0.414	–3	61.7	14.9
1	CL2	CL5	126	0.3322	0	0	0	.	61.7

表 6-12　SAS 的最长距离法聚类过程及结果

NCL	Clusters-joined		FREQ	SPRSQ	RSQ	ERSQ	CCC	PSF	PST2
15	CL21	CL50	19	0.0045	0.85	0.812	4.6	45	3.2
14	CL29	OB52	4	0.0041	0.846	0.804	4.97	47.3	2.2
13	CL76	OB37	4	0.0068	0.839	0.795	5.06	49.1	23.2
12	CL18	CL23	21	0.0088	0.83	0.785	5	50.8	6.6
11	CL20	CL19	58	0.011	0.819	0.774	4.78	52.2	9.1
10	CL17	OB94	10	0.0067	0.813	0.762	4.53	55.9	5.7
9	CL12	CL15	40	0.0188	0.794	0.748	3.88	56.3	11.4
8	CL16	CL14	8	0.0158	0.778	0.732	3.76	59.1	6.1
7	CL22	CL9	43	0.0187	0.759	0.712	3.68	62.6	8.9
6	CL11	CL7	101	0.1189	0.641	0.688	−3	42.8	64.2
5	OB31	CL25	3	0.011	0.63	0.657	−1.7	51.4	4.5
4	CL6	CL10	111	0.0936	0.536	0.613	−4.5	47	32
3	CL8	CL5	11	0.061	0.475	0.549	−3.5	55.6	12.3
2	CL4	CL13	115	0.0786	0.396	0.414	−0.69	81.4	21.2
1	CL2	CL3	126	0.3963	0	0	0	.	81.4

这四张表中展示的是不同聚类算法的结果过程表，样本以每次合并两类的方式，最后 15 个合并的过程。表中 NCL 列表示这一步存在的单独的类目数，列出了 15～1 的聚类过程。Clusters-joined 表示每一步中合并了哪两个类目。其他几列都是统计量，根据统计量确定聚类结果。根据每种方法得到的聚类结果中的三个统计量 SPRSQ（半偏 R^2 统计量）、PSF（伪 F 统计量）、PST2（伪 t^2 统计量）得出四种方法下的聚类类目数，参见表 6-13。

表 6-13　四种方法的聚类类目数量统计

方法	SPRSQ	PSF	PST2
类平均法	10	10	10
离差平方和	4	4	4
最短距离法	15	15	15
最长距离法	7	7	7

从表 6-9～表 6-13 可以看出，聚类数目在 10、4、15、7 类比较合适，但究竟采用哪种方法更合适，聚类结果选取几类最科学，还要考察根据各种方法绘制的聚类树，可参见图 6-5～图 6-8。

图6-5　类平均法聚类树生成结果

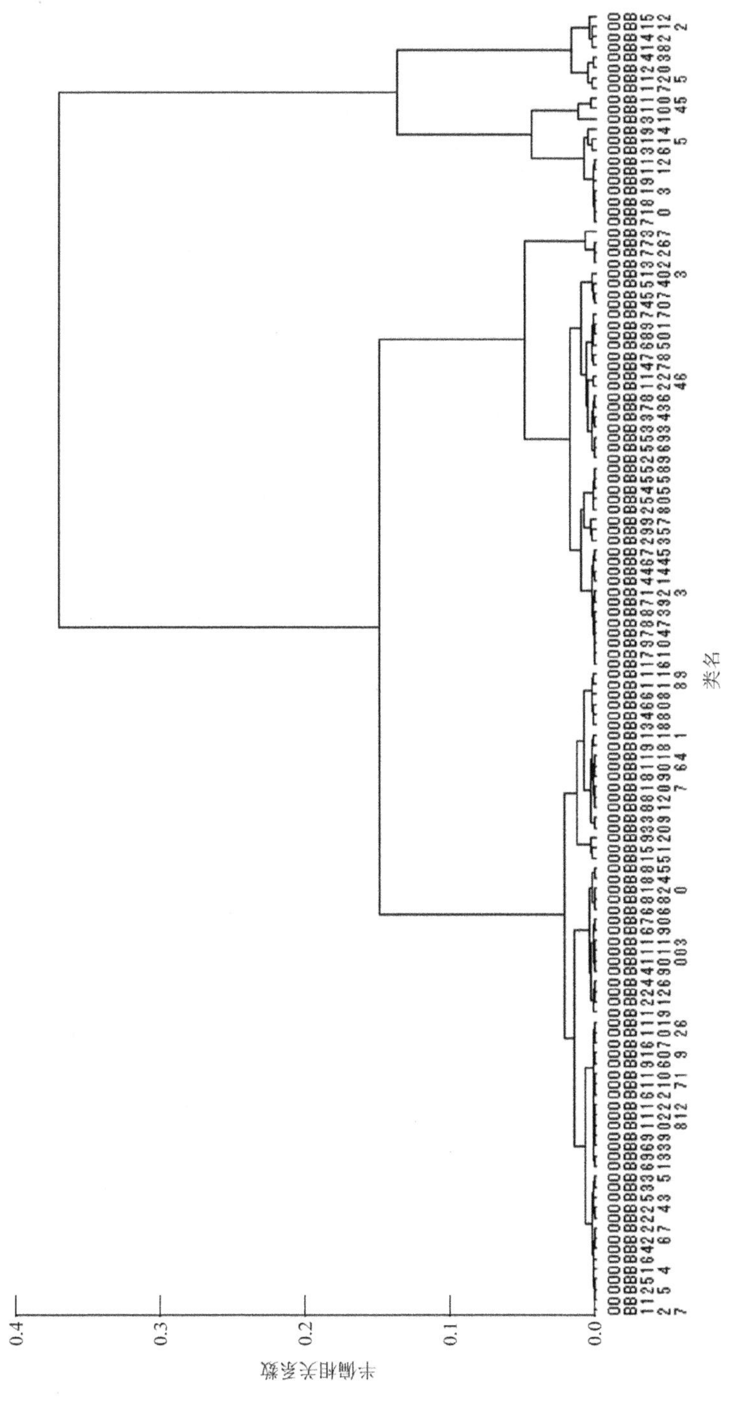

图6-6　离差平方和法聚类树生成结果

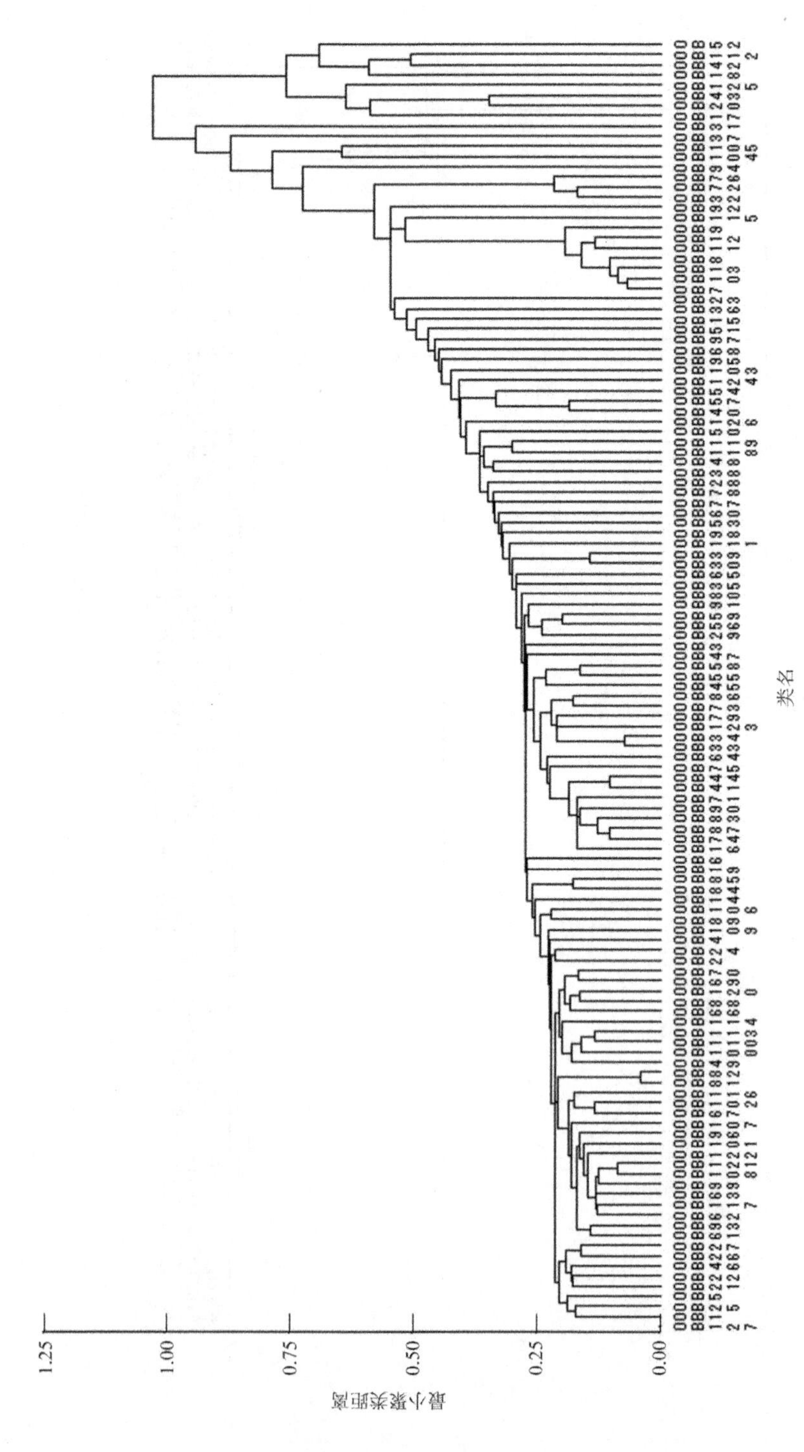

图6-7　最短距离法聚类树生成结果

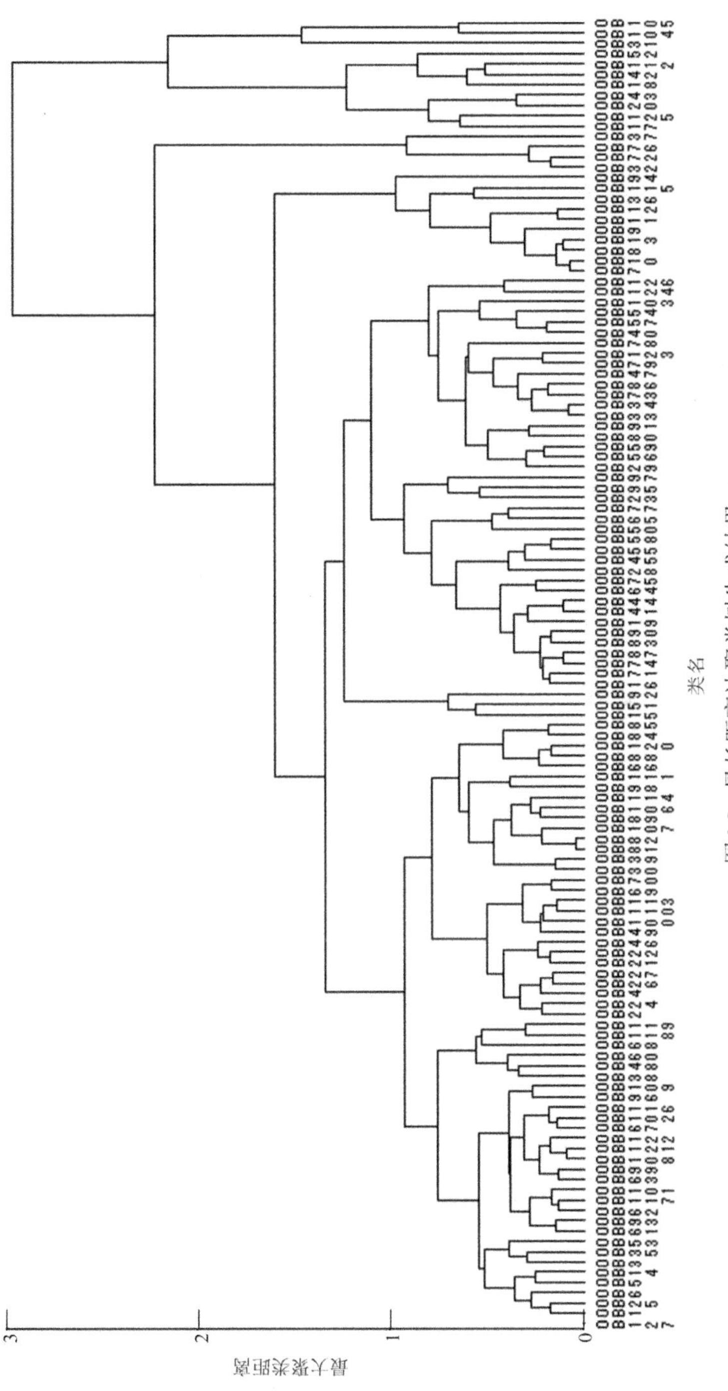

图6-8　最长距离法聚类树生成结果

从聚类树图可以看出，离差平方和法（mininum-variance method）聚类的效果较好，聚类数据分布较为均匀，类间距离明显。因此，聚类类目数为 4 最合适。重复以上过程，进行不同实验任务的数据聚类分析，得到自定义组名与二级分类目录、三级分类目录及不同省份的聚类结果。

5. 基于多维尺度法的概念空间性计算

1）多维尺度法的算法描述

多维尺度分析可以用于概念空间性的表示，主要计算寻求各点距离之间的单调顺序，而不是具体的数值大小。其算法设计具体包括下列三个步骤。

A. 生成观测矩阵

在多维尺度法中，事物作为空间图中的点，空间中点与点之间距离代表事物之间的相似性程度。要使所得维度能够解释数据，要求计算得到的模型距离与观察距离一致，即模型拟合度要高。多维尺度算法利用度量空间之间的关系来描绘对象，空间距离由嵌入在空间中点的关系所描述。多维尺度法提供两种类型的空间描述，一个是欧几里得刺激空间，另一个是个体差异空间。欧几里得刺激空间几乎是所有多维尺度法的基础，而个体差异空间是依据个体认知差异进行聚类，形成聚合欧几里得刺激空间。

其中欧几里得刺激空间主要与数据结构有关，是基于闵可夫斯基（Minkowski）距离函数。假定在网站分类目录中，被试对概念之间关系认知（距离）作为基本输入数据，如果有 n 个对象，可得 $m=\dfrac{n(n-1)}{2}$ 个对象对间的距离 S_{ij}，点 i 与 j 之间的距离表示为 d_{ij}，可表示为式（6-9）：

$$S_{ij}=\left[\sum_{a}^{r}\left|x_{ia}-x_{ja}\right|^{p}\right]^{1/p}\quad(p\geqslant 1, x_i\neq x_j)\tag{6-9}$$

其中，有 r 维，X_{ia} 为 a 维上的坐标点 i，X_{ja} 为 a 维上的坐标点 j；指数 p 为闵可夫斯基距离指数。闵可夫斯基距离函数描述了一个欧氏模型，当 $p=2$ 时，如式（6-10）所示：

$$S_{ij}=\left[\sum_{a}^{r}(x_{ia}-x_{ja})^{2}\right]^{1/2}\tag{6-10}$$

目标距离函数是两点坐标的绝对差异值的总和，当 $p=1$ 时，取此值，在所有维度中，主导距离函数被定义为最大绝对差异值，当 $p=\infty$ 时，取此值。

B. 同态映射

即寻找一个降维的 q 维空间，做同态映射处理，使 q 维空间内 d_{ij}（两个对象

在 p 维空间中的距离）与原距离 S_{ij} 相匹配，如果 d_{ij} 与 S_{ij} 完全相匹配，各成对对象间距离关系为 $d_{i1} > d_{i2} > \cdots > d_{im}$，即递降距离与原始递升的相似度次序保持一致。

C. 信度和效度检验

在非计量多维尺度分析中，计算差异程度 K（克鲁斯克系数），用于检验所得到的空间图是否有效，衡量 d_{ij} 与 S_{ij} 的匹配程度。在心智模型测量中，K 为信度和效度估计值，分别是 Stress（应力指数）和观察距离的变异中可由模型距离解释的百分比。Stress 为拟合度量值，被定义为相似度评估数据代表的理论距离和计算的距离之间的偏差量，随着维度数量的增加而减小。多维尺度测量的目标是发现最小应力指数值的维数，当随着维度中增加不再产生应力指数值的减少，那么此值通常被视为应力的最小值，一般在 0.20 以内可以接受；RSQ 值越大越好，一般在 0.60 以上是可接受的，详细应力指数大小与拟合度关系（靖新巧和赵守盈，2008）见表 6-14。

表 6-14　应力指数大小与拟合度关系

Stress	拟合度
0.200	不好
0.100	还可以
0.050	好
0.025	非常好
0.000	完全拟合

一旦获得最合适的维度空间，就可以直观地验证聚类分析的效果是否能真正反映被试认知维度的分类。因此，空间矩阵显示用户评估数据之间的相似性，相关计算如式（6-11）所示（Darcy et al.，2004）：

$$\text{Stress} = \sqrt{\sum_i \sum_j (d_{ij} - \overline{d_{ij}})^2 / \sum_i \sum_j d_{ij}^2} \tag{6-11}$$

其中，d_{ij} 为满足被试原始输入概念距离次序关系，同时又使应力指数值最小的参考值，这一临界值通常可用单调回归（monotone regression）方法求得。在具体研究中，如果模型拟合不好，则表明压力指数较大，原因可能有两种：一是误差较大导致数据不可靠，如果是这种情况，只能放弃使用多维尺度法进行统计；二是所选择的维度数太少。

2）多维尺度法的计算过程及结果分析

本章中的多维尺度分析用于展现概念的空间性，可视化展现概念间的空间位置，同时验证聚类分析的结果。因此，在进行多维尺度分析时，根据聚类分析结果确定最终维度数。以自定义组名与二级分类目录中的概念为例进行分析，与聚类分析相同，对相关系数矩阵进行分析。我们基于 SAS 软件的多维尺度分析模块将维度数确定为 4 以保持和聚类结果一致，得到多维尺度分析空间图，如图 6-9 所示。

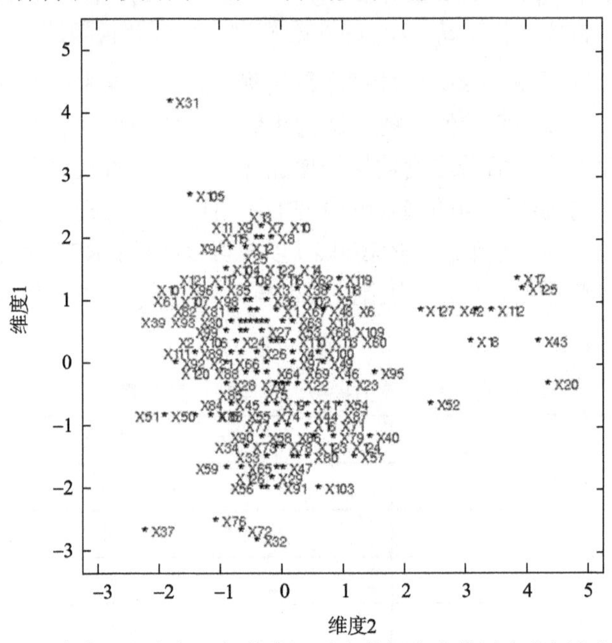

图 6-9　自定义组名与二级分类目录中的概念多维尺度分析空间图

图为软件运算结果，未做改动

对应图 6-9 的多维尺度分析统计量如表 6-15 所示。其中，维度数为 4 时，不适合度为 0.079 123，符合要求。根据聚类结果，分析多维尺度分析结果，可看出聚类结果中的四个组别在多维尺度分析空间图中也能明显区分，说明两个结果相互验证。

表 6-15　SAS 的多维尺度分析统计量结果

维数	不适合度	距离相关性	适合相关性
2	0.177 669	0.943 2	0.943 2
3	0.111 141	0.971 4	0.971 4
4	0.079 123	0.983 2	0.983 2

6.3　实验结果分析

我们根据实验设计中的数据处理流程逐步完成结果分析，主要包括整体数据分析结果和不同省份数据分析结果两个部分。其中，每个部分又分为自定义组名与二级分类目录、自定义组名与三级分类目录两种情况。整体数据处理结果中分别展示聚类分析结果和多维尺度分析结果，不同省份数据分析结果中仅展示聚类分析结果。聚类结果用表格展示，表中加粗字体代表网站分类目录中的概念，未加粗字体代表自定义组名，表中数字列代表每个概念在聚类过程及结果中的编号，即聚类树中的编号。

6.3.1 整体数据分析结果

1. 用户自定义组名与二级目录聚类分析

聚类结果中共包括 114 个自定义组名，13 个二级目录，共 127 个概念，根据聚类结果分析发现最佳类数为 4，其中 13 个二级目录概念被分在两个类当中。聚类结果如表 6-16 所示(加粗字体为二级分类目录中的概念)。

表 6-16　自定义组名与二级目录聚类结果

编号	概念	编号	概念	编号	概念
第一类		121	LED ceiling lamp	66	LED emergency light
127	LED dimmer	122	LED ceiling light	88	LED wall lamp
1	**Interior lighting**	62	wall lamp	120	LED car light
25	LED street light	117	LED bulb	84	LED underground lamp
5	**Lighting decoration**	101	energy saving lamp	85	LED underground light
14	LED power supply	96	ceiling lamp	15	LED reading lamp
6	**Outdoor lighting**	109	high power LED bulb	51	LED plug light
4	**Bulb & lamp**	67	LED flexible strip	92	LED warehouse light
26	LED strip light	102	flexible LED strip	30	electronic ballast
27	LED strip	116	LED bulb light	39	LED light bulb
2	**LED lighting**	19	LED rope light	81	LED tube light
24	LED street lamp	21	LED spot lamp	82	LED tube
53	pendant lamp	22	LED spotlight	107	halogen lamp
3	**Lighting fixtures**	46	LED panel light	89	LED wall light
35	LED lamp	49	LED par light	106	halogen bulb
61	table lamp	100	emergency light	114	LED bar light
93	LED work light	110	high power LED spotlight	98	dimmable LED light
63	LED down light	113	LED bar	111	induction lamp
99	down light	69	LED floodlight	38	LED light bar
108	high power LED	70	LED fluorescent tube	48	LED par lamp

续表

编号	概念	编号	概念	编号	概念
60	strobe light	58	solar panel	**第三类**	
68	LED flexible strip light	29	LED aquarium light	7	**Camping light**
118	LED cabinet light	56	solar lawn light	10	**Portable lighting**
119	LED candle light	59	solar street light	8	**Emergency indicator light**
第二类		33	LED high bay	13	**Sensor light**
16	LED recessed light	34	LED high bay light	9	**Torch**
71	LED garden light	73	LED grille light	11	**Professional lighting**
90	LED wall washer	86	LED underwater lamp	12	**Stage light**
74	LED grow light	124	LED dance floor	36	LED lamp cup
87	LED underwater light	126	LED desk lamp	115	LED bulb lamp
83	LED tunnel light	47	LED par can	94	lotus energy saving lamp
79	LED track light	78	LED track lamp	31	hid ballast
123	LED corn light	65	LED effect light	104	full spiral energy saving lamp
41	LED module	80	LED tree light	105	half spiral energy saving lamp
44	LED panel	91	LED wall washer light	**第四类**	
64	LED driver	77	LED table light	17	LED rigid bar
75	LED industrial light	40	LED mining light	125	LED daytime running light
23	LED stage light	57	solar LED street light	20	LED smd spotlight
95	camping lantern	54	solar flashlight	43	LED moving head light
97	crystal lamp	103	follow spot light	18	LED rigid strip
28	LED table lamp	32	high bay LED light	42	LED moving head
50	LED pendant light	72	LED grid light	112	laser light
45	LED panel lamp	76	LED inground light	52	moving head light
55	solar garden light	37	LED lawn light		

图 6-10 代表了自定义组名与二级分类目录聚类树，聚类树中标出的四类与表 6-16 中的聚类结果相互对应。聚类结果表示被聚在一类中的概念之间的相关性是最大，如第四类中 LED rigid bar、LED daytime running light、LED smd spotlight、LED moving head light、LED rigid strip、LED moving head、laser light、moving head light 8 个概念被聚为一类，则说明在所有概念中，这 8 个概念之间的相关性是最大的，可作为同一类概念。

2. 用户自定义组名与二级目录多维尺度分析

通过多维尺度分析可视化展现自定义组名与二级分类目录中概念聚类结果的空间分布图并验证聚类结果的准确性。依据图 6-11 可清晰地看出，127 个概念被分为了四类，该图展现了不同概念间的空间距离，且其很好地验证了聚类结果(为了使多维尺度分析结果更为清晰，将概念用变量 $X_1 \sim X_{127}$ 表示，变量编号与聚类分析中的编号一致)。

3. 用户自定义组名与三级目录聚类分析

聚类结果中共包括 114 个自定义组名，43 个三级目录，共 157 个概念，根据聚类结果分析发现最佳类数为 5，其中 43 个三级目录概念被分在三个类当中其中第一类均为三级目录概念，第二类和第三类中分别包含 1 个和 2 个三级目录概念。聚类结果如表 6-17 所示(加粗字体为三级分类目录中的概念)。

表 6-17　自定义组名与三级目录聚类结果

编号	概念	编号	概念	编号	概念
第一类		32	**Rope light**	42	**Underwater light**
1	**Ceiling light**	34	**Other lights**	36	**Garden light**
6	**Wall light**	35	**Flood light**	38	**Lawn light**
3	**Other indoor**	41	**Street light**	12	**Other LED light**
4	**Fendant light**	37	**Other outdoor light**	7	**LED bulb**
2	**Floor lamp**	40	**Spotlight**	11	**LED light**

续表

编号	概念	编号	概念	编号	概念
9	**LED flastlight**	152	LED ceiling light	90	strobe light
8	**LED display**	126	ceiling lamp	128	emergency light
5	**Table light**	44	LED power supply	115	LED underground light
13	**Light box**	112	LED tube	114	LED underground lamp
10	**LED head lamp**	111	LED tube light	136	halogen bulb
39	**Solar light**	119	LED wall light	141	induction lamp
19	**Compact bulb**	60	electronic ballast	45	LED reading lamp
20	**Fluorescent light**	137	halogen lamp	122	LED warehouse light
21	**Halogen light**	69	LED light bulb	66	LED lamp cup
28	**Lantern**	123	LED work light	68	LED light bar
29	**Metal light**	91	table lamp	140	high power LED spotlight
30	**Other decorative lights**	151	LED ceiling lamp	98	LED flexible strip light
14	**Ballast**	146	LED bulb light	149	LED candle light
16	**Lamp shade**	145	LED bulb lamp	78	LED par lamp
15	**Lamp base**	49	LED rope light	130	dimmable LED light
17	**Light bracket**	76	LED panel light	148	LED cabinet light
18	**Other lighting fixture**	99	LED floodlight	97	LED flexible strip
25	**Other light bulb**	143	LED bar	132	flexible LED strip
22	**Incandescent light**	96	LED emergency light		**第三类**
23	**Mercury light**	144	LED bar light	33	**Light stocks**
24	**Neon bulb**	100	LED fluorescent tube	94	LED driver
26	**Xenon light**	118	LED wall lamp	46	LED recessed light
27	**Chandelier**	150	LED car light	113	LED tunnel light
	第二类	51	LED spot lamp	104	LED grow light
31	**Tiffany lamp**	52	LED spotlight	74	LED panel
147	LED bulb	56	LED strip light	101	LED garden light
65	LED lamp	57	LED strip	43	**Renewable energy**
92	wall lamp	54	LED street lamp	71	LED module
138	high power LED	83	pendant lamp	53	LED stage light
129	energy saving lamp	139	high power LED bulb	64	LED high bay light
55	LED street light	58	LED table lamp	63	LED high bay
93	LED down light	81	LED plug light	86	solar lawn light
127	down light	79	LED par light	117	LED underwater light

续表

编号	概念	编号	概念	编号	概念
120	LED wall washer	156	LED desk lamp	73	LED moving head light
121	LED wall washer light	80	LED pendant light	72	LED moving head
75	LED panel lamp	108	LED track lamp	155	LED daytime running light
107	LED table light	89	solar street light	59	LED aquarium light
105	LED industrial light	102	LED grid light	133	follow spot light
85	solar garden light	106	LED inground light	87	solar LED street light
110	LED tree light	70	LED mining light	82	moving head light
88	solar panel	109	LED track light	157	LED dimmer
95	LED effect light	154	LED dance floor	84	solar flashlight
131	crystal lamp	153	LED corn light	125	camping lantern
62	high bay LED light	**第四类**		**第五类**	
103	LED grille light	48	LED rigid strip	61	hid ballast
116	LED underwater lamp	47	LED rigid bar	124	lotus energy saving lamp
67	LED lawn light	142	laser light	135	half spiral energy saving lamp
77	LED par can	50	LED smd spotlight	134	full spiral energy saving lamp

图 6-12 代表了自定义组名与三级分类目录聚类树，聚类树中标出的五类与表 6-17 中的聚类结果相对应。聚类结果表示聚在一类的概念之间的相关性是最大，如第五类中 full spiral energy saving lamp、half spiral energy saving lamp、lotus energy saving lamp、hid ballast 这 4 个概念被聚为一类，则说明在所有概念中，这 4 个概念之间的相关性是最大的，可作为同一类概念。

4. 用户自定义组名与三级目录多维尺度分析

与自定义组名与二级分类目录中概念分析结果解释类似，通过多维尺度分析可以可视化展现自定义组名与三级分类目录中概念聚类结果的空间分布图并可验证聚类结果的准确性。由图 6-13 可清晰地看出，157 个概念被分为五类，该图展现了不同概念间的空间距离，其结果也很好地验证了聚类结果。(概念用变量 X_1～X_{157} 表示。)

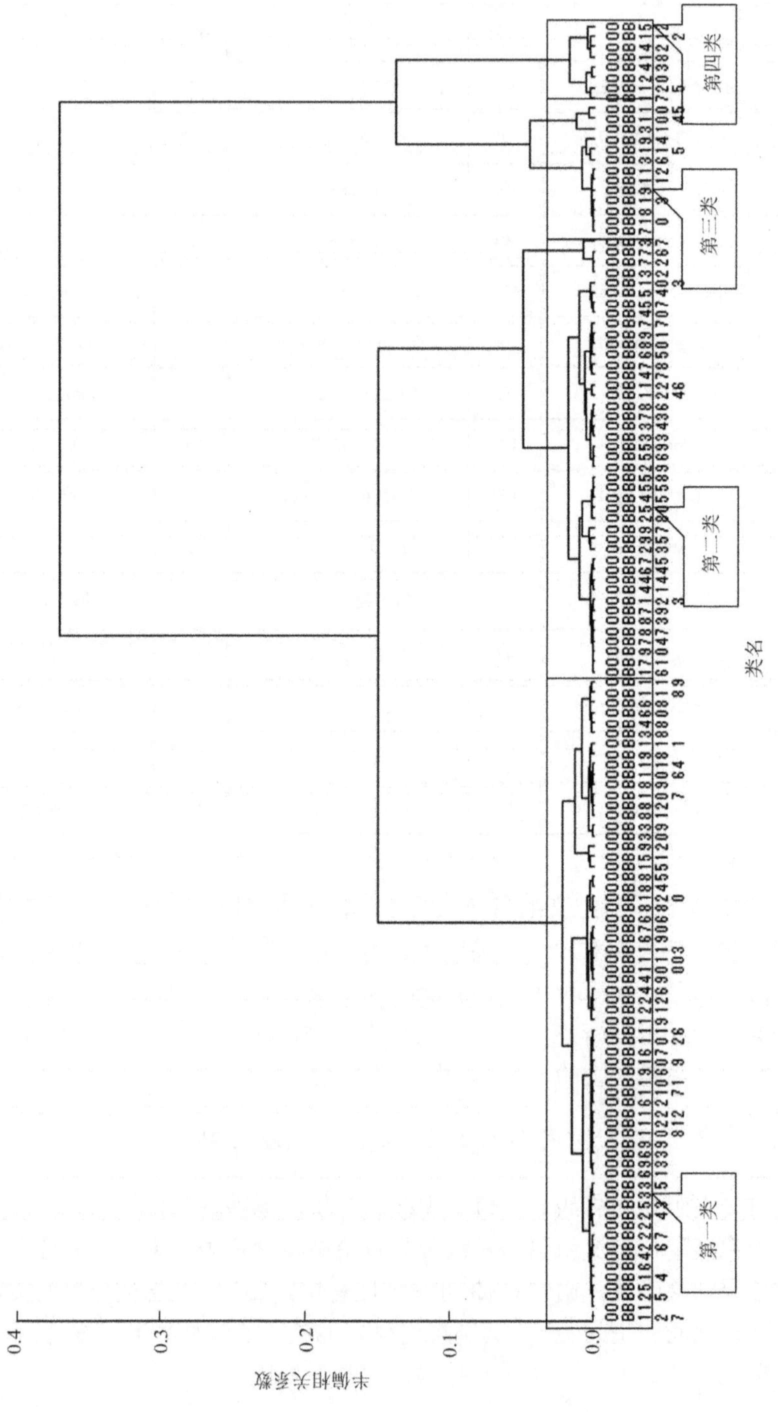

图6-10　自定义组名与二级分类目录聚类树

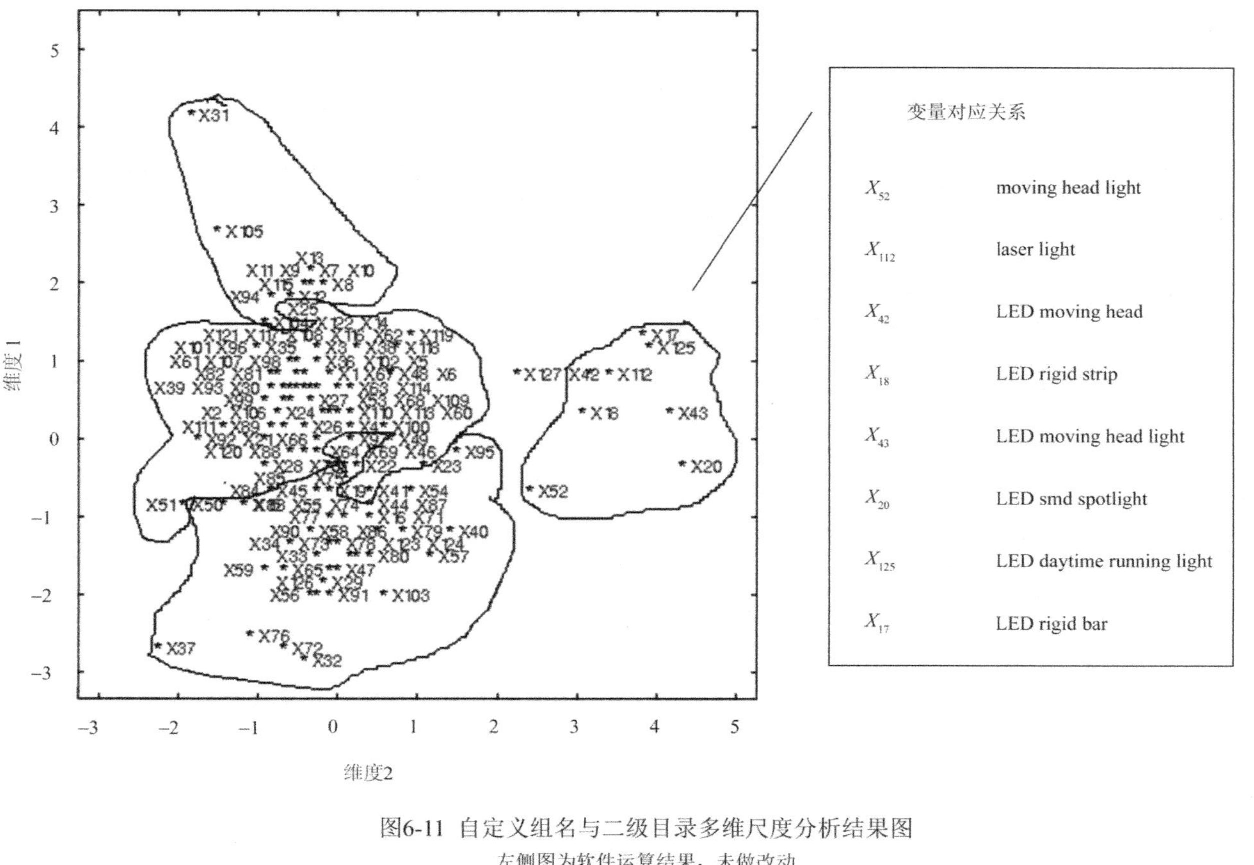

图6-11　自定义组名与二级目录多维尺度分析结果图

左侧图为软件运算结果，未做改动

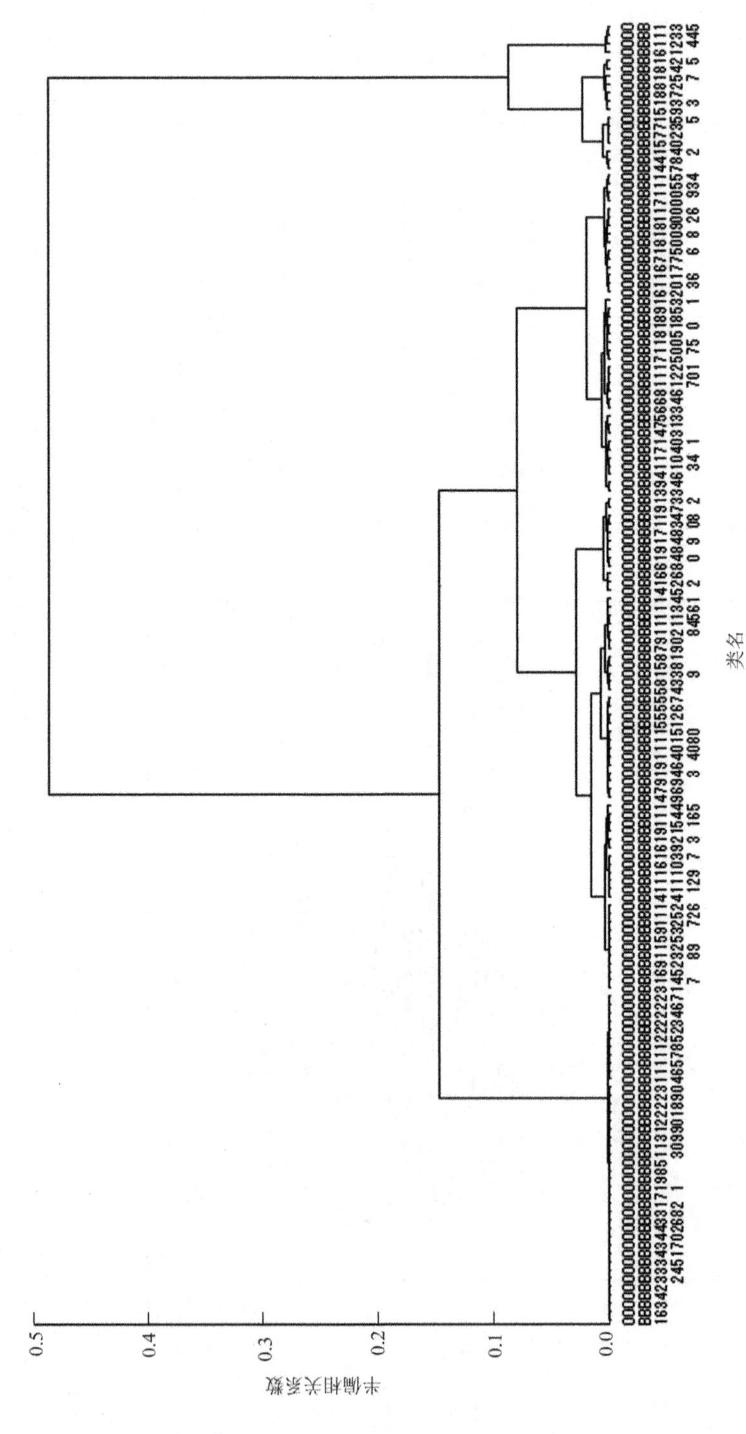

图6-12　自定义组名与三级分类目录聚类树

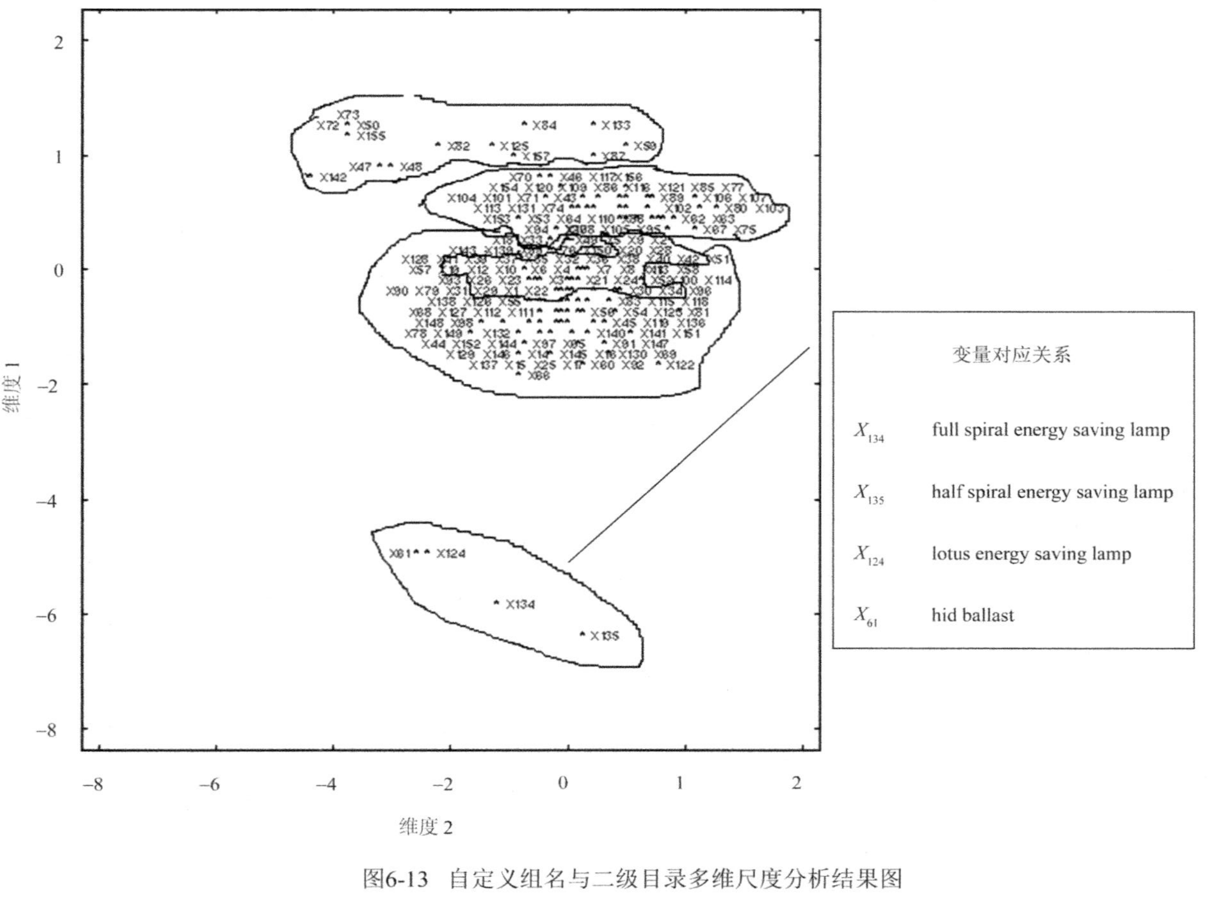

图6-13 自定义组名与二级目录多维尺度分析结果图

左侧图为软件运算结果，未做改动

6.3.2　不同省份数据分析结果

本小节在整体数据分析的基础上，对不同省份中网站信息组织与用户认知间的差异进行进一步分析。主要展示不同省份的数据分析结果，包括上海市、江苏省、浙江省和广东省，主要展示数据的聚类分析结果。每个省份包含的自定义组名数量及内容有很大的区别，从不同省份的数据分析结果可看出每个省份的重点产品，根据聚类分析的结果，可针对不同省份展现给不同地域用户更有针对性的网站产品分类目录，提高用户的信息获取效率。

1. 上海市分析结果

从上海市原始数据中共筛选出 29 个自定义组名。将 29 个自定义组名分别与二级分类目录、三级分类目录概念进行相关性分析。

1) 上海市自定义组名与二级分类目录

根据自定义组名与二级目录中概念的相关性，将 29 个自定义组名和 13 个二级目录概念，共 42 个概念分为四类。聚类结果中的四个类别包括以下三种情况。

(1) 同时包含二级分类目录概念和自定义组名：表 6-18 中的第一类，其中包括二级分类目录中的 Interior lighting、LED lighting、Outdoor lighting 等 6 个概念，同时也包括 LED strip、LED strip light、LED street light 等 19 个自定义组名，说明包含的 6 个二级分类目录与 19 个自定义组名相关性最大。

表 6-18　上海市自定义组名与二级目录聚类结果

编号	概念	编号	概念	编号	概念
第一类		28	LED down light	第二类	
1	**Interior lighting**	34	flexible LED strip	16	LED rope light
2	**LED lighting**	38	LED bulb light	24	LED panel
6	**Outdoor lighting**	37	LED bulb	26	solar garden light
4	**Bulb & lamp**	18	LED spotlight	23	LED high bay
5	**Lighting decoration**	25	LED panel light	41	LED corn light
20	LED strip	29	LED flood light	30	LED track light
21	LED strip light	39	LED cabinet light	27	solar street light
3	**Lighting fixtures**	14	LED power supply	第三类	
19	LED street light	31	LED tube	7	**Camping light**
40	LED ceiling light	32	LED tube light	10	**Portable lighting**
33	down light	22	electronic ballast	8	**Emergency indicator light**
35	high power LED	36	induction lamp	13	**Sensor light**

续表

编号	概念	编号	概念	编号	概念
11	**Professional lighting**	**第四类**		17	LED smd spotlight
12	**Stage light**	15	LED rigid strip		
9	**Torch**	42	LED dimmer		

(2) 包含自定义组名：表 6-18 中的第二类和第四类，如第二类中的 LED rope light、LED panel、solar garden light 等 7 个自定义组名组成一类，说明这些自定义组名间的相关性最大。

(3) 只包含二级分类目录概念：表 6-18 中的第三类，其中只包括 7 个二级分类目录概念，说明这 7 个分类目录概念间的相关性较大，且与所有自定义组名间的相关性都比较小。具体结果如表 6-18 所示。

图 6-14 为上海市自定义组名与二级目录概念的聚类结果，图中标注的四个类别，与表 6-18 的类别相对应，图中概念以编号的形式展示。聚类图的解释为，越早聚为一类的概念之间的相似性越大，如第四类中，编号为 15 和 42 的概念先聚为一类，然后与概念 17 聚为一类，因此 LED rigid strip 和 LED dimmer 之间的相关性比较大。按照这样的方法，也可以看出每个类中不同概念之间的相关性强度。

2) 上海市自定义组名与三级分类目录

根据自定义组名与三级目录中概念的相关性，将 29 个自定义组名和 41 个三级目录概念，共 70 个概念分为四类(原本是有 43 个三级分类目录概念，但是其中 Light stocks 和 Solar & renewable energy 与所有自定义组名的相关性都为 0，则在聚类前将这两个概念剔除)。具体结果如表 6-19 所示。相应的聚类结果图如图 6-14 所示。聚类结果中的四个类别包括以下三种情况。

(1) 包含三级分类目录概念：表 6-19 中第一类，Ceiling light、Wall light、Flood light 等 40 个三级分类目录概念组成一类，说明这些三级分类目录概念间的相关性较大。

(2) 同时包含三级分类目录概念与自定义组名：表 6-19 中第二类包括了 Tiffany lamp 一个三级分类目录概念和 high power LED、LED bulb 等 17 个自定义组名，说明这些概念间的相关性最大。

(3) 包含自定义组名：表 6-19 中第三类和第四类，其中第三类中只包括 LED rigid strip、LED smd spotlight 和 LED dimmer 3 个自定义组名，说明这三者的相关性较大。

图 6-15 为上海市自定义组名与三级目录概念的聚类结果，图中标注的四个类别，与表 6-19 的类别相对应，图中概念以编号的形式展示。同上解释，从该图中也可看出每个类中概念间的相关性强度。

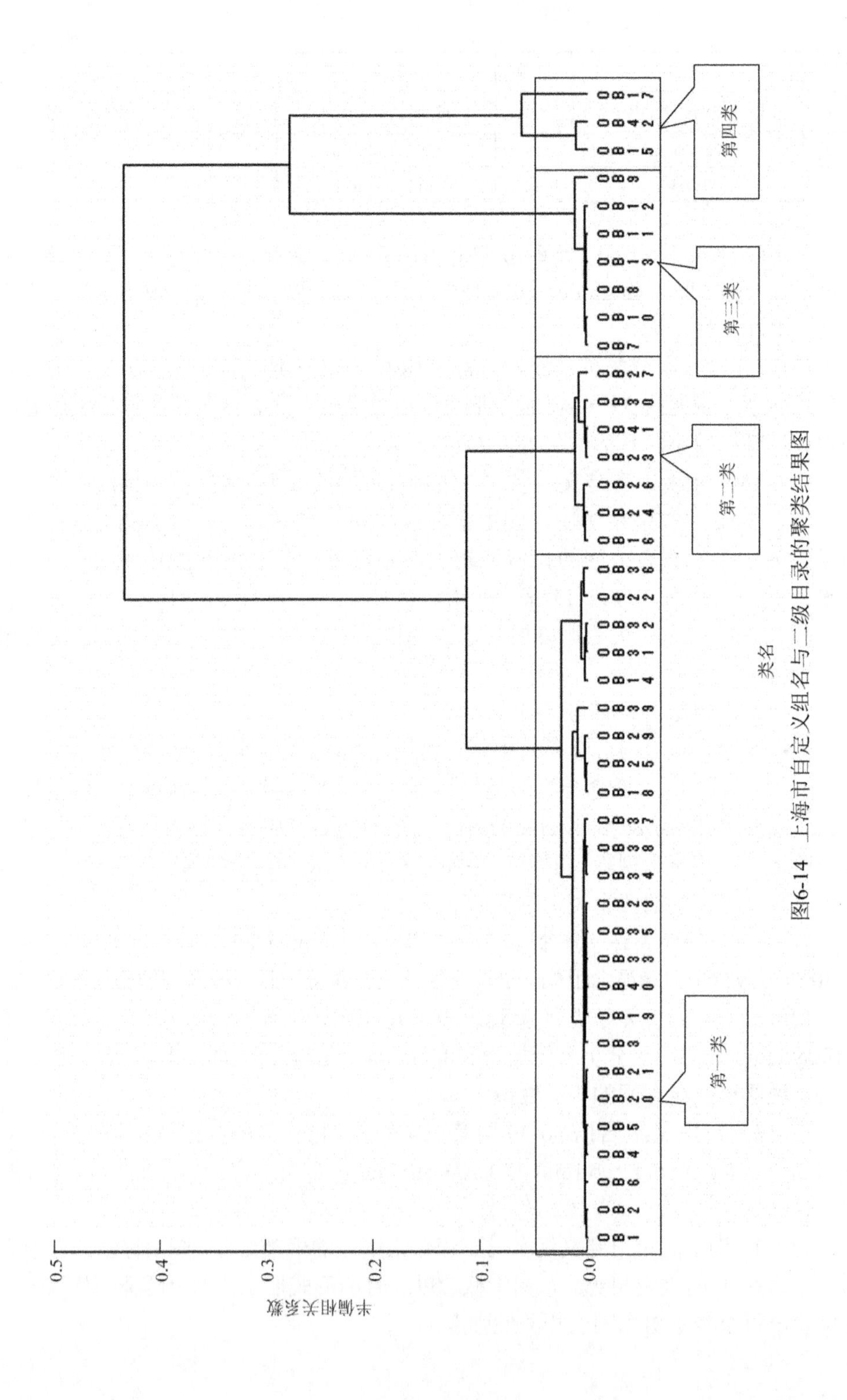

图6-14　上海市自定义组名与二级目录的聚类结果图

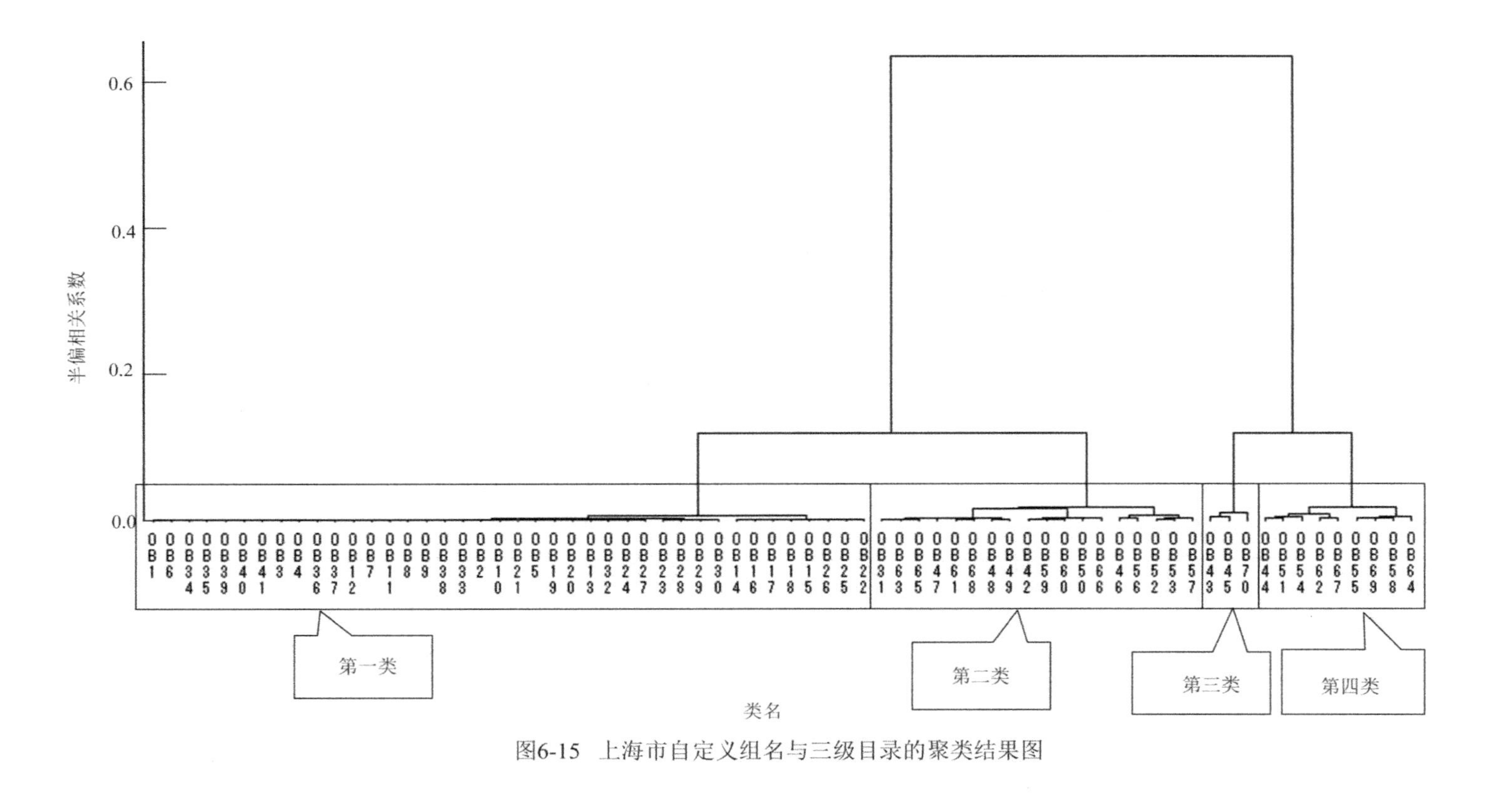

图6-15　上海市自定义组名与三级目录的聚类结果图

表 6-19　上海市自定义组名与三级目录聚类结果

编号	概念	编号	概念	编号	概念
第一类		13	**Light box**	42	LED power supply
1	**Ceiling light**	32	**Rope light**	59	LED tube
6	**Wall light**	24	**Neon bulb**	60	LED tube light
34	**Flood light**	27	**Chandelier**	50	electronic ballast
35	**Garden light**	23	**Mercury light**	66	LED bulb light
39	**Spotlight**	28	**Lantern**	46	LED spotlight
40	**Street light**	29	**Metal light**	56	LED down light
41	**Underwater light**	30	**Other decorative lights**	52	LED panel
3	**Other indoor**	14	**Ballast**	53	LED panel light
4	**Pendant light**	16	**Lamp shade**	57	LED flood light
36	**Lawn light**	17	**Light bracket**	第三类	
37	**Other outdoor light**	18	**Other lighting fixture**	43	LED rigid strip
12	**Other LED light**	15	**Lamp base**	45	LED smd spotlight
7	**LED bulb**	26	**Xenon light**	70	LED dimmer
11	**LED light**	25	**Other light bulb**	第四类	
8	**LED display**	22	**Incandescent light**	44	LED rope light
9	**LED flastlight**	第二类		51	LED high bay
38	**Solar light**	31	**Tiffany lamp**	54	solar garden light
33	**Other lights**	63	high power LED	62	flexible LED strip
2	**Floor lamp**	65	LED bulb	67	LED cabinet light
10	**LED head lamp**	47	LED street light	55	solar street light
21	**Halogen light**	61	down light	69	LED corn light
5	**Table light**	68	LED ceiling light	58	LED track light
19	**Compact bulb**	48	LED strip	64	induction lamp
20	**Fluorescent light**	49	LED strip light		

2. 江苏省分析结果

从江苏省原始数据中共筛选出 40 个自定义组名。将 40 个自定义组名分别与二级分类目录、三级分类目录概念进行相关性分析。

1)江苏省自定义组名与二级分类目录

根据自定义组名与二级目录中概念的相关性，将 40 个自定义组名和 13 个二级目录概念，共 53 个概念分为四类，结果如表 6-20 所示。聚类结果中的四个类别包括以下三种情况。

表 6-20　江苏省自定义组名与二级目录聚类结果

编号	概念	编号	概念	编号	概念
第一类		25	LED panel light	53	LED desk lamp
1	**Interior lighting**	27	LED par light	24	LED panel
2	**LED lighting**	47	high power LED spotlight	37	LED industrial light
17	LED street light	35	LED floodlight	40	LED tunnel light
52	LED ceiling light	36	LED fluorescent tube	42	LED wall washer
34	LED flexible strip	41	LED underground lamp	28	solar garden light
5	**Lighting decoration**	20	electronic ballast	30	solar panel
4	**Bulb & lamp**	22	LED light bulb	**第三类**	
18	LED strip	38	LED tube	7	**Camping light**
19	LED strip light	39	LED tube light	10	**Portable lighting**
6	**Outdoor lighting**	26	LED par lamp	9	**Torch**
32	LED down light	45	dimmable LED light	8	**Emergency indicator light**
44	ceiling lamp	50	LED cabinet light	11	**Professional lighting**
3	**Lighting fixtures**	51	LED candle light	13	**Sensor light**
21	LED lamp	49	LED bulb lamp	12	**Stage light**
48	LED bulb	**第二类**		**第四类**	
15	LED spotlight	23	LED mining light	14	LED rigid bar
16	LED street lamp	29	solar LED street light	43	lotus energy saving lamp
33	LED emergency light	31	solar street light	46	half spiral energy saving lamp

⑴同时包含二级分类目录概念和自定义组名：表 6-20 中的第一类，其中包括二级分类目录中的 Interior lighting、LED lighting 等 6 个概念，同时也包括 LED strip、LED strip light、LED down light 等 27 个自定义组名，说明包含的 6 个二级分类目录与 27 个自定义组名相关性最大。

⑵只包含自定义组名：表 6-20 中的第二类和第四类，如第二类中的 LED mining light、solar street light 等 10 个自定义组名组成一类，说明这些自定义组名间的相关性最大。

⑶包含二级分类目录概念：表 6-20 中的第三类，其中只包括 7 个二级分类目录概念，说明这 7 个分类目录概念间的相关性较大，且与所有自定义组名间的相关性都比较小。

图 6-16 为江苏省自定义组名与二级目录中概念的聚类结果，图中标注了四个类别，与表 6-20 中的类别相对应，图中概念是以编号的形式展示的。同上解释，从该图中也可看出每个类中概念间的相关性强度。

2)江苏省自定义组名与三级分类目录

根据自定义组名与三级目录中概念的相关性，将 40 个自定义组名和 41 个三级目录概念，共 81 个概念分为四类(原本是有 43 个三级分类目录概念，但是其中 Light stocks 和 Solar & renewable energy 与所有自定义组名的相关性都为 0，则在聚类前将这两个概念剔除)。具体结果如表 6-21 所示。相应的聚类结果图如图 6-17 所示。聚类结果中的四个类别类包括以下三种情况。

⑴只包含三级分类目录概念：表 6-21 中第一类，Ceiling light、Wall light、Flood light 等 39 个三级分类目录概念组成一类，说明这些三级分类目录概念间的相关性较大。

⑵同时包含三级分类目录概念与自定义组名：表 6-21 中第二类包括了 Mercuy light 和 Tiffany lamp 2 个三级分类目录概念和 LED ceiling light、LED lamp、LED bulb 等 20 个自定义组名，说明这些概念间的相关性最大。

⑶只包含自定义组名：表 6-21 中第三类和第四类，如第四类中只包括 LED rigid bar、lotus energy saving lamp 和 half spiral energy saving lamp 3 个自定义组名，说明这三者的相关性较大。

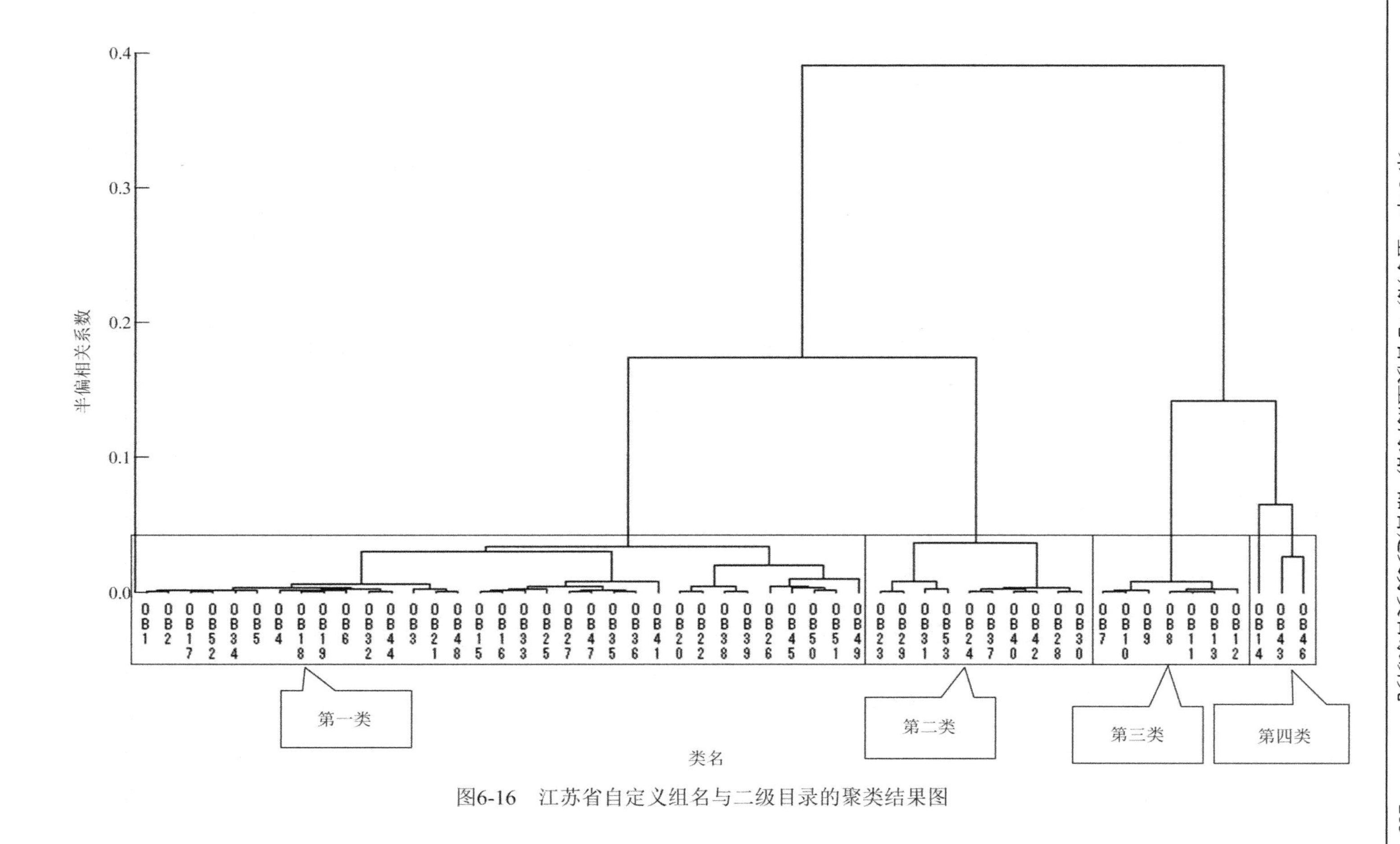

图6-16　江苏省自定义组名与二级目录的聚类结果图

表 6-21　江苏省自定义组名与三级目录聚类结果

编号	概念	编号	概念	编号	概念
第一类		27	**Chandelier**	61	LED emergency light
1	**Ceiling light**	28	**Lantern**	64	LED fluorescent tube
40	**Street light**	29	**Metal light**	69	LED underground lamp
34	**Flood light**	30	**Other decorative lights**	53	LED panel light
35	**Garden light**	14	**Ballast**	63	LED floodlight
6	**Wall light**	16	**Lamp shade**	第三类	
7	**LED bulb**	15	**Lamp base**	51	LED mining light
11	**LED light**	25	**Other light bulb**	81	LED desk lamp
8	**LED display**	17	**Light bracket**	59	solar street light
3	**Other indoor**	18	**Other lighting fixture**	65	LED industrial light
39	**Spotlight**	22	**Incandescent light**	57	solar LED street light
41	**Underwater light**	第二类		52	LED panel
12	**Other LED light**	23	**Mercury light**	58	solar panel
4	**Pendant light**	80	LED ceiling light	56	solar garden light
37	**Other outdoor light**	49	LED lamp	68	LED tunnel light
9	**LED flastlight**	76	LED bulb	70	LED wall washer
10	**LED head lamp**	31	**Tiffany lamp**	54	LED par lamp
36	**Lawn light**	50	LED light bulb	75	high power LED spotlight
38	**Solar light**	60	LED down light	73	dimmable LED light
13	**Light box**	72	ceiling lamp	78	LED cabinet light
33	**Other lights**	45	LED street light	79	LED candle light
2	**Floor lamp**	66	LED tube	55	LED par light
26	**Xenon light**	67	LED tube light	62	LED flexible strip
5	**Table light**	48	electronic ballast	第四类	
32	**Rope light**	77	LED bulb lamp	42	LED rigid bar
19	**Compact bulb**	43	LED spotlight	71	lotus energy saving lamp
20	**Fluorescent light**	46	LED strip	74	half spiral energy saving lamp
21	**Halogen light**	47	LED strip light		
24	**Neon bulb**	44	LED street lamp		

图 6-17 为江苏省自定义组名与三级目录中概念的聚类结果，图中标注了四个类别，与表 6-21 中的类别相对应，图中概念是以编号的形式展示的。

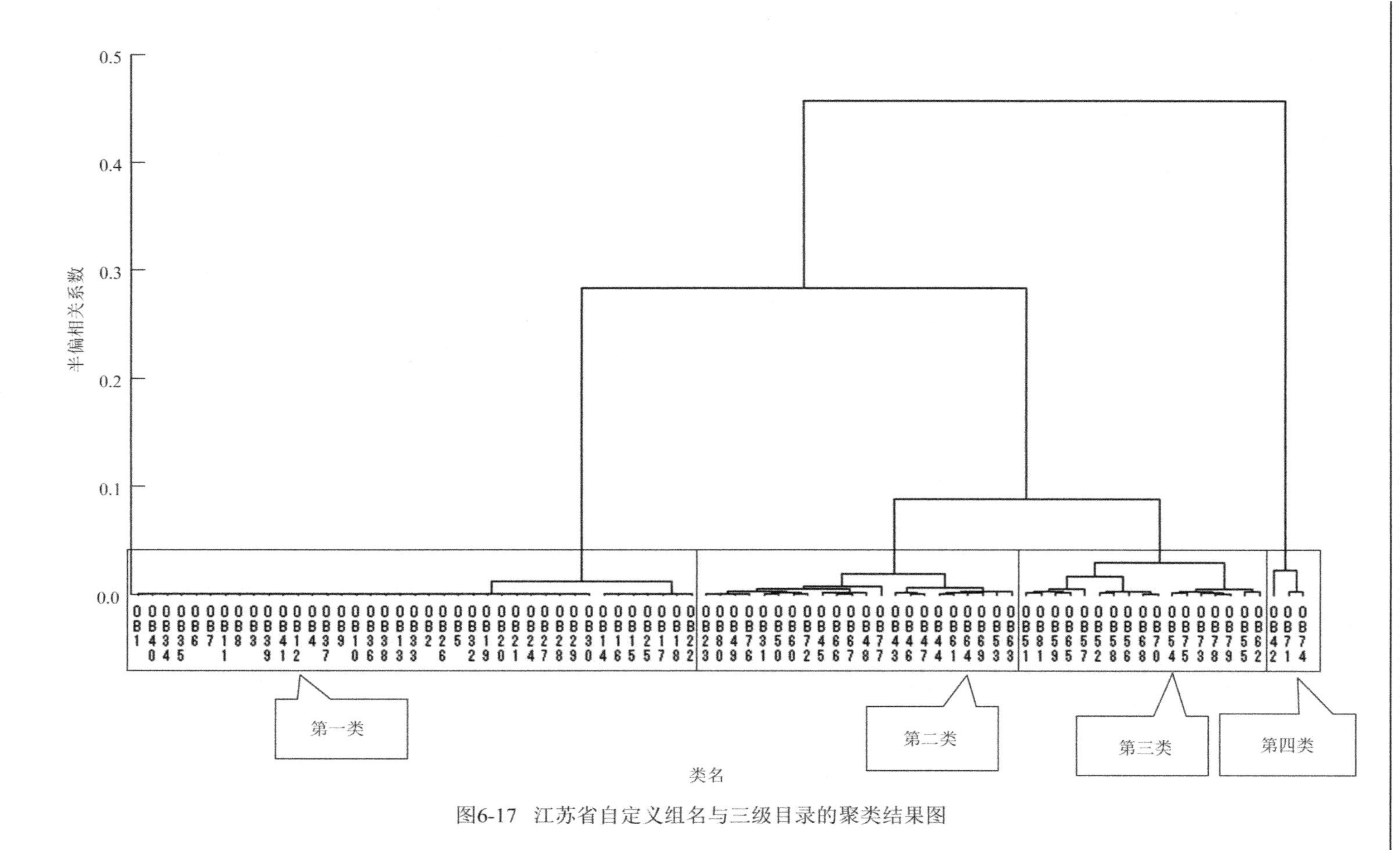

图6-17　江苏省自定义组名与三级目录的聚类结果图

3. 浙江省分析结果

从浙江省原始数据中共筛选出 87 个自定义组名。将 87 个自定义组名分别与二级分类目录、三级分类目录概念进行相关性分析。

1)浙江省自定义组名与二级分类目录

根据自定义组名与二级目录中概念的相关性，将 87 个自定义组名和 13 个二级目录概念，共 100 个概念分为五类，结果如表 6-22 所示。聚类结果中的五个类别包括以下两种情况。

表 6-22　浙江省自定义组名与二级目录聚类结果

编号	概念	编号	概念	编号	概念
第一类		21	LED spot light	15	LED reading lamp
1	**Interior lighting**	53	LED emergency light	75	LED warehouse light
6	**Outdoor lighting**	71	LED wall lamp	**第二类**	
2	**LED lighting**	40	LED panel light	16	LED recessed light
5	**Lighting decoration**	56	LED fluorescent tube	57	LED garden light
23	LED street light	42	LED par light	73	LED wall washer
99	LED ceiling light	81	emergency light	60	LED grow light
80	down light	55	LED floodlight	66	LED tunnel light
88	high power LED	90	high power LED spotlight	70	LED underwater light
98	LED ceiling lamp	67	LED underground lamp	18	LED rope light
4	**Bulb & lamp**	68	LED underground light	26	LED table lamp
24	LED strip	14	LED power supply	37	LED module
25	LED strip light	72	LED wall light	38	LED panel
22	LED street lamp	64	LED tube	52	LED driver
97	LED car light	65	LED tube light	45	solar garden light
54	LED flexible strip	82	energy saving lamp	47	solar panel
83	flexible LED strip	87	halogen lamp	39	LED panel lamp
94	LED bulb light	28	electronic ballast	61	LED table light
3	**Lighting fixtures**	35	LED light bulb	77	camping lantern
31	LED lamp	79	dimmable LED light	27	LED aquarium light
50	wall lamp	86	halogen bulb	74	LED wall washer light
92	LED bulb	91	induction lamp	46	solar lawn light
43	pendant lamp	34	LED light bar	48	solar street light
89	high power LED bulb	95	LED cabinet light	62	LED track lamp
51	LED down light	96	LED candle light	36	LED mining light
78	ceiling lamp	41	LED par lamp	44	solar flashlight
20	LED spot lamp	49	strobe light	30	LED high bay light

续表

编号	概念	编号	概念	编号	概念
101	LED desk lamp	10	**Portable lighting**	84	full spiral energy saving lamp
59	LED grille light	9	**Torch**	85	half spiral energy saving lamp
69	LED underwater lamp	11	**Professional lighting**	**第五类**	
63	LED track light	12	**Stage light**	17	LED rigid strip
100	LED corn light	32	LED lamp cup	19	LED smd spotlight
第三类		93	LED bulb lamp	33	LED lawn light
7	**Camping light**	76	lotus energy saving lamp	58	LED grid light
13	**Sensor light**	**第四类**			
8	**Emergency indicator light**	29	hid ballast		

(1) 同时包含二级分类目录概念和自定义组名：表 6-22 中的第一类和第三类，如第三类中，既包括 Camping light、Sensor light 等 7 个二级分类目录概念，也包括 LED lamp cup、LED bulb lamp 等 3 个自定义组名，说明这 10 个概念间的相关性是比较大的。

(2) 只包含自定义组名：表 6-22 中的第二类、第四类和第五类，如第四类中的 hid ballast、full spiral energy saving lamp 及 half spiral energy saving lamp 3 个自定义组名组成一类，说明这三者间的相关性最大。

图 6-18 为浙江省自定义组名与二级目录中概念的聚类结果，图中标注了五个类别，与表 6-22 中的类别相对应，图中概念是以编号的形式展示的。同上解释，从该图中也可看出每个类中概念间的相关性强度。

2) 浙江省自定义组名与三级分类目录

根据自定义组名与三级目录中概念的相关性，将 88 个自定义组名和 43 个三级目录概念，共 131 个概念分为六类。具体结果如表 6-23 所示，相应的聚类结果图如图 6-19 所示。

表 6-23　浙江省自定义组名与三级目录聚类结果

编号	概念	编号	概念	编号	概念
第一类		38	**Other outdoor light**	12	**Other LED light**
1	**Ceiling light**	39	**Solar light**	2	**Floor lamp**
6	**Wall light**	37	**Lawn light**	3	**Other indoor**
35	**Flood light**	42	**Underwater light**	9	**LED flastlight**
41	**Street light**	34	**Other lights**	32	**Rope light**
40	**Spotlight**	7	**LED bulb**	5	**Table light**
36	**Garden light**	11	**LED light**	13	**Light box**
4	**Pendant light**	8	**LED display**	10	**LED head lamp**

续表

编号	概念	编号	概念	编号	概念
19	**Compact bulb**	53	LED street light	62	LED lamp cup
20	**Fluorescent light**	102	LED wall light	64	LED light bar
24	**Neon bulb**	44	LED power supply	120	high power LED spotlight
26	**Xenon light**	58	electronic ballast	109	dimmable LED light
21	**Halogen light**	117	halogen lamp	125	LED cabinet light
30	**Other decorative lights**	124	LED bulb light	126	LED candle light
28	**Lantern**	**第三类**		84	LED flexible strip
29	**Metal light**	43	**Renewable energy**	113	flexible LED strip
27	**Chandelier**	67	LED module	123	LED bulb lamp
14	**Ballast**	82	LED driver	48	LED rope light
16	**Lamp shade**	68	LED panel	101	LED wall lamp
17	**Light bracket**	77	solar panel	70	LED panel light
18	**Other lighting fixture**	87	LED garden light	52	LED street lamp
23	**Mercury light**	46	LED recessed light	83	LED emergency light
15	**Lamp base**	96	LED tunnel light	86	LED fluorescent tube
25	**Other light bulb**	90	LED grow light	56	LED table lamp
22	**Incandescent light**	100	LED underwater light	73	pendant lamp
第二类		103	LED wall washer	119	high power LED bulb
31	**Tiffany lamp**	104	LED wall washer light	72	LED par light
118	high power LED	69	LED panel lamp	79	strobe light
61	LED lamp	75	solar garden light	85	LED floodlight
80	wall lamp	91	LED table light	98	LED underground light
122	LED bulb	60	LED high bay light	111	emergency light
112	energy saving lamp	89	LED grille light	97	LED underground lamp
110	down light	99	LED underwater lamp	116	halogen bulb
129	LED ceiling light	66	LED mining light	121	induction lamp
65	LED light bulb	93	LED track light	**第五类**	
108	ceiling lamp	63	LED lawn light	47	LED rigid strip
81	LED down light	131	LED desk lamp	49	LED smd spotlight
128	LED ceiling lamp	76	solar lawn light	57	LED aquarium light
50	LED spot lamp	78	solar street light	114	full spiral energy saving lamp
51	LED spot light	130	LED corn light	74	solar flashlight
127	LED car light	88	LED grid light	107	camping lantern
54	LED strip	105	LED wallwasher light	**第六类**	
55	LED strip light	92	LED track lamp	59	hid ballast
33	**Light stocks**	**第四类**		106	lotus energy saving lamp
94	LED tube	45	LED reading lamp	115	half spiral energy saving lamp
95	LED tube light	71	LED par lamp		

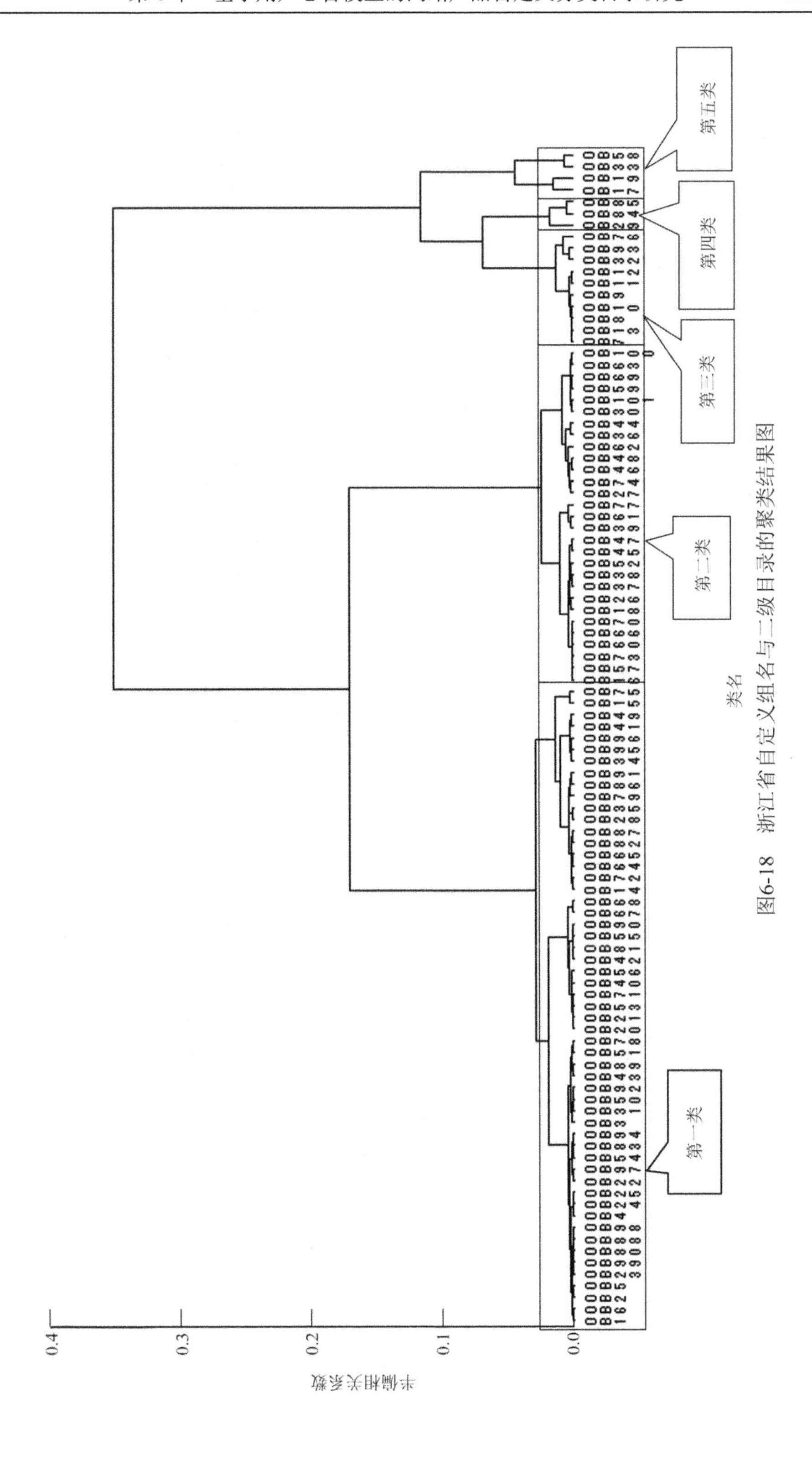

图6-18　浙江省自定义组名与二级目录的聚类结果图

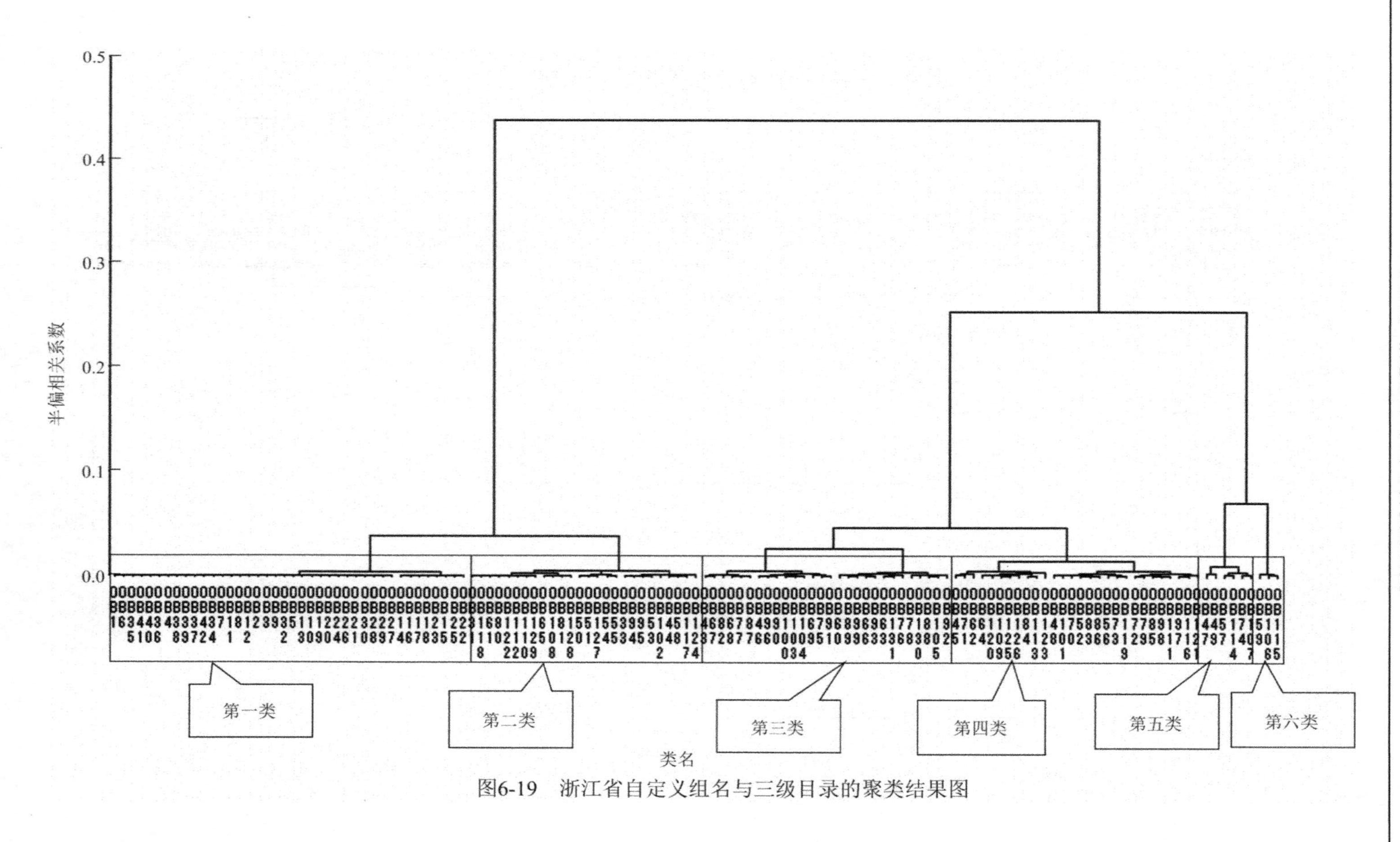

图6-19 浙江省自定义组名与三级目录的聚类结果图

聚类结果中的六个类别类包括以下三种情况。

(1) 只包含三级分类目录概念：表 6-23 中第一类，Ceiling light、Wall light、Flood light 等 40 个三级分类目录概念组成一类，说明这些三级分类目录概念间的相关性较大。

(2) 同时包含三级分类目录概念与自定义组名：表 6-23 中第二类和第三类，第二类中，包括了 Tiffany lamp 和 Light stocks 2 个三级分类目录概念及 high power LED、LED bulb 等 24 个自定义组名，说明这些概念间的相关性最大。

(3) 只包含自定义组名：表 6-23 中第四类、第五类及第六类，如第六类中只包括 hid ballast、lotus energy saving lamp 和 half spiral energy saving lamp 3 个自定义组名，说明这三者的相关性较大。

图 6-19 为浙江省自定义组名与三级目录中概念的聚类结果，图中标注了六个类别，与表 6-23 中的类别相对应，图中概念是以编号的形式展示的。同上解释，从该图中也可看出每个类中概念间的相关性强度。

4. 广东省分析结果

从广东省原始数据中共筛选出 110 个自定义组名。将 110 个自定义组名分别与二级分类目录、三级分类目录概念进行相关性分析。

1) 广东省自定义组名与二级分类目录

根据自定义组名与二级目录中概念的相关性，将 110 个自定义组名和 13 个二级目录概念，共 123 个概念分为四类，结果如表 6-24 所示。聚类结果中的四个类别包括以下两种情况。

表 6-24　广东省自定义组名与二级目录聚类结果

编号	概念	编号	概念	编号	概念
第一类		6	**Outdoor lighting**	53	pendant lamp
1	**Interior lighting**	2	**LED lighting**	106	high power LED bulb
25	LED street light	24	LED street lamp	59	table lamp
118	LED ceiling light	65	LED flexible strip	91	LED work light
96	down light	99	flexible LED strip	61	LED down light
105	high power LED	113	LED bulb light	93	ceiling lamp
117	LED ceiling lamp	3	**Lighting fixtures**	21	LED spot lamp
5	**Lighting decoration**	35	LED lamp	22	LED spotlight
4	**Bulb & lamp**	60	wall lamp	64	LED emergency light
26	LED strip	112	LED bulb	86	LED wall lamp
27	LED strip light	98	energy saving lamp	116	LED car light

续表

编号	概念	编号	概念	编号	概念
46	LED panel light	69	LED garden light	76	LED track lamp
67	LED flood light	72	LED grow light	77	LED track light
68	LED fluorescent tube	85	LED underwater light	119	LED corn light
82	LED underground lamp	81	LED tunnel light	120	LED dance floor
83	LED underground light	88	LED wall washer	32	high bay LED light
49	LED par light	19	LED rope light	70	LED grid light
110	LED bar	41	LED module	74	LED inground light
107	high power LED spotlight	44	LED panel	37	LED lawn light
97	emergency light	73	LED industrial light	**第三类**	
58	strobe light	62	LED driver	7	**Camping light**
14	LED power supply	23	LED stage light	10	**Portable lighting**
111	LED bar light	94	crystal lamp	13	**Sensor light**
87	LED wall light	28	LED table lamp	8	**Emergency indicator light**
103	halogen bulb	45	LED panel lamp	9	**Torch**
79	LED tube	54	solar garden light	11	**Professional lighting**
80	LED tube light	50	LED pendant light	12	**Stage light**
104	halogen lamp	75	LED table light	92	lotus energy saving lamp
30	electronic ballast	63	LED effect light	31	hid ballast
39	LED light bulb	78	LED tree light	101	full spiral energy saving lamp
66	LED flexible strip light	89	LED wall washer light	102	half spiral energy saving lamp
95	dimmable LED light	29	LED aquarium light	**第四类**	
108	induction lamp	100	follow spot light	17	LED rigid bar
36	LED lamp cup	40	LED mining light	121	LED daytime running light
38	LED light bar	56	solar LED street light	20	LED smd spotlight
115	LED candle light	33	LED high bay	43	LED moving head light
48	LED par lamp	34	LED high bay light	18	LED rigid strip
114	LED cabinet light	122	LED desk lamp	42	LED moving head
15	LED reading lamp	71	LED grille light	109	laser light
90	LED warehouse light	84	LED underwater lamp	52	moving head light
51	LED plug light	55	solar lawn light	123	LED dimmer
第二类		57	solar street light		
16	LED recessed light	47	LED par can		

(1) 同时包含二级分类目录概念和自定义组名：表 6-24 中的第一类和第三类，如第三类中，既包括 Camping light、Sensor light 等 7 个二级分类目录概念，也包括 hid ballast、lotus energy saving lamp、full spiral energy saving lamp 及 half spiral energy saving lamp 4 个自定义组名，说明这 11 个概念间的相关性是比较大的。

(2) 只包含自定义组名：表 6-24 中的第二类和第四类，如第四类中 LED rigid bar、LED daytime running light、LED smd spotlight 等 9 个自定义组名组成一类，说明这 9 个自定义组名间的相关性最大。

图 6-20 为广东省自定义组名与二级目录中概念的聚类结果，图中标注了四个类别，与表 6-24 中的类别相对应，图中概念是以编号的形式展示的。同上解释，从该图中也可看出每个类中概念间的相关性强度。

2) 广东省自定义组名与三级分类目录

根据自定义组名与三级目录中概念的相关性，将 110 个自定义组名和 43 个三级目录概念，共 153 个概念分为七类，结果如表 6-25 所示，相应的聚类结果图如图 6-21 所示。

聚类结果中的七个类别类包括以下三种情况。

(1) 只包含三级分类目录概念：表 6-25 中第一类，Ceiling light、Wall light、Flood light 等 41 个三级分类目录概念组成一类，说明这些三级分类目录概念间的相关性较大。

(2) 同时包含三级分类目录概念与自定义组名：表 6-25 中第四类，包括了 Renewable energy 和 Light stocks 2 个三级分类目录概念及 LED driver、LED module 等 19 个自定义组名，说明这些概念间的相关性最大。

(3) 只包含自定义组名：表 6-25 中第二类、第三类、第五类、第六类及第七类，如第七类中只包括 hid ballast、full spiral energy saving lamp、lotus energy saving lamp 和 half spiral energy saving lamp 4 个自定义组名，说明这四者的相关性较大。

图 6-21 为广东省自定义组名与三级目录中概念的聚类结果，图中标注了七个类别，与表 6-25 中的类别相对应，图中概念是以编号的形式展示的。同上解释，从该图中也可看出每个类中概念间的相关性强度。

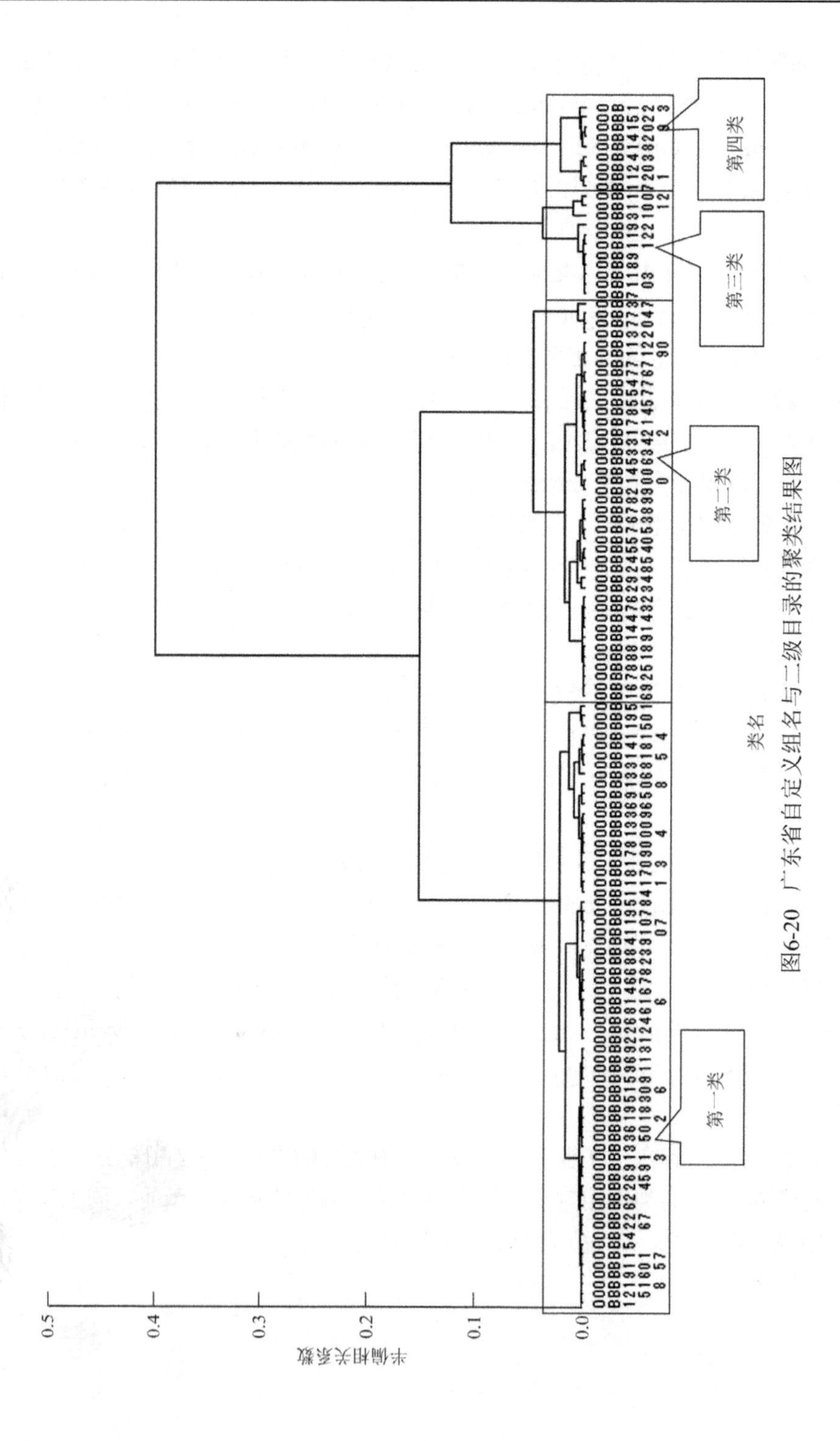

图6-20　广东省自定义组名与二级目录的聚类结果图

表 6-25　广东省自定义组名与三级目录聚类结果

编号	概念	编号	概念	编号	概念
第一类		30	**Other decorative lights**	135	high power LED
1	**Ceiling light**	21	**Halogen light**	123	ceiling lamp
6	**Wall light**	24	**Neon bulb**	126	down light
35	**Flood light**	26	**Xenon light**	148	LED ceiling light
41	**Street light**	14	**Ballast**	69	LED light bulb
40	**Spotlight**	16	**Lamp shade**	121	LED work light
38	**Other outdoor light**	15	**Lamp base**	89	table lamp
36	**Garden light**	25	**Other light bulb**	91	LED down light
37	**Lawn light**	22	**Incandescent light**	147	LED ceiling lamp
42	**Underwater light**	17	**Light bracket**	143	LED bulb light
3	**Other indoor**	18	**Other lighting fixture**	49	LED rope light
4	**Pendant light**	27	**Chandelier**	76	LED panel light
34	**Other lights**	23	**Mercury light**	113	LED underground light
7	**LED bulb**	31	**Tiffany lamp**	116	LED wall lamp
11	**LED light**	**第二类**		51	LED spot lamp
9	**LED flastlight**	44	LED power supply	52	LED spotlight
10	**LED head lamp**	55	LED street light	146	LED car light
39	**Solar light**	109	LED tube	97	LED flood light
32	**Rope light**	110	LED tube light	140	LED bar
8	**LED display**	117	LED wall light	54	LED street lamp
12	**Other LED light**	60	electronic ballast	94	LED emergency light
2	**Floor lamp**	134	halogen lamp	98	LED fluorescent tube
19	**Compact bulb**	56	LED strip	141	LED bar light
20	**Fluorescent light**	57	LED strip light	58	LED table lamp
5	**Table light**	65	LED lamp	81	LED plug light
13	**Light box**	90	wall lamp	83	pendant lamp
28	**Lantern**	142	LED bulb	136	high power LED bulb
29	**Metal light**	128	energy saving lamp	79	LED par light

续表

编号	概念	编号	概念	编号	概念
88	strobe light	102	LED grow light	104	LED inground light
127	emergency light	74	LED panel	70	LED mining light
112	LED underground lamp	99	LED garden light	107	LED track light
133	halogen bulb	63	LED high bay	77	LED par can
138	induction lamp	64	LED high bay light	114	LED underwater lamp
第三类		115	LED underwater light	85	solar lawn light
45	LED reading lamp	118	LED wall washer	152	LED desk lamp
120	LED warehouse light	119	LED wall washer light	149	LED corn light
66	LED lamp cup	75	LED panel lamp	150	LED dance floor
68	LED light bar	105	LED table light	80	LED pendant light
137	high power LED spotlight	93	LED effect light	124	crystal lamp
96	LED flexible strip light	103	LED industrial light	**第六类**	
145	LED candle light	84	solar garden light	47	LED rigid bar
78	LED par lamp	108	LED tree light	48	LED rigid strip
125	dimmable LED light	**第五类**		139	laser light
144	LED cabinet light	59	LED aquarium light	50	LED smd spotlight
95	LED flexible strip	130	follow spot light	72	LED moving head
129	flexible LED strip	86	solar LED street light	73	LED moving head light
第四类		82	moving head light	151	LED daytime running light
33	**light stocks**	153	LED dimmer	**第七类**	
92	LED driver	62	high bay LED light	61	hid ballast
43	**renewable energy**	101	LED grille light	122	lotus energy saving lamp
71	LED module	67	LED lawn light	131	full spiral energy saving lamp
53	LED stage light	106	LED track lamp	132	half spiral energy saving lamp
46	LED recessed light	87	solar street light		
111	LED tunnel light	100	LED grid light		

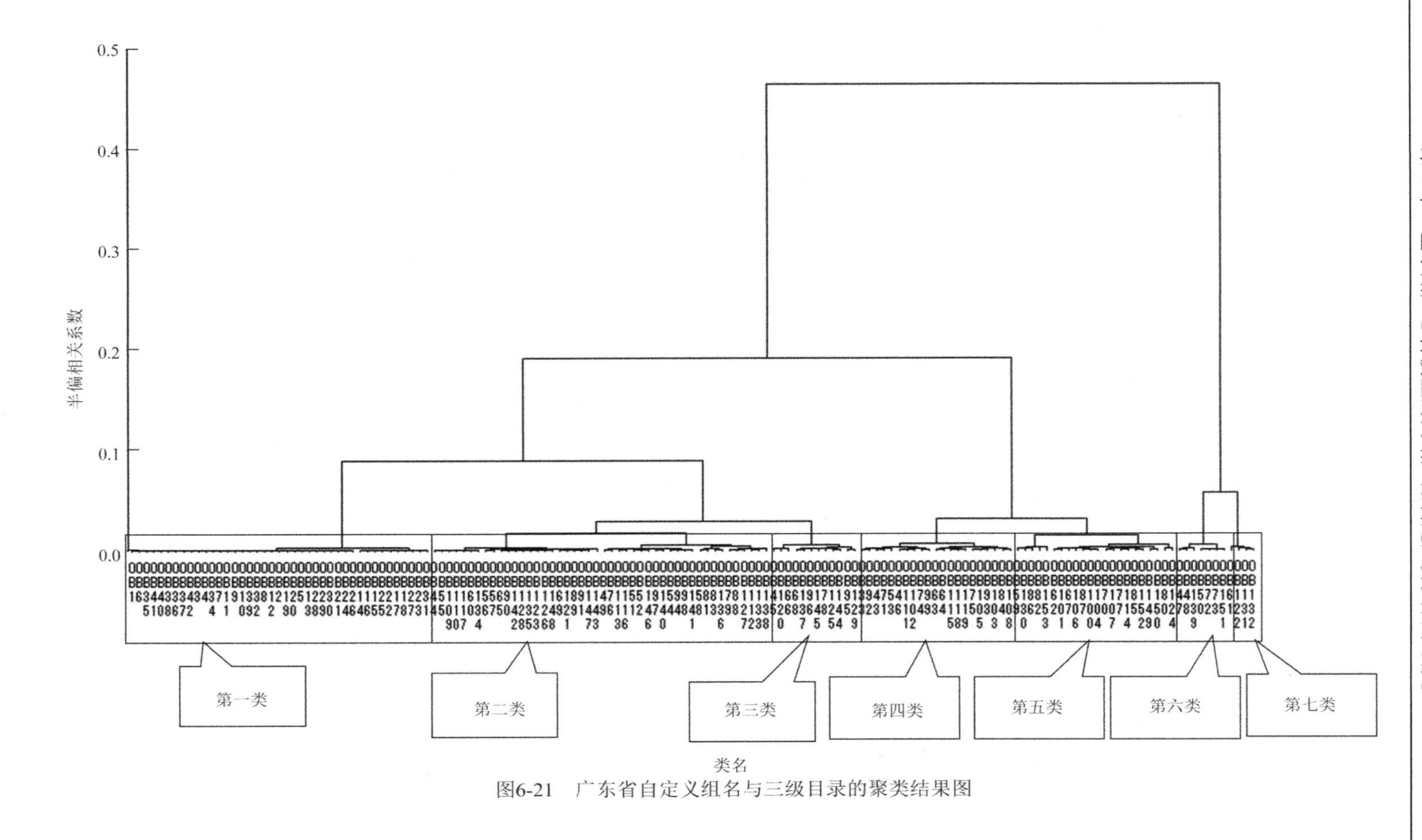

图6-21　广东省自定义组名与三级目录的聚类结果图

6.3.3 规律总结

从各个省份的数据分析结果中，主要得到以下三个方面的规律。

1. 二级分类目录类别构成规律

13 个二级分类目录概念都是被分为在两个类别中，Camping light、Emergency indicator light、Torch、Portable lighting、Professional lighting、Stage light 及 Sensor light 7 个概念分在同一个类别中，且在上海市和浙江省的数据分析结果中，该类别中没有包含自定义组名，而随着自定义组名数量增多，浙江省和广东省的结果中该类别分别包含 3 个和 4 个自定义组名。一定程度上说明，筛选出的自定义组名与这 7 个概念的相关性都比较小。在优化分类目录时，可以对该类别中包含的少数自定义组名进行考察，若不符合，则在优化网站分类目录时，可不考虑这 7 个二级分类目录概念，说明这 7 个产品目录中的产品类别和种类很少，可不设置三级分类目录，当用户点击这 7 个产品目录时，结果中直接出现相应的产品信息即可。某知名电子商务网站当前的分类目录中关于这 7 个产品目录的设置与结果相吻合，说明某知名电子商务网站当前对这 7 个概念的产品目录设置较符合用户认知。

2. 三级目录概念类别构成规律

43 个三级分类目录概念被分在两个类别中，但是绝大多数三级分类目录概念单独聚为一个类，其中没有包含任何自定义组名，上海市和江苏省的数据分析结果中(这两个省份的数据中，剔除了 Light stocks 和 Solar & renewable energy)，Tiffany lamp、Mercury light 这 2 个三级分类目录概念出现在了其他类别中；而在浙江省和广东省的数据分析结果中，Light stocks 和 Solar & renewable energy 都出现在其他类别中，并没有与其他的三级分类目录概念出现在同一个类别，这样可以看出 Tiffany lamp、Mercury light、Light stocks 和 Solar & renewable energy 这 4 个三级分类目录概念与其他三级分类目录概念之间的相关性较小。

3. 二级分类目录与三级分类目录数据分析结果相互验证

对比同一省份的自定义组名与二级分类目录、三级分类目录的数据分析结果可以发现，大多数自定义组名所处的类别在两个结果中保持一致。

这种现象在自定义组名数量较少的上海市和江苏省数据分析结果中更为明显，这两个省份的数据分析结果中分别只有 3 个和 7 个自定义组名所处类别不同，在自定义组名数量较多的浙江省和广东省数据分析结果中，数量则会多一些，但是处于相同类别的自定义组名还是占大多数。这样，同一省份的二级分类目录、三级分类目录间的结果也得到了一定程度上地验证。

6.4　结 果 应 用

由于对产品和网站实际情况的了解存在局限性，且网站分类目录优化周期较长，本章无法完成网站分类目录优化分析，本节中以上海市结果为例，简单探讨一下在网站优化实践中，实验结果的主要决策支持。

(1) 根据实验结果中包含的概念，确定不同产品分类目录中应该添加或优化的产品类目。

结果中包含的自定义组名均是从网站用户日志数据中提取的用户关于网站分类目录优化的数据，因此代表了网站用户对网站分类目录的认知。根据提取概念的含义、所代表的产品意义，确定网站分类目录优化时，需要在网站分类目录中添加或替换网站分类类目录中现有概念的自定义组名，如上海市的实验结果表 6-18 和表 6-19 中未加粗的概念就是可能在优化后的网站分类目录中出现的概念。

(2) 据实验结果中自定义组名与网站分类目录中概念所处的类别，确定每个类目录中应该包含的概念。

实验结果展现的是自定义组名与网站二级分类目录、三级分类目录中概念的聚类结果，依据为概念间的相似性。因此，根据结果将表 6-18 中二级分类目录概念 Outdoor lighting，根据概念含义，可挑选出聚类结果第一类中属于 Outdoor lighting 二级分类目录的自定义组名：LED street light、LED flood light；属于 Interior lighting 二级分类目录的自定义组名：LED ceiling light、down light、LED down light、LED spotlight、LED cabinet light。

(3) 根据实验结果中概念的聚类顺序，确定网站产品目录中概念的顺序。

实验结果中概念的聚类顺序是按照相似性的大小排列的，越早聚在一类表明相似性越大，因此根据实验结果中概念的顺序可以确定网站产品目录中概念的排列顺序，如表 6-19 中第一类中包含了 40 个三级分类目录中的概念，其中属于二级分类目录 Light fixtures 中的概念排列顺序为 Ballast、Lamp shade、Light bracket、Other lighting fixtures、Lamp base，因此在网站分类目录构建时应该参考这样的顺序。另外，网站现有二级分类目录中有 15 个概念，而 Infrared lamp、Ultraviolet lamp 这两个概念与所有概念的相关性均为 0，因此，在网站分类目录优化的过程中，若无相关产品，则将其从二级分类目录中删除；若有相关产品存在，则将其放置于二级分类目录的最后两个位置。

总而言之，网站分类目录优化时，根据实验结果，依据上述三个步骤依次确定网站分类目录的结构及内容。依据不同省份的实验结果，可构建针对不同地区产品特色的产品分类目录。

6.5　结果讨论与总结

本实验针对的关键问题是如何将用户认知与网站分类目录间的关系以概念相似性和概念空间性的形式进行展现。在方法方面，采用聚类分析和多维尺度分析分别对实验数据进行分析，数据分析结果展现了用户基于对分类目录的认知提交的概念与网站分类目录中概念之间的相似性和空间性，且两者的分析结果相互验证，结果可信度高，为网站分类目录优化提供决策支持。

实验存在如下不足和未来改进空间：第一，对相关理论及应用研究的梳理较多，但在网站分类目录优化分析过程中的具体应用分析仍较为浅显，有待深入探索。第二，由于网站优化的周期较长，相关效果的验证数据还无法及时收集处理，最后实验结果分析过程中没有结合产品定义及实际应用效果情况进行验证分析，这也是本文在实验结果应用方面的主要缺陷，在今后的研究中，可针对网站产品对相关产品专家和网站设计师进行调查，将其定性认知与定量分析结果相结合，进行分析结果的实际应用。

第7章　基于日志挖掘的网站分类目录用户心智模型研究

7.1　研究背景和意义

7.1.1　研究背景

随着互联网的发展，电子商务网站数量可谓飙升，考虑到用户需求、兴趣等个性化的差异，大量的电子商务网站都引入了“个性化推荐”的功能，从目录体系的设计到基于目录的个性化推荐都做到“以用户为中心”。虽然电子商务网站的分类目录宗旨是“以用户为中心”为前提，但目前在实际构建网站目录体系时，以下几个问题有待继续改善与解决。

(1) 网站分类目录体系的设计很少能体现出用户认知。目前电子商务网站在构建分类目录体系时，很多都是从系统角度出发借鉴《中图法》，主要考虑分类科学性、系统性和稳定性，近年来也有不少网站考虑到用户的需求，尝试从用户角度出发，比如，提供使用自然语言的主题词标引分类、提供便于不同用户使用的多标准分类等。但总的来说，电子商务网站分类目录体系对用户的需求涉及较少，现有的一些探索也都停留在用户外在需求，对用户内在认知的研究还比较缺乏，缺少能从真实用户数据自动提取并体现不同类别用户认知结构的网站分类目录体系构建方法。

(2) 网站分类目录体系的设计不能很好地达到用户个性化推荐效果。虽然个性化推荐发展迅速，学者们也对其核心推荐算法做出了很多有益的尝试，但由于主流推荐算法协同过滤面临着冷启动性和数据稀疏性等问题，个性化推荐研究正面临瓶颈，用户对推荐结果的满意度却仍然不高。此外，现有个性化推荐的基础数据——用户的评分数据并不是所有电子商务网站都能获取，造成主流方法的可扩展性也受到很大的影响。同时，基于内容的推荐算法又不能挖掘用户潜在兴趣，更是负面影响了推荐系统的性能。

网站分类目录体系的设计意图，其实质可理解为将最符合用户知识结构的分类目录推荐给用户。如果能从认知角度更深入地挖掘用户的真实需求，就可以打破当前的研究瓶颈。例如，基于协同过滤的聚类思想和基于内容推荐的两种主流推荐算法有很好的互补性，若能充分利用分类目录推荐将两者充分融合，即能够克服当前数据稀疏性问题及无法发现用户隐藏兴趣等问题。

基于上述思想，本章节以心智模型中测量指标为导向，研究如何在日志挖掘各阶段提取出有助于优化网站结构和实施个性化推荐的用户心智模型信息。主要从心智模型的概念相似性和概念空间性两个角度对网络日志进行挖掘。其中，结合聚类分析法和路径搜索法挖掘出网络日志在概念相似性的量化体现，结合聚类结果和多维尺度法获得网络日志在概念空间性的关系体现，并以某知名电子商务网站中记录用户网络操作行为的日志进行实证分析，以验证本工作的合理性和有效性。不同于第 5 章主要研究用户想象中的分类目录体系和实际网站分类目录体系之间的认知概念差异性，以及这种差异下网站分类目录的优化策略。本章的工作更关注不同类别的用户，希望基于用户认知理论的日志挖掘提出适用于不同兴趣类别的典型用户的网站分类体系优化方案。

7.1.2 研究意义

本章通过网络日志的挖掘研究缩小用户心智模型与网站表现模型之间的差异，更好地改善用户操作体验，具有深厚的理论意义和实践意义。

(1) 为获取定量的数据展开心智模型研究提供新思路。通过分析客观记录描述用户心智模型的网站日志数据，对比分析日志挖掘中各种方法，并借鉴基于内容过滤和协同过滤算法思想，用较新颖的方法设计实验测量并可视化用户的心智模型。

(2) 为“以用户为中心”的网站个性化推荐解决提供了新方法。本工作从用户心智模型中的概念相似性和概念空间性两个角度，基于日志挖掘出反映不同类别用户的个性化推荐需求在认识结构上的反映，为进一步优化网站个性化推荐功能提供帮助。

7.2 网络日志挖掘研究

7.2.1 网络日志挖掘算法与用户行为研究

网络日志挖掘的应用主要包括三个领域：辅助营销、网站结构优化和个性化服务。

在辅助营销方面，主要包括交叉销售、客户流逝性分析、欺诈发现、客户群体差异性分析等，如刘冰等 (2009) 基于网络日志挖掘不同地区二手车销量和售价差异，指导二手车销售网站根据地区车源差价获取更高的利润。

在利用日志进行网站结构优化研究方面，夏敏捷和张锦歌 (2005) 通过聚类技术处理网络日志，挖掘相似用户群体及页面内在联系，从而指导网站性能和结构的优化；李亚哲和杜亚普(2011)挖掘网络日志，通过用户访问路径、频次、时间等来挖掘用户的兴趣爱好，并据此来改善站点结构和页面的展现形式，提高了网站的可用性；周贤善等(2009)从日志中抽取用户感兴趣的模式，根据模式理解用户行为，根据行为特征优化网站的结构设计；吕亚丽(2006)从中挖掘用户浏览模式，分析站点使用情况，协助设计者优化站点结构；张新香(2006)则提出客户频繁访问路径和页面兴趣度挖掘算法，据此挖掘用户期望的关联页面，为改善网站结构提供帮助；翁小兰(2007)应用网络日志指导视频点播系统，根据用户访问路径推断用户期望影片归类情况，指导点播系统的体系结构优化。该类应用普遍使用不同的挖掘技术分析日志，经过一系列处理，得出用户频繁浏览的网页或者得识别用户需求的链接，从而指导网站优化站点设计和链接结构。

在利用日志提供个性化服务方面，很多学者采用不同的方法将用户分类，再结合分类特征实施个性化推荐，如宋擒豹和沈钧毅(2001)根据用户访问网址分析用户相似性得出不同的用户群体、陆丽娜等(2000)基于事务方法识别出不同的用户浏览模式、陈恩红等(2001)利用神经网络技术处理网络日志根据不同用户的行为差异进行聚类，最终分析不同群体频繁访问路径以此进行实时个性化的推荐；此外，不少学者创新应用日志挖掘领域，如黄茜(2004)、徐永春和陈震(2012)、钱立三(2005)等将网络日志挖掘应用到远程网络教育的个性化应用实践中，以个性化的满足不同学习者的学习需求；最后，还有不少学者创新算法以更好的实现个性化服务，如苏中等(2002)运用 N 元预测模式分析网络日志，以预测用户未来可能的请求网页；张福泉(2009)提出一种频繁项目集生成算法挖掘用户日志，基于频繁项目集给用户提供差异化项目推荐并通过实例说明了其有效性。总的来说，该类研究根据用户的访问历史，提炼访问模式，将用户按网络行为特征归类，根据不同类别用户提供不同的个性化服务。

7.2.2　网络日志挖掘与用户推荐研究

用户的个性化推荐的主要功能是根据用户的兴趣爱好，推荐符合用户兴趣爱好的对象(余力和刘鲁，2004)。其实质是根据用户内心的期望，将用户认知中空间最相近的概念推荐给用户。个性化推荐可以帮助用户在信息的海洋里快速找到满意的需求信息，能很好地满足用户的用户信息获取，在电子商务网站中被广泛应用。其中，如何使电子商务网站中的个性化推荐模型更符合用户内心认知已成为学者们普遍关注的问题。

推荐算法模块作为个性化推荐功能核心的部分，更是学者们研究的关注点，发展至今，学者们已经研究出很多相对成熟的个性化推荐算法，包括基于内容、基于人口统计、基于效用、基于关联规则、基于知识、协同过滤推荐及组合推荐技术等。近六年来基于内容的推荐、协同过滤推荐算法在电子商务网站中应用研究逐年上升，且上升速度很快，已然成为当前的研究热点。

协同过滤，也叫做社会过滤，最早是由 Goldberg 等(1992)提出，该算法侧重于研究用户认知，其主要思想是，根据目标用户的历史数据，预测与其兴趣相似、认知相近的用户，并将相似用户感兴趣的产品推荐给目标用户，目前大部分协同过滤使用的历史数据都是用户对产品的评分数据。此外根据理论基础的不同，协同过滤可继续细化成基于用户的协同过滤、基于项目的协同过滤。基于用户的过滤认为如果一些用户对大部分产品的评价比较相似，则他们对其他产品的评价也比较相似(李国，2012)，即如果用户 A 与用户 B 对大部分产品的评价很相似，此外 B 喜欢的产品 b，则系统认为用户 A 也喜欢产品 b，则将产品 b 推荐给 A 用户。基于项目的过滤认为如果大部分用户对一些产品的评分比较相似，则当前用户对这些产品的评分也比较相似(Resnick et al.，1994)，即如果用户喜欢 A 产品，那么与 A 相类似的产品 B 用户也喜欢，则系统就将产品 B 推荐给该用户，亚马逊的图书推荐系统运用的就是基于项目的协同过滤算法。当前应用协同过滤进行个性化推荐的系统有 WebWeather(Joachims et al.，1996)、Firefly(Shardanand and Maes，1995)、GroupLens(Konstan et al.，1997)和 SELECT(Nichols et al.，1999)、Amazon.com(Resnick et al.，1994)。

基于内容的推荐，这类算法一般侧重于分析产品的内容，先提取其属性特征，将产品表达成属性串的形式，再基于属性特征计算其与用户兴趣的相似程度，从而找出用户潜在感兴趣的产品推荐给用户，比如，分析用户网上购得的书籍特征，发现大多数都与生物技术相关，则系统就会给该用户推荐生物技术相关主题的图书。当前应用基于内容推荐的个性化系统主要有 ifWeb(Asnicar and Tasso，1997)、Personal WebWather(Mladenic，2000)、WebMate(Chen and Sycara，1998)、SIFTER(Mostafa et al.，1997)、ELFI(Schwab et al.，2000)等。

协同过滤和基于内容推荐这两种主流推荐算法，从用户认知出发，挖掘用户的心智模型挖掘，但各自都存在一定的局限性，如表 7-1 所示。

表 7-1 电子商务领域中主流个性化推荐算法对比

算法	输入	推荐形式	优点	缺点
协同过滤	用户对产品的评分	推荐单个产品	✧有发现用户隐藏兴趣能力 ✧对推荐对象没有特殊要求 ✧推荐个性化、自动化程度高	✧冷启动性 ✧稀疏性 ✧评分的客观性不能保证

续表

算法	输入	推荐形式	优点	缺点
基于内容推荐	产品属性特征描述	推荐与某一主题相似的产品	✧简单、有效 ✧不需要领域知识 ✧克服冷启动问题和稀疏性问题	✧只能发现和用户已有兴趣相似的资源 ✧特征提取能力有限 ✧推荐资源过于狭窄 ✧复杂属性不好处理

与基于内容的算法相比，协同过滤根据用户的历史评分而不是用户的兴趣特征来预测用户潜在兴趣产品，所以可以挖掘出用户潜在的兴趣产品，并且基于内容的推荐需要能将产品表达成属性串的形式，而协同过滤则不需要，其对推荐对象也没有特殊要求。但协同过滤也存在着不可回避的问题，即冷启动性、稀疏性及可扩展性问题，冷启动性是指(郭韦昱，2012)一个新用户进入系统时，该用户还没有对任何产品进行评分，系统无从判别其相似用户从而不能产生适当的推荐；或者当一个新产品加入到系统中，由于还没有用户对其进行评分，很难被推荐。稀疏性是指，现在的系统中产品大都十分丰富，而用户给出评分的产品往往只是很小的一部分，这样就导致构建的产品特征或者用户特征矩阵十分稀疏，基于稀疏矩阵挖掘研究会对推荐的精确性带来很大影响。此外，协同过滤算法还要求系统有评分功能，或者从日志数据中能够挖掘出用户对产品的评分，这并不是所有的电子商务网站都能做到的，而且在带有评分功能的网站中用户的评分受外界环境的影响并不能客观实际地反映其心智模型，所以用户的评分也影响了协同过滤算法的可扩展性。

而基于内容推荐的算法却能克服冷启动性和稀疏性，由于其从产品的属性出发，新加入的产品只需要与用户的兴趣属性相匹配便可被推荐给用户，该算法给用户推荐的是某一属性或者说是某一类别相关的产品，可以借助分类目录实现推荐，其不存在冷启动性的问题，并且其不依赖于用户数据使得稀疏性的问题也不复存在。但是该类算法只能发现和用户已有兴趣相似的资源，不能挖掘出用户隐藏兴趣。鉴于以上分析可知，两类算法各有优缺点，却有很大的互补性，所以为了使个性化推荐的结果更符合用户心智模型，使得电子商务网站的整体性能更优，需将协同过滤算法与基于内容的推荐相结合应用，而近五年来也有九十多篇文献对两类算法的结合应用展开了相关研究。目前相关研究大都基于日志挖掘用户认知(曹毅，2007；何奎，2011；李素红，2012)，以认知差异聚类用户，针对每类用户实时推荐，可见基于海量日志挖掘进行个性化推荐也已经成为发展的主流趋势。但现有的混合应用其推荐准确性仍不高，由于提高个性化推荐准确性的有效途径之一是扩大推荐结果的范围，目前混合应用最终的推荐形式主要体现为单个产品，单个产品泛化便是一类产品即网站的三级目录，因此以日志数据为基础，结合协同过滤算法与基于内容推荐算法并最终实现三级目录的推荐是可取的方法。

总体而言，基于网络日志优化网站结构、实施个性化推荐，都是基于一定的日志挖掘技术和分析方法，提炼用户关于网站的心智模型，根据心智模型所反映的用户期望指导网站优化，基于日志挖掘优化个性化服务和网站结构具有很好的应用前景。

7.2.3　基于日志挖掘的用户心智模型测量方法

在本书的第 6 章中，主要以关键词“聚类 AND 心理”“聚类 ADN 认知”作为主题，讨论聚类分析法与多维尺度法在理论上如何与认知心理学理论相结合，并应用于网站分类目录认知结构识别和优化。在本章中，主要以“聚类 AND 日志”等关键词，分析网络日志这一特定数据来源的心智模型测量方法，主要包括如何通过聚类分析法与路径搜索法、多维尺度法的关联研究，应用日志挖掘方法得到满足网站用户信息获取需求的认知结构。因此，本章的工作可以看成在第 5 章心智模型分类理论探索的基础上，对适用于心智模型测量的聚类分析法、多维尺度法、路径搜索法的方法的进一步探究，属于应用创新。从图 7-1 绘制的本章研究框架图中，可以更好地发现第 6 章和本章在内容上的区别和联系。

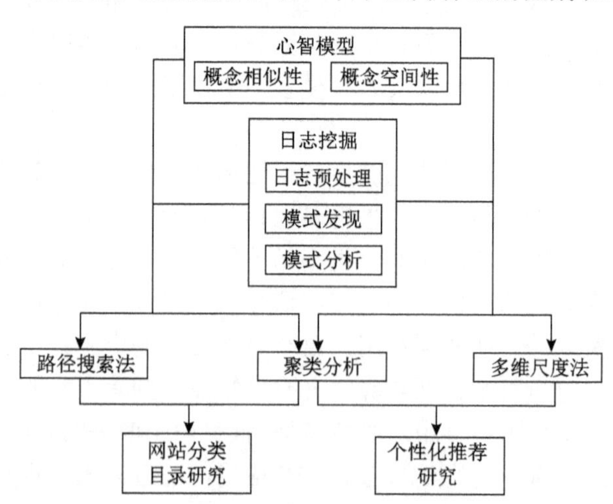

图 7-1　基于日志挖掘的网站分类目录研究框架图

从图 7-1 中可以看出，以网络日志为基础来研究用户心智模型，其中网站分类目录体系优化研究属于从概念相似性角度研究用户心智模型，适用的研究方法是聚类分析法和路径搜索分析法；网站个性化推荐功能研究属于从概念空间性角度研究用户心智模型，适用的方法是聚类分析法和多维尺度分析法。

1. 聚类分析与用户认知关联研究

聚类分析方法广泛应用于图像处理、机器学习、统计学、神经网络、用户认知、生物学、经济学等众多领域。在用户认知领域，聚类方法特别适合于查看数据记录中的内在关系以及对它们的结构进行评估。在 CNKI 全文数据库中，限定主题词为“聚类”和“日志”，检索出自 1989 年至今共 700 多篇文献。虽然将聚类分析用于日志分析起步较晚，但自 2007 年以来，将“聚类分析”和“日志挖掘”结合的研究文献每年都超过了 65 篇，说明基于日志的聚类分析受到众多国内学者青睐。从内容角度，目前聚类方法在网络日志挖掘中的应用，可以概括为两大类：用户聚类(包括用户访问会话聚类和用户访问事务聚类)和页面聚类。页面聚类是要挖掘内容相关的页面类，其对于网络搜索引擎和 Web 提供商都是非常有用的。用户聚类建立具有相似浏览模式的用户类，其结果对于电子商务中的市场决策和向用户提供个性化服务非常有帮助。

目前聚类在用户认知领域的应用主要侧重于对网络日志的分析，通过聚类挖掘隐含在网络日志中的有价值用户访问模式，基于日志聚类分析是近年来认知领域的研究热点。用户认知领域的日志聚类分析可以归纳为三个阶段：①日志的会话相似度计算；②基于相似度的日志聚类过程；③日志聚类结果可视化。本章主要考虑除可视化结果显示的前两个阶段。

1) 日志的会话相似度计算

计算日志会话相似性的方法，主要可概括为四类(杨铃雯，2007)：基于浏览相同或者相似网页的相似性度量(UB)、基于频数的相似性度量(FB)、基于用户浏览网页时间的相似性度量(TB)及基于用户浏览路径顺序的相似性度量(VOB)。关于如何计算相似度，相关研究者做出了许多有意义的研究工作(Xiao and Zhang，2001)，表 7-2 整理了当前学者们的主要研究思路。

表 7-2　会话相似度计算方法列表

学者	研究
Ling Chen	侧重考虑了网络使用数据的动态特征，研究通过定义的频繁变化子树模式(FCSPs)来获取使用数据的动态特征，根据用户共有的 FCSPs 中元素相似性或者强度相似性计算网站用户的相似性(杨钤雯，2007)
Cyrus Shahabi	建立了捕获网络会话不同特征的一个特征矩阵模型(汤国行，2006)，该模型是文献(贺玲等，2007)中向量模型的一个泛化
Yongjian Fu	他首先对网页内容进行属性归纳，将会话泛化到更高的层次，然后采用分层的聚类方法对泛化后的会话进行聚类(项冰冰和钱光超，2007)

续表

学者	研究
Jitian Xiao	通过实验说明，四种相似性度量方法中，基于浏览路径(即会话路径)的相似性度量的聚类方式是最准确的(杨钤雯，2007)
Cyrus Shahabi	采用的聚类方式就是基于浏览路径的相似性度量进行的，但创新的是其中浏览路径的相似性是通过两条路径之间的夹角计算出来的(汤国行，2006)

其中，Ling 充分考虑了数据的动态性，具有很好的实时性，但这也意味着服务器的空间与处理速度的高要求。而 Fu 对网页内容进行属性归纳，将会话泛化到更高的层次，然后采用分层的聚类方法，这种研究方法成功降低了数据的高维度，减轻了处理的负担，但其也存在一个核心难点：如何提高泛化会话的准确性。Xiao 和 Cyrus 则专注研究基于会话路径的相似性度量，该方法基于服务器上先前的网络日志，比 Ling 对服务器的空间要求低；此外，该方法的度量准确性也非常高。

基于用户浏览路径顺序的相似性度量(VOB)方法认为，即使两个用户浏览了相同的网页，但浏览顺序不同，他们仍属于不同类别。这一思想和基于心智模型的日志挖掘动机非常贴近，因此我们在实证部分选择该方法设计实验方案。

基于用户浏览路径顺序的相似性度量(VOB)方法的基本思想可以描述如下：在一些应用之中，用户浏览页面的顺序比浏览时间更重要，在这种情况下，只有当两个用户访问一个网页序列的顺序完全相同时，我们才认为两个用户有相同的兴趣。这时用户之间的相似度可以通过核查他们的浏览路径中网页的浏览顺序来衡量。设 $Q=q_1,q_2,\cdots,q_r$ 是一条包含 r 个链接的浏览路径，$q_i(1\leqslant i\leqslant r)$ 代表访问的网页。我们称 Q 为一个 r 跳路径。定义 Q_l 为 Q 的所有可能的 l 跳字路径的集合 $(l|r)$，即 $Q_i=\left\{q_i,q_{i+1},\cdots,q_{i+l-1}\middle|i=1,2,\cdots,r-l+1\right\}$。显然 Q_l 包含 Q 中所有的网页。我们称 $f(Q)=\bigcup_{l=1}^{r}Q_l$ 为路径 Q 的特征空间。我们以如下两条路径为例说明 VOB 的网站目录相似度计算方法。

路径 1：Main Movies：20sec Movies News：15 sec News Box：43sec Box-Office Evita：52sec News Argentina：31sec Evita：44sec。

路径 2：Main Movies：33sec Movies Box：21sec Box-Office Evita：44sec News Box：53sec Box-Office Evita：61sec Evita：31sec。

其中的 0，1，2 条路径分别如下。

① 0 跳：**Main**，**Movies**，**News**，**Box Office**，**Evita**；

② 1 跳：Main **Movies** *Movies*，*Movies* **News** *News*，*News* **Box** *Box-Office*，*Box-Office* **Evita** *News*，*News* **Argentina sec** *Evita*，*Box-office* **Evita** *Evita*；

③ 2 跳：*Main* **Movies** *Movies* **News** *News*，*Movies* **News** *News* **Box** *Box-Office*，

News **Box** *Box-Office* **Evita** *News*，*Box-Office* **Evita** *News* **Argentina** *Evita*，*Main* **Movies** *Movies* **Box** *Boxoffice*，*Boxoffice* **Evita** *News* **Box** *Box-office*，*News* **Box** *Box-office* **Evita** *Evita*。

考虑所有的 $m(m \leqslant 5)$ 跳路径，例子中的两条路径其特征空间共包含子路径 30 条。

假设 Q^i 是 s_i 用户访问路径而和 Q^j 是 s_j 访问路径，则 s_i 和 s_j 两个用户之间的相似度可以用 Q^i 和 Q^j 两个路径之间的自然角度(如 $\cos(\theta_{Q^i,Q^j})$)来定义：

$$\mathrm{sim}(s_i,s_j)=\frac{(Q^i,Q^j)}{\sqrt{(Q^i,Q^j)_l\cdot(Q^i,Q^j)_l}}$$

$l=\min(\mathrm{length}(Q^i),\mathrm{length}(Q^j))$，$(Q^i,Q^j)_l$ 是 Q^i 和 Q^j 在特征空间中的内积：

$$(Q^i,Q^j)_l=\sum_{k=1}^{l}\sum_{q\in Q_k^i\cap Q_k^j}\mathrm{length}(q)\cdot\mathrm{length}(q)$$

根据如上定义可知，如果两个用户访问一个网页序列的顺序完全相同，则他们基于会话的相似度为 1。注意，$(Q^i,Q^j)_l$ 对所有 $l\geqslant\min(\mathrm{length}(Q^i),\mathrm{length}(Q^j))$ 都一样。这种度量方法为基于访问顺序的相似性度量(VOB)。

利用 VOB 计算出不同目录相似度矩阵之后，聚类算法的任务便在于如何将相似度矩阵分成几个子矩阵，这也是用户认知领域的日志聚类分析第二阶段将要处理的问题。

2)基于相似度的日志聚类过程

不同的聚类算法通过对已有的日志相似度计算结果，按照不同的聚类划分标准生成对应的聚类结果。汤国行(2006)按照聚类结果的表现方式将其划分为：硬聚类算法、模糊聚类方法、可能性聚类算法。贺玲等(2007)按照算法的基本思想将其分为五大类：层次聚类算法、分割聚类算法、基于约束的聚类算法、机器学习中的聚类算法以及用于高维数据的聚类算法。但目前大部分学者都认同的分类方法是，按照聚类算法的过程，将算法分为：基于划分的聚类算法、基于层次的方法、基于密度的方法、基于网格的方法和基于模型的方法五大类。

其中，用基于层次的聚类算法是指对给定数据对象进行层次上的分解，此类算法通常以用户自定义期望得到的类数为终止条件。层次算法最大的特点是计算比较简单，但其计算的复杂度比较高。根据层次分解的方向不同可将其分为凝聚算法和分裂算法。凝聚算法是自下向上进行合并的。其基本思想是：起初，把每一个对象作为一个单独的类别，计算类别间的距离，然后逐渐合并距离较近的类别为较大的类别。代表算法有：单连接算法、全连接算法和平均连接、CURE 算法、ROCK 算法、BIRCH 算法、Chameleon 算法(王小姣，2011)。分裂算法则是相反的，是自上而下进行分解的。其基本思想是：起初，所有的对象都包含在一个大类中，然后将上层的类别重复地分裂为两个子类别，直到每一个对象都成为一个单独的类为止。代表算法：基于单连接算法 MST（项冰冰和钱光超，2007）。

表 7-3 总结了不同聚类算法的适用条件。从表中可以看出，基于层次的聚类算法适用于聚类高维数据和大数据，而在本章中，从日志中提取出的目录相关的数据量也比较大，该类算法比较适合。此外，用户访问的目录路径是聚类的基础数据，不同目录之间的层次关系十分重要即对于输入数据顺序十分敏感，并且聚类的数目事先并不能确定，据下表的对比亦可发现本章最适用的当属基于层次的聚类算法。尤其刘志勇和邓贵仕（2010）提出一种改进的层次聚类算法，该算法是一种基于矩阵变换的分裂层次聚类（NHC）算法，不需要事先确定聚类数，只要设定凝聚度，就可以达到自动聚类的效果，并且复杂度低、聚类精度高、运算速度快，对孤立点的发现与分析效果比较好。有学者将该算法与其他层次聚类算法作对比，发现 NHC 算法运算结果（T=0.95）与 HCM、FCM（fuzzy C-means）算法相比，其在正确率、召回率、熵这三个聚类有效性指标（杨燕等，2008）中优势比较大，NHC 算法的聚类效果是其中最好的。因此，下文将主要描述基于矩阵变换的分裂层次聚类算法（NHC）的日志相似度结果聚类过程。

表 7-3　不同聚类算法的适用条件

条件	适合的聚类算法	算法的类别
对聚类速度有特殊要求	CLIQUE 算法	基于网格的聚类算法
对于输入数据顺序不敏感	STING 算法	基于网格的聚类
聚类时希望考虑孤立点	COBWEB、SOFM 等算法	基于模型的聚类算法
聚类的数据是高维的	ROCK 算法、Chameleon 算法	基于层次的聚类算法
聚类的是大数据	DBSCAN	基于密度的聚类算法
	BIRCH、CURE	基于层次的算法

A. NHC 算法的凝聚度生成

对于基于浏览路径顺序相似度度量的簇，该算法提出了一种用簇内相似度均值来表示的凝聚度的概念，参见式（7-1）。其中，C_k 为第 k 个簇，u_{ij} 表示 C_k 簇内的第 i 个对象与第 j 个对象之间的余弦相似度，$M = n(n-1)/2$，n 表示 C_k 簇内的对象数，一般情况下凝聚度的阈值设为 0.95。

$$T(C_k) = \frac{1}{M} \times \sum_{1 \leqslant i \leqslant j} u_{ij} \tag{7-1}$$

B. NHC 算法的聚类过程

首先将相似度矩阵 A 的行、列分别排序，然后将排序后的相似度矩阵按主对角线分块，形如矩阵 B。

$$A=\begin{pmatrix} u_{11} & u_{12} & \cdots & u_{1m} \\ u_{21} & u_{22} & \cdots & u_{2m} \\ \vdots & \vdots & & \vdots \\ u_{m1} & u_{m2} & \cdots & u_{mm} \end{pmatrix},\quad B=\begin{pmatrix} A_{11} & \cdots & A_{12} \\ \vdots & d & \vdots \\ A_{21} & \cdots & A_{22} \end{pmatrix}$$

其中，d 为划分点，可通过式(7-2)来找到该点。

$$M^d(A_{ij})=\sum_{i=(p-1)\times d+1}^{d+(m-d)\times(p-1)}\left(\sum_{i=(q-1)\times d+1}^{d+(m-d)\times(q-1)} u_{ij}\right),\ 1\leqslant p\leqslant 2, 1\leqslant q\leqslant 2 \tag{7-2}$$

d 为划分点所在的行数或列数，当 $F_d=M^d(A_{11})\times M^d(A_{22})-M^d(A_{12})\times M^d(A_{21})$ 达到最大时 d 值即为划分点，将整体数据划分为 A_{11}、A_{22} 两个簇，然后分别计算 A_{11}、A_{22} 的凝聚度，对凝聚度值小于阈值 0.95 的簇继续按照上述规则进一步划分，直到各个簇的凝聚度大于 0.95 时，停止划分。

2. 聚类分析与路径搜索法的关联研究

从国内外文献内容来看，最初，路径搜索网络技术的目标是从心理近似数据产生网络模型。心理近似数据是从人类学科感知的概念之间的相关性或紧密型的主观评估，其权值表示概念之间的相关性。路径搜索过程度量近似数据中的结构揭示原始数据中潜在的信息。

路径搜索法在用户认知领域中得到了广泛的应用，往往与人机交互设计相联系，主要作用在于描述用户的心智模型并根据心智模型中获取的系统结构和组织来设计用户界面从而实现有效的人机交互，从而服务于人机交互设计，如图形界面设计，UNIX 系统在线帮助导航，文档检索界面的设计(Kudikyala and Vaughn，2005)等。用户的心智模式与系统越接近，用户学习和使用系统将更好更快。路径搜索网络可用于获取和表示设计者或者专家的心智模式，使用近似数据胜过设计者的主观映像。另外，现有的研究中，还有很多是运用路径搜索网络图发掘数据库或是某一领域文档的潜在语义结构，如 Chen(1999)将路径搜索量化规则与专利语义索引技术进行组合，从一些文档集中找到潜在语义结构和引文模式。

总的来说，路径搜索法可根据近似数据获取用户的心智模型，直观展现出用户内心不同概念的相关关系，构造出符合用户认知的分类目录体系，从而指导网站分类目录体系的优化，更好地对聚类分析法结果进行深入数据挖掘和利用。

表 7-4 中是我们对于 CNKI 全文数据库中以“路径搜索”和“聚类”限定主

题词的聚类与路径搜索法的结合研究成果。

表 7-4 聚类分析与路径搜索法的关联研究成果

编号	研究对象	研究思路
1	音乐节奏的检测	结合多路径搜索和聚类分析，提出一种音乐节奏检测算法，算法分三步：激励检测、信号激励、节奏跟踪。信号激励部分通过聚类算法实现，节奏部分通过多路径搜索法实现(曾庆渝等，2005)
2	移动机器人的定位	首先利用自适应粒子聚类算法对粒子进行聚类；然后分别构造路径规划树和解空间树，利用优先队列式分支限界法解决路径搜索问题，最终结合两种研究方法提出一种移动机器人的定位方法(刘艳丽等，2012)
3	移动机器人的行为决策	该研究结合两种研究方法探索了 RoboCup 救援仿真系统中的移动智能体行为决策。其中涉及三类移动智能体的行为决策：警察智能体、救护智能体和消防智能体。其中通过 A*算法实现警察智能体的路径搜索；通过 K-means 聚类算法实现建筑分区和基于增量式 K-means 算法火灾分区，实现了基于分区算法的消防智能体行为决策(卢小辉，2012)
4	手写中文词的识别	该研究通过两种研究方法的结合提出了一种与旋转方向无关的无约束手写中文词组识别方法。通过一种基于简化引力模型的聚类算法来区分手写汉字的多种风格，借助路径搜索法实现手写词组的字符切分(龙腾，2008)
5	停车诱导系统	该研究主要探索了主动停车诱导系统的相关技术。首先，采用模糊 C-均值聚类算法对车流速度进行预测，并将聚类预测的结果应用于泊位预约模型中预测计划到达停车场时间；其次，基于预测的最短时间路径算法，采用矩形区域搜索算法确定最短时间路径搜索区域，使用聚类预测结果来确定搜索区域内道路时间权重。文中通过实证，证明两种方法的结合研究提高了停车诱导系统的效率(吕晓云，2010)
6	电网连锁故障	该研究主要探索了电网连锁故障的预测分析方法及应用。研究中提出了一系列的评价指标，基于指标进行聚类划分；此外提出了一种基于概率优先排序并结合电网状态监测的电网连锁故障路径搜索策略。为电网连锁故障的评价预测研究提供了很好的研究思路(邓慧琼，2007)
7	多媒体课件的检索	该研究侧重研究了多媒体课件的检索方法。研究设计了向量量化技术(VQ)对隐马尔可夫模型的状态进行聚类并生成相应的码表，以用于对语音文件进行预处理；紧接其后，利用路径搜索算法进行关键词检出作为处级检索，给出一组粗略的候选结果，最后采用自动语音识别技术 ASR 进一步筛选。该研究探索出的组合方法提高了多媒体课件的检索效率与准确度(王霄煜，2010)

从表 7-4 中可以看出，目前关于聚类与路径搜索法的结合主要应用在手写识别、机器人、智能系统、智能检索领域，两种方法的结合很好地解决了相应领域的特定瓶颈问题，因此可以考虑将其引入到用户心智模型的研究中来，虽然现有的研究还没有涉及用户认知领域，但可以借鉴其研究思路：先聚类分析后路径搜索法分析，聚类结果作为路径搜索法进一步分析的基础。

3. 聚类分析与多维尺度法的关联研究

多维尺度法可直观展现个体关于某个研究主题的空间认知，具体表现为不同概念在用户认知中的空间距离。本章关于聚类分析与多维尺度法的关联研究的理论基础与6.1.2小节第三部分基本一致，此处就不再累述。值得注意的是，本章节的研究与6.1.2小节既有区别又紧密联系。一方面，两章内容中都选择使用在聚类分析法结果基础上，运用多维尺度法进行心智模型中概念空间性的计算，因此两章的算法理论基础相同。另一方面，两章内容的具体应用场景则有明显区别。在第5章中，聚类分析与多维尺度法的关联研究结果被用于网页自定义组名与分类目录中二级、三级等概念目录对比分析，并将聚类结果法和多维尺度法的分析结果相互验证。而在本章中，聚类分析与多维尺度法的关联研究主要用于针对不同类别的用户进行多维尺度分析，展现用户对不同产品之间距离的认知，并对比分析不同用户之间的差异从而为网站个性化推荐提供定量依据。此外，由于应用场景不同，两章在聚类分析与多维尺度法的关联研究中选择的具体聚类算法也完全不同。第5章选择了“谱系聚类法+多维尺度法”的组合方式，而本章所使用的是“基于矩阵变换的分裂层次聚类算法(NHC)+多维尺度法”这一算法框架。

7.3 实证分析

7.3.1 实验设计

1. 实验背景

1)某知名电子商务网站分类目录存在缺陷

通过调研发现，某知名电子商务网站存在用户无法利用产品分类目录找到所需产品的问题，网站采取的解决方案是允许用户针对分类目录提出相应建议，虽然这种方式也是从用户角度出发，但用户的建议目录五花八门，网站并不能一一接受，导致用户在借助分类目录的情况下仍不能实现对接。然而，网络日志数据客观记录了用户的操作过程，若能基于日志挖掘用户关于网站分类目录的心智模型，则可给网站分类目录体系提出很有针对性的优化建议。

2)某知名电子商务网站尚未应用个性化推荐功能

当前个性化推荐功能已经成为电子商务网站不可或缺的功能之一。而某知名电子商务网站却未提供该项功能，导致其错失了挖掘用户深度需求并更进一步满足用户的机会，该网站亟须添加个性化推荐功能。然而据调查，当前广泛应用的个性化推荐用户满意度并不是很高，还有很大的提升空间。所以，结合该知名电子商务网站的特征，取长补短于现有个性化推荐算法将是该网站提高用户满意度的重要方法之一。

3) 某知名电子商务网站用户研究方法单一且存在局限性

该知名电子商务网站与一般电子商务网站一样，采用的用户研究方式主要包括：网页嵌入式调查问卷、发送邮件问卷、电话访谈等方式，这些方法都是通过设置特定任务或问题让用户完成或回答，再对用户的完成结果进行定性定量的分析。这些方法中都是人既作为研究的主体，又作为研究的客体，制约和影响着调查的可靠性和适用性，并且其耗费成本高、获得信息较宏观，也很难全面搜集用户关于网站的心智模型。然而只有搜集了用户关于网站的心智模型，才能明确网站组织结构与用户心智模型的差异，才能优化网站设计从而提高用户的信息获取效率。可见网站用户研究是不可或缺的环节。鉴于传统用户研究的局限性和用户研究的必要性，需深入挖掘新的用户研究方法。

鉴于以上三点，本实验旨在通过对用户研究方法的创新，解决该网站分类目录存在的问题，添加优化的个性化推荐功能，同时实现方法创新和实际应用。

2. 实验目的

针对实验背景中提出的问题，本实验目的确定如下。

(1) 新用户研究方法的尝试，突破传统的用户研究方式，直接利用网站日志数据，提取用户认知数据，设计实验，同时结合了聚类、路径搜索法及多维尺度法分析用户关于网站分类目录的心智模型与网站分类目录体系的异同，为构建更符合用户认知的网站分类目录提供定量决策依据，为个性化推荐提供理论支撑，整个分析过程的尝试，旨在开辟一种新的用户研究方法。

(2) 为网站分类目录提供优化建议，基于网络日志数据，挖掘用户关于分类目录的心智模型，构建用户期望的分类目录体系，分析其与网站分类目录体系的差异，从而为优化网站分类目录提供依据。

(3) 为网站个性化功能的应用提出建议，基于网络日志数据，结合用户关于分类目录的认知，同时借鉴当前两种主流个性化推荐算法的核心思想，分析用户期望的个性化推荐方案，为网站实施个性化推荐功能提供理论支撑。

3. 实验数据

网络日志有不同的记录格式，不同格式的网络日志中包含的信息内容也是不同的，目前比较常用的日志格式包括：通用日志格式、扩展日志格式、Netscape enterprise server 格式、MS IIS 格式及 Apache 日志格式，其中 Apache 日志格式应用最为广泛。

Apache 日志有着其固定的格式，通过不同的格式串表示不同的含义，用一系列的格式串记录用户访问网站的实际操作过程，包括访问者、访问时间、访问网址等。

某知名电子商务网站采取的也是 Apache 日志格式，但涉及的字段在其基础上有一定的增减，共涉及 11 个字段：远程主机、用户标记、用户名、请求时间、方法+资源+协议、状态代码、发送字节数、上一次访问页面、浏览器信息、cookie 及 MIC 域名，字段具体含义详见表 7-5。

表 7-5　实验数据对象日志各字段含义

标号	日志项内容	具体含义
1	IP 地址	是远程主机的地址，即它表明访问网站的究竟是谁
2	用户标记	记录浏览者的标识，浏览者的 email 地址或者其他唯一标识符
3	用户名	记录浏览者进行身份验证时提供的名字
4	访问时间	采用“公共日志格式”或“标准英文格式”。格式为[day/month/year：minute：second zone]，second zone 表示服务器所处的时区，+0800 代表东八区
5	请求	该项信息的典型格式是“METHOD RESOURCE PROTOCOL”即“方法 资源 协议”。METHOD 包括 GET、POST、HEAD；PROTOCOL：HTTP+版本号；RESOURCE 是指浏览者向服务器请求的文档，或 URL
6	状态代码	它告诉我们请求是否成功，或者遇到了什么样的错误 一般以 2 开头表示成功，以 3 开头表示由于各种不同的原因用户请求被重新定向到了其他位置，以 4 开头表示客户端存在某种错误，以 5 开头表示服务器遇到了某个错误
7	发送给客户端的总字节数	它告诉我们传输是否被打断(即该数值是否和文件的大小相同)。把日志记录中的这些值加起来就可以得知服务器在一天、一周或者一月内发送了多少数据
8	上次访问页面	记录的是访问本次页面的上次访问的页面，也就是本次访问的来源页面
9	浏览器信息	记录的是本次访问的客户的客户端浏览器信息，包括浏览器、搜索引擎等
10	cookie	这个位置用于记录浏览者的 cookie 信息，可以存储一些用户在服务器端的信息，cookie 具有唯一性
11	域名	日志记录的第 11 项记录的是访问地址的域名

本章选取该知名电子商务网站 2013-05-18 23:50:00 到 2013-05-19 23:50:00 一天的网络日志数据，考虑到用户隐私，网站屏蔽了用户标记、用户名等相关字段，共涉及日志 300 万条，经过噪声处理后共计有效数据 42 789 条。

4. 实验方案

步骤 1：首先通过一系列步骤将日志数据处理成后期分析的基础数据——用户浏览的目录路径数据，再利用聚类分析根据用户对目录认知的不同将其聚为不同的类别，针对不同类别的用户挖掘其期望的个性化分类目录体系。上述步骤主要分“日志的会话相似度计算”和“基于相似度的日志聚类过程”两个阶段来完成。

步骤 2：主要分为“网站目录体系优化”与“网站个性化推荐优化”两小步。

步骤 2-1：网站目录体系优化。基于路径搜索法分析不同类别用户的期望目录体系与网站分类体系的差异，进而指导网站目录体系的优化，即实现目的(2)。结合用户对目录的认知，借鉴协同过滤算法和基于内容推荐算法的思路，分析出每类用户浏览产品时最期望推荐的三级目录。

步骤 2-2：网站个性化推荐优化。利用多维尺度法客观地展示出不同类别用户的个性化推荐需求，从而指导网站实施个性化推荐功能，即实现目标(1)。

整体方法的选择与应用，便是对目标(3)的实现。整个实验设计实验流程如图 7-2 所示。

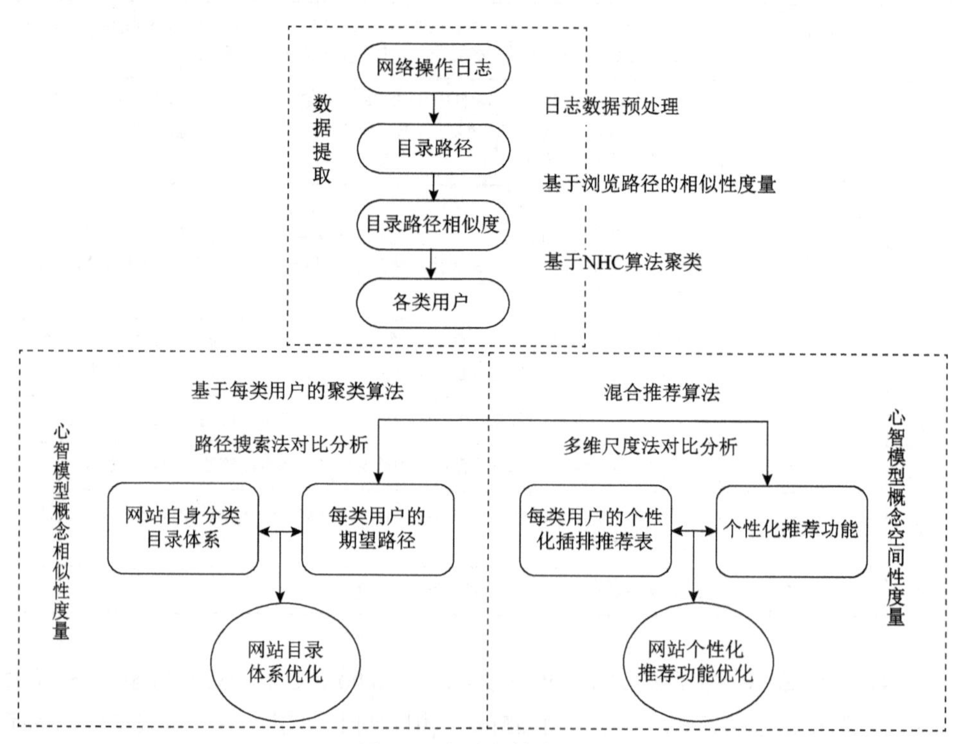

图 7-2　实验整体流程图

7.3.2　实验过程

1. 日志预处理

这里的数据预处理主要针对日志的数据清洗和数据预处理，照日志挖掘数据预处理的五个主要步骤：数据净化、格式转换、用户识别、会话识别、事务识别，将原始日志数据处理成目录路径的形式。随后，在此基础上进行完善，根据本章挖掘用户关于分类目录心智模型的目标进一步将数据处理为用户浏览的目录路径形式，其逻辑流程见图7-3。

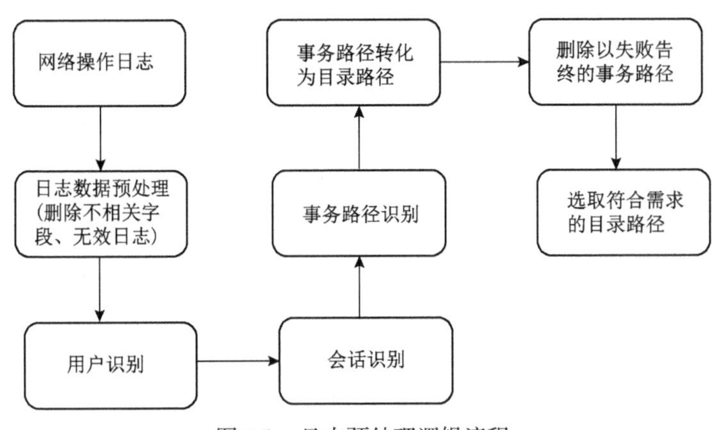

图7-3　日志预处理逻辑流程

其中关于用户识别，由于用户名涉及隐私被屏蔽，本章参考赵伟等(2003)的研究思路，用基于IP和cookie来识别用户。同时，在实际的网络日志中，并不是所有的日志数据中都包含IP且同时包括cookie，所以我们采取下列策略分情况考虑：①当包含cookie时，cookie相同则认为代表同一个用户，否则代表不同的用户。②当不包含cookie时，IP相同且访问时间在30分钟之内则代表为同一个用户。

关于事务识别，在识别过程中我们将用户的“后退”行为解读为：用户为了方便浏览而本身并不是浏览。这样就可以真正发现向前的浏览路径，“后退”引用意味着用户重复访问他本次会话的同一对象，当一个“后退”引用出现时，一个向前引用路径终止，“后退”引用前的最后一次向前引用就成了本次向前引用的最大向前引用，即根据最大向前路径法(MFP)(缪勇，2006)，将会话路径分割为更详细的事务路径。如其中有一条会话路径表示如下：l-30-265-30-272-311，表示用户在访问编号为30的页面之后，访问页面265，紧接其后又返回到30页面，这时一个向前引用路径终止即为l-30-265，这样一个会话路径就被划分为两个事务路径：l-30-265，l-30-272-311。

按照图7-3描述的日志预处理逻辑流程，具体的数据预处理步骤可序列描述如下。

步骤1-1：提取原始网络日志中特定的属性串，以方便后期处理。

我们定义first表记录提取结果，具体属性串的含义如表7-6所示。

表 7-6 first 表属性串描述示例

原始网络日志的属性描述
IPTONUMBER（用户的 IP 地址）
BROWSER（用户使用的浏览器信息）
PID（cookie 中可唯一表示用户的标识）
VISIT_TIME（访问时间）
URL（访问的网址）
STATUS（访问状态，标志访问成功还是失败）
REFERER（当前访问网页的来源网址）

步骤 1-2：结合 first 表，删除用户操作失败及没有使用分类目录的日志数据，并新建 site-fail 表记录。

(1) 删除用户操作失败日志的方法：分析 first 表中所有日志记录的 STATUS 属性值，若不是以 2、3 开头的数，则代表此操作步骤是失败的，用户是不满意的，将其删除。

(2) 删除未使用分类目录日志的方法：根据日志所属网站的网址构成规则，网址中的“-catalog”和“catlist”均代表当前访问网址涉及了分类目录的操作，将没有使用分类目录的日志记录删除。

最终得到共计有效数据 42 789 条。

步骤 1-3：对 URL、REFERER 编号，同时新建一个表 site，用于记录编号和网址的对应关系。

URL、REFERER 这两个字段标志的都是网址，为便于后期处理，对于其中相同的网址用相同的序号标志。最终得到有效网址共计 7719 个，部分网址编号截取参见表 7-7。

表 7-7 部分网址编号截取结果

编号	SITES
1	http://www.××××××.com/Security-Protection-Catalog/Anti-Static.html
2	http://www.××××××.com/products/catlist/listsubcat/147/00/mic/Service.html
3	http://www.××××××.com/Health-Medicine-Catalog/Pharmaceutical-Packaging.html
4	http://www.××××××.com/Tools-Hardware-Catalog/Tools-Hardware.html
5	http://www.××××××.com/Sporting-Goods-Recreation-Catalog/Tent.html
6	http://www.××××××.com/Arts-crafts-catalog/crystal-crafts.html
7	http://www.××××××.com/Manufacturing-Processing-Machinery-Catalog/Dairy-Processing-Machinery.html

续表

编号	SITES
8	http://www.××××××.com/Packaging-Printing-Catalog/Printing-Machinery-Parts.html
9	http://www.××××××.com/Textile-Catalog/Linen.html
10	http://www.××××××.com/Auto-Parts-Accessories-Catalog/Car-DVR.html
11	http://www.××××××.com/Consumer-Electronics-Catalog/Consumer-Electronics.html
12	http://www.××××××.com/ products/catlist/listsubcat/129/00/mic/Light_Industry_Daily_Use.html
13	http://www.××××××.com/Toys-Catalog/Intellectual-Educational-Toys.html
14	http://www.××××××.com/Construction-Decoration-Catalog/Construction-Pipe-Tube.html
15	http://www.××××××.com/Industrial-Equipment-Components-Catalog/Pump-Vaccum-Equipment.html
16	http://www.××××××.com/ Industrial-Equipment-Components-Catalog/Welder.html
17	http://www.××××××.com/ Industrial-Equipment-Components-Catalog/Globe-Valve.html
18	http://www.××××××.com/ Industrial-Equipment-Components-Catalog/Industrial-Water-Filter.html
…	…

步骤 1-4：分析 site 表 sites 字段中“-catalog”和“catlist”后涉及内容，提取其所对应的分类目录，并新建一个表 site-directory 来记录。

site-directory 表主要用于记录操作涉及分类目录的所有网址，如含有“catlist”的网址，其最后的.html 与前一个/之间的字符串即为网址所在目录。再如含有“-catalog”的网址，其形如“.../A-catalog/B/C.html”，代表的含义是用户当前所在目录为 C，对应的二级目录为 B，一级目录为 A。其他对应关系参见表 7-8。

表 7-8　网址目录对应表 site-directory

编号	SITED
1	Anti-Static
2	Service
3	Pharmaceutical-Packaging
4	Tools-Hardware
5	Tent
6	Crystal-Crafts
7	Dairy-Processing-Machinery
8	Printing-Machinery-Parts
9	Linen
10	Car-DVR
11	Consumer-Electronics
12	Light_ Industry_ Daily_ use

续表

编号	SITED
13	Intellectual-Educational-Toys
14	Construction-Pipe-Tube
15	Pump-Vacuum-Equipment
16	Welder
17	Globe-Valve
18	Industrial-Water-Filter
…	…

步骤 1-5：通过对 IPNUMBER 和 cookie 组合的唯一性来识别用户，同时建立一个表 user 记录编号的对应关系。

其中，IPNUMBER 代表用户的 IP 地址，cookie 代表用户的临时 ID，两者联合起来编号可以确定用户的唯一性。最终共识别出 10 135 个用户，如表 7-9 所示。

表 7-9　用户信息表 user

USER	PID	IPNUMBER+ BROSWER
1	TYzLjEyNS42MS4xNDAyMDEzMDUxODIzNTA1NjkwMjYwMzQzMDc1M	
2	jIyLjEyNS43Mi43MjAxMzA1MTgyMzU4NDY3MDE1NTMyMjEzNwM	
3	jE5LjIzNC44Mi41MjIwMTMwNTE5MDAxNTAONDUONzg2Mjk30TUM	
4	TIzLjEONC43LjIzNzIwMTMwNTE4MjMOMTU5MDEwNTkOOTc5MjQM	
5	TYzLjEyNS4xNDcuMjA2MjAxMzA1MTUyMDQ2MzM5MzEzNTAzMDMONAM	
6	TIwLjIwOS430S4xNDgyMDEzMDUxOTAxMzEOMTEONzk5Mjc2MjQ3M	
7	JEuMjQxLjIxMC42MDIwMTMwNTE5MDEzMjMzMTIxNjg1MjgxNTMN	
8	DIuMjI4LjUuMjkyMDEzMDUxOTAxMzMONzUONzMxNTY10TcwN	
9	JIxLjUuMTA3LjE5NDIwMTMwNTE5MDE1MjE1MzE2MTc10TA4NDAM	
10	JEuMjQxLjIxMC42MDIwMTMwNTE5MDE1NDEyMTE5NTEONzk3MjIN	
11	TIyLjEzNy4xODIuMTQ3MjAxMzA1MTkwMjAOMTkwMTg5NzINzc5M	
12	JEuMTYzLjE2NS4yMDkyMDEzMDUxOTAyMDcyNTI00Tky0Tg3MTkON	
13	TIzLjEyNS4xMTYuMjQzMjAxA1MTkwMjIzMTIzNDQxODY2NTgxOAM	
14	TE5LjQ4LjQ3LjE3NzIwMTMwNTE5MDIzMjMOMTczODIzOTgyMAM	
15	TEwLjIzMS4xMDQuNTgyMDEzMDUxOTAyNTAxNzQwNDMONTgwNDcM	
16	JcuMjA2ljE5LjE3MTIwMTMwNTE5MDMwOTIzNTg3NzAzMDE4MDIM	
17	Je4LjU5LjIwNS4zNzIwMTMwNTE5MDMxMTAOMzkyNzAwMjYzOTkM	

续表

USER	PID	IPNUMBER+ BROSWER
18	TIwLjIwOS430S4xNDgyMDEzMDUxOTAzMTMzMjE40TcyNTg0MTg3M	
19	TE4LjIxMi45NS4zMjIwMTMwNTE5MDMxMzI1NDc5MzI2MDM30DYM	
20	jExLjk3LjEwOS4MDkyMDEzMDUxOTAzMjYwMTAwNDcyMjg00TQyM	
21		163.125.61.140# Mozilla/5.0 (Windows NT 6.1; rv:20.0) ecko/20100101 Firefox/20.0
…	…	…

步骤 1-6：用编码替代字段的具体内容：用表 user、表 site 的编码代替原表中对应的字段数据，替代之后的表记为表“first+编号”。具体格式可参见表 7-10。

表 7-10　用户和网址用编码替代后的日志记录表“first+编号”

ID	USER	IPNUMBER	VISIT_TIME	URL	STATUS	REFERER
1	7060	163.125.61.140	2013-5-18 23:50	1	200	−1
2	7061	114.66.192.153	2013-5-18 23:54	4	200	−1
3	7061	114.66.192.153	2013-5-18 23:54	4	200	−1
4	7062	114.66.192.153	2013-5-18 23:54	4	200	−1
5	7063	182.118.42.153	2013-5-18 23:56	5	200	−1
6	7065	36.248.162.180	2013-5-19 0:00	7	200	7
7	2	222.125.72.7	2013-5-19 0:00	8	200	−1
8	3	219.234.82.52	2013-5-19 0:15	11	200	−1
9	4	123.144.7.237	2013-5-19 0:27	12	200	−1
10	7066	123.151.148.170	2013-5-19 0:33	16	200	−1
11	7067	120.84.17.34	2013-5-19 0:34	17	200	−1
12	7068	220.231.27.150	2013-5-19 0:38	18	200	−1
13	7066	123.151.148.170	2013-5-19 0:40	19	200	−1
14	7069	123.125.71.120	2013-5-19 0:50	20	200	−1
15	7066	123.151.148.170	2013-5-19 0:50	21	200	−1
16	7070	182.118.26.91	2013-5-19 0:54	22	200	−1
17	7071	182.118.35.150	2013-5-19 0:54	23	200	−1
18	7072	182.118.35.162	2013-5-19 0:54	24	200	−1
…	…	…	…	…	…	…

步骤 1-7：以同一个用户为单位进行会话识别，并定义 dialogue 表存放记录会话路径。

将同一个用户操作记录的 VISIT_TIME 时间差在 30 分钟以内认为是一个会话。会话路径的格式是：编号、USER、Urlset（按时间先手顺序排列的访问网址序列）、Refererset（对应于访问网址的来源网址序列）。会话路径表 dialogue 中记录的数据如表 7-11 所示，最终识别出的会话路径共 2853 个。

表 7-11 会话路径表 dialogue

SESSION_ID	URL	USER	IP	VISIT_TIME
1	50	6	120.209.79.148	2013-5-19 1:31
1	51	6	120.209.79.148	2013-5-19 1:31
2	50	7	61.241.210.60	2013-5-19 1:32
2	51	7	61.241.210.60	2013-5-19 1:32
3	50	10	61.241.210.60	2013-5-19 1:54
3	51	10	61.241.210.60	2013-5-19 1:54
4	120	12	61.163.165.209	2013-5-19 2:08
4	121	12	61.163.165.209	2013-5-19 2:08
5	50	18	120.209.79.148	2013-5-19 3:13
5	51	18	120.209.79.148	2013-5-19 3:13
6	50	22	175.42.84.104	2013-5-19 3:44
6	51	22	175.42.84.104	2013-5-19 3:44
6	50	22	175.42.84.104	2013-5-19 3:44
7	59	27	36.249.143.112	2013-5-19 4:21
7	30	27	36.249.143.112	2013-5-19 4:21
8	59	27	36.249.143.112	2013-5-19 11:36
8	30	27	36.249.143.112	2013-5-19 11:36
…	…	…	…	…

步骤 1-8：根据最大向前路径法，对 dialogue 中的会话路径进行事务识别，并定义新建表 dialogue2 存储识别结果。

将 dialogue 中的会话路径分割为更详细的事务路径，并删除只涉及一个 URL 的事务路径。新建表 dialogue2（表 7-12）中记录了处理后的所有事务路径，最终共计有效事务路径 3584 条。

表 7-12 事务路径表 dialogue2

TRANS_ID	URL	USER	IP	VISIT_TIME
1	50	6	120.209.79.148	2013-5-19 1:31
1	51	6	120.209.79.148	2013-5-19 1:31
2	50	7	61.241.210.60	2013-5-19 1:32

续表

TRANS_ID	URL	USER	IP	VISIT_TIME
2	51	7	61.241.210.60	2013-5-19 1:32
3	50	10	61.241.210.60	2013-5-19 1:54
3	51	10	61.241.210.60	2013-5-19 1:54
4	120	12	61.163.165.209	2013-5-19 2:08
4	121	12	61.163.165.209	2013-5-19 2:08
5	50	18	120.209.79.148	2013-5-19 3:13
5	51	18	120.209.79.148	2013-5-19 3:13
6	50	22	175.42.84.104	2013-5-19 3:44
6	51	22	175.42.84.104	2013-5-19 3:44
7	50	22	175.42.84.104	2013-5-19 3:44
8	59	27	36.249.143.112	2013-5-19 4:21
8	30	27	36.249.143.112	2013-5-19 4:21
9	59	27	36.249.143.112	2013-5-19 11:36
9	30	27	36.249.143.112	2013-5-19 11:36
…	…	…	…	…

步骤 1-9：定义表 productdirectory，按层级编码设计某电子商务网站的分类目录。

其中，如表 7-13 所示，表 productdirectory 中目录用六位数字编码，前面两位表示一级目录，中间两位表示二级目录，最后两位表示三级目录。最终得到共 27 个一级目录，758 个二级目录，1256 个三级目录，共计 2041 个目录。

表 7-13　网站编码与目录对应关系表 productdirectory

CATALOG_ID	CATALOG
010000	Agriculture & Food
010100	Agriculture Manure
010200	Alcohol
010300	Animal Byproducts
010400	Aquatic & Preparation
010500	Bean & Preparation
010600	Beverage
010700	Canned Food
010800	Cereal
010900	Cigarette & Tobacco
011000	Cocoa, Coffee & Preparation

续表

CATALOG_ID	CATALOG
011100	Condiment & Seasoning
011200	Dairy Products
011300	Econ-valuable Vegetable
011400	Edible Fungus &Algae
011500	Egg & Preparation
011600	Fat & Oil
…	…

步骤 1-10：将事务路径转为目录路径，并新建表 dialogue3 记录目录路径序列。

结合 site-diretory，将 dialogue2 表中的 URL 字段改成如表 7-14 所示的对应目录路径的序列，经过转换最终有 3176 条有效目录路径。在转化过程中主要考虑如下两种情况的处理：①事务路径中每个网址转为对应的目录后，存在同一目录连续出现数次(设为 n，n>1 且为整数)，这种情况下需删除 n–1 个该目录，最终保留一个即可。②事务路径中每个网址转为对应的目录的过程中，存在事务路径中最初几个网址没有对应目录的情况，这种情况下从第一个有对应目录的网址开始映射转换即可。

表 7-14　目录路径序列表 dialogue3

CATA_ID	SITED	USER	IP	VISIT_TIME
Q_1	071000	6	120.209.79.148	2013-5-19 1:31
Q_1	090603	6	120.209.79.148	2013-5-19 1:31
Q_2	071000	7	61.241.210.60	2013-5-19 1:32
Q_2	090603	7	61.241.210.60	2013-5-19 1:32
Q_3	071000	10	61.241.210.60	2013-5-19 1:54
Q3	090603	10	61.241.210.60	2013-5-19 1:54
Q_4	130000	12	61.163.165.209	2013-5-19 2:08
Q_4	132401	12	61.163.165.209	2013-5-19 2:08
Q_5	071000	18	120.209.79.148	2013-5-19 3:13
Q_5	090603	18	120.209.79.148	2013-5-19 3:13
Q_6	071000	22	175.42.84.104	2013-5-19 3:44
Q_6	090603	22	175.42.84.104	2013-5-19 3:44
Q_7	010000	27	36.249.143.112	2013-5-19 4:21
Q_7	020000	27	36.249.143.112	2013-5-19 4:21
Q_8	010000	27	36.249.143.112	2013-5-19 11:36

续表

CATA_ID	SITED	USER	IP	VISIT_TIME
Q_8	020000	27	36.249.143.112	2013-5-19 11:36
Q_9	030000	29	58.248.208.251	2013-5-19 18:03
Q_9	010000	29	58.248.208.251	2013-5-19 18:25
…	…	…	…	…

2. 日志的会话相似度计算

我们将预处理之后的目录路径数据作为聚类分析的基本数据单元，基于 VOB 算法的目录路径相似度矩阵计算。通过计算不同目录路径之间的相似度，得到目录路径相似度矩阵。

我们借鉴用户浏览路径顺序的相似性度量(VOB)的算法思想，充分考虑用户浏览目录的顺序，计算不同目录路径的相似度，最终构成一个 $m\times m$ 的相似度矩阵，其中 m 表示目录路径的个数。

步骤 2-1：对于每个目录路径 $Q_i(1<i<m+1$且为整数) 且 $Q_i=q_1,q_2\cdots,q_r$（q_i 表示按序访问的目录，r 为 Q_i 包含的目录总数目），找出 Q_i 所有的 $l(0<l<r+1$ 且 l 为整数) 跳路径 Q_j^l，具体表示如式(7-3)所示。

$$Q_i^l=\left\{q_i,q_{i+1},\cdots,q_{i+l-1}\middle|i=1,2,\cdots,r-l+1\right\} \tag{7-3}$$

步骤 2-2：找出所有 l 跳路径之后，我们用 $f(Q_i)=\bigcup_{l=1}^{r}Q_l$ 来标识目录路径 Q_i 的特征空间。表 7-15 中列举了部分目录路径的所有跳路径。

表 7-15　目录路径 l 跳路径举例

目录路径编号	目录路径	l 值	l 跳路径
Q_1	071000->090603	1	071000->090603
Q_2	071000->090603	1	071000->090603
Q_3	071000->090603	1	071000->090603
Q_4	130000->132401	1	130000->132401
Q_5	071000->090603	1	071000->090603
Q_6	090603->010000	1	090603->010000
Q_7	010000->020000	1	010000->020000
Q_8	010000->020000	1	010000->020000
Q_9	030000->010000	1	030000->010000

续表

目录路径编号	目录路径	l 值	l 跳路径
Q_{10}	030000->090603->010000	1	030000->090603
			090603->010000
		2	030000->090603->010000
…	…	…	…

步骤 2-3：按次序选取不同的两个目录路径 Q_i 和 Q_j（$0<i<j\leqslant m$，且 i 和 j 均为整数），计算二者之间的相似度并将其作为目录路径相似矩阵中的第 i 行第 j 列元素，如式(7-4)所示：

$$Q_{ij}=\frac{(Q_i,Q_j)^l}{\sqrt{(Q_i,Q_i)^l\cdot(Q_j,Q_j)^l}} \tag{7-4}$$

其中，$l=\min(\text{length}(Q_i),\text{length}(Q_j))$，$(Q_i,Q_j)^l$ 是目录路径 Q_i 和 Q_j 在特征空间的内积，定义如式(7-5)所示。

$$(Q_i,Q_j)^l=\sum_{k=1}^{l}\sum_{q\in Q_i^k\cap Q_j^k}\text{length}(q)\cdot\text{length}(q) \tag{7-5}$$

步骤 2-4：重复上一步骤，直到算出 $m\times m$（m 为涉及的目录路径总数，共计 3178 个）相似度矩阵中的所有元素，构造成相似度矩阵 A。由于构建的矩阵比较大但页面有限，表 7-16 截取矩阵中的一部分数据。

表 7-16 目录路径相似度矩阵

目录路径	Q_1	Q_2	Q_3	Q_4	Q_5	Q_6	Q_7	Q_8	Q_9	…
Q_1	1	1	1	0	1	1	0	0	0	…
Q_2	1	1	1	0	1	1	0	0	0	…
Q_3	1	1	1	0	1	1	0	0	0	…
Q_4	0	0	0	1	0	0	0	0	0	…
Q_5	1	1	1	0	1	1	0	0	0	…
Q_6	1	1	1	0	1	1	0	0	0	…
Q_7	0	0	0	0	0	0	1	1	0.11	…
Q_8	0	0	0	0	0	0	1	1	0.12	…
Q_9	0	0	0	0	0	0	0	0.17	1	…
…	…	…	…	…	…	…	…	…	…	…

3. 基于相似度的日志聚类过程

我们基于矩阵变换的分裂层次聚类算法来处理相似度矩阵，从而将目录路径对应的用户聚为不同的类别。

步骤 3-1：将目录相似度矩阵 A 的行和列按数值大小进行排序，把经过排序的相似度矩阵按主对角线进行分块处理矩阵 B 的样式。

$$B=\begin{pmatrix} A_{11} & \cdots & A_{12} \\ \vdots & d & \vdots \\ A_{21} & \cdots & A_{22} \end{pmatrix}$$

由于篇幅限制，部分截图如表 7-17 所示。

表 7-17　排序后的目录路径相似度矩阵

	Q_1	Q_2	Q_3	Q_{32}	Q_{15}	Q_{102}	Q_{712}	Q_{18}	Q_{93}	Q_{32}	…
Q_1	1	1	1	0.17	0.17	0.17	0.17	0.17	0.17	0.17	…
Q_2	1	1	1	0.17	0.17	0.17	0.17	0.17	0.17	0.17	…
Q_3	1	1	1	0.17	0.17	0.17	0.17	0.17	0.17	0.17	…
Q_{32}	0.17	0.17	0.17	1	1	1	1	1	1	1	…
Q_{15}	0.17	0.17	0.17	1	1	1	1	1	1	1	…
Q_{102}	0.17	0.17	0.17	1	1	1	1	1	1	1	…
Q_{712}	0.17	0.17	0.17	1	1	1	1	1	1	1	…
Q_{18}	0.17	0.17	0.17	1	1	1	1	1	1	1	…
Q_{93}	0.17	0.17	0.17	1	1	1	1	1	1	1	…
Q_{32}	0.17	0.17	0.17	1	1	1	1	1	1	1	…
…	…	…	…	…	…	…	…	…	…	…	…

步骤 3-2：由于第一步中的 d 是矩阵 A 的划分点，当 F_d 达到最大值时 d 的值就为划分点，其中 F_d 可表示为式(7-6)：

$$F_d = M^d(A_{11}) \times M^d(A_{22}) - M^d(A_{12}) \times M^d(A_{21}) \tag{7-6}$$

其中，$M^d(A_{ij})$ 定义为式(7-7)：

$$M^d(A_{ij}) = \sum_{i=(p-1)\times d+1}^{d+(m-d)\times(p-1)} \left(\sum_{i=(q-1)\times d+1}^{d+(m-d)\times(q-1)} Q_{ij} \right),\ 1 \leqslant p \leqslant 2, 1 \leqslant q \leqslant 2 \tag{7-7}$$

据此可找出第一个划分点 d=3，表 7-17 也清晰可见划分点在第三行第三列。

步骤 3-3：找到划分点之后，分别计算聚簇 A_{11}、A_{22} 的凝聚度 T，计算公式如式(7-8)所示：

$$T(A_{mm})=\frac{1}{M}\times\sum_{1\leqslant i\leqslant j\leqslant t}Q_{ij}(1\leqslant m\leqslant 2) \tag{7-8}$$

其中，$M=t(t-1)/2$，t 为 A_{mn} 方阵中的行列数。

据式(7-8)可算出，第一个划分点划分后的 $T(A_{11})=1$、$T(A_{22})=0.54$ 的过程展示。

步骤 3-4：分析各聚簇的凝聚度值，若所有凝聚度值大于或等于凝聚度阈值(设定为 T=0.95)，则聚类结束，则所有目录路径相似度聚类成两大类，表示目录路径相似度对应的用户被划分为两大类。如仍有聚簇其凝聚度值小于 0.95，则将该聚簇当作新一轮的相似度矩阵 A，并重复步骤 3-1 到步骤 3-3，直到所有的聚簇凝聚度都达到 0.95 则聚类结束。

步骤 3-5：根据第四步原则，判断第一个划分点划分后的 $T(A_{11})$ 和 $T(A_{22})$，其中 $T(A_{11})=1\geqslant 0.95$ 说明其划分完毕，而 $T(A_{22})=0.54<0.95$ 代表 $T(A_{22})$ 需要继续划分，按第一步到第三步继续循环划分，直到所有的聚簇凝聚度大于 0.95。最终本节将目录路径对应的用户聚为 372 类。

4. 基于路径分析法的网站目录体系优化

1)路径搜索法具体算法——GT-PD 算法

GT-PD 算法(潘明风，2005)是以图形理论为基础的路径搜索法算法，主要基于网络图的路径距离来计算全局相关系数。对于有特殊要求的项目，还可以计算对应单个概念之间的相关系数。为说明该算法的具体使用方法，本小节以系统设计为例，对比分析设计者和用户的路径搜索网络图。其中，设计者的路径搜索网络图如图 7-4 和表 7-18 所示。由于图 7-4 是对称的，表 7-18 中只显示上三角部分数据。

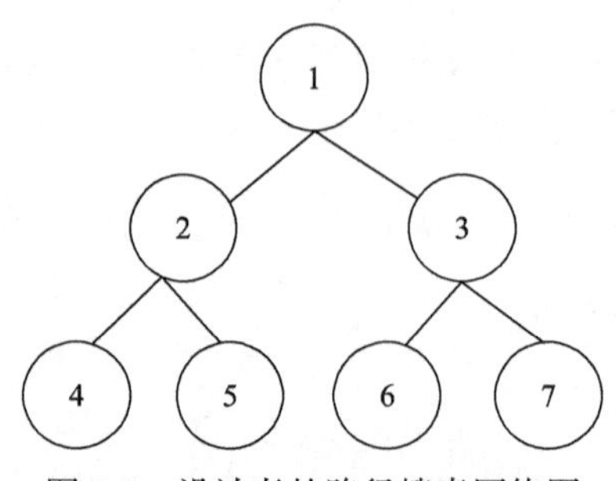

图 7-4　设计者的路径搜索网络图

表 7-18　设计者的上三角距离矩阵

节点	1	2	3	4	5	6	7
1	—	1	1	2	2	2	2
2		—	2	1	1	3	3
3			—	3	3	1	1
4				—	2	4	4
5					—	4	4
6						—	2
7							—

由表 7-18 得到开发者的路径搜索网络图的距离向量为(1 1 2 2 2 2 2 1 1 3 3 3 3 1 1 2 4 4 4 4 2)，记为 A。

同理，用户的路径搜索网络图如图 7-5 和表 7-19 所示。由于图 7-5 是对称的，表 7-19 给出上三角矩阵。所有边的权值假定为 1。

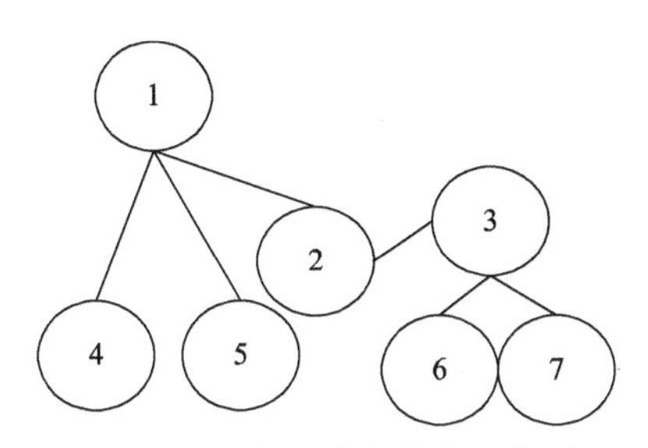

图 7-5　用户的路径搜索网络图

表 7-19　用户的上三角距离矩阵

节点	1	2	3	4	5	6	7
1	—	1	2	1	1	3	3
2		—	1	2	2	2	2
3			—	3	3	1	1
4				—	2	4	4
5					—	4	4
6						—	2
7							—

由表 7-19 得到用户的路径搜索网络图的距离向量为(1 2 1 1 3 3 1 2 2 2 2 3 3 1 1 2 4 4 4 4 2)，记为 B。

根据 A、B 距离向量，用式(7-9)计算全局相关系数 GTDCC_{PAB}。

$$\mathrm{GTDCC}_{PAB}=\frac{\sum(a-\bar{a})(b_n-\bar{b}_n)}{\sqrt{\sum(a-\bar{a})^2\sum(b_n-\bar{b}_n)^2}} \tag{7-9}$$

其中，a 为距离向量 A 中的元素，$\bar{a}$ 为距离向量中所有元素的平均值；同理，b 为距离向量 B 中的元素，$\bar{b}$ 为距离向量中所有元素的平均值。相关系数的范围从[−1, +1]，−1 表示两个图是不同的，+1 表示两个图是相同的。相关系数值越小，表明两个图的相似性就越低。为了防止分母变 0，当 $\sum(a-\bar{a})^2$ 或者 $\sum(b-\bar{b})^2$ 等于 0 的时候，相关系数赋值为 0。

同理，两个点之间的路径距离的相关系数也可以用该公式计算。唯一不同的是从一个特殊的节点到其他节点的路径距离表示在向量 A 和 B 中。例如，在图 7-4 中节点 1 的距离向量为(1 2 1 1 3 3)。

路径搜索网络图以距离矩阵的形式表示，其中数值表示对应节点之间的距离。距离矩阵以长度为 $(n^2-n)/2$ 的向量表示，n 为节点数，涵盖了所有的节点对。一旦确定每个图的距离向量，那么通过计算全局相关系数和局部相关系数就可以比较网络图之间的相似性和相异性。对网络图的所有需求对计算路径距离，全局相关系数测量两个网络图之间所有节点的对应路径距离的相关性。

最后，在 GT-PD 算法中，我们应用表 7-20 所示的启发式规则，区分全局相关系数 GTDCC_{PAB} 的值与网站分类目录需要优化程度。

表 7-20　GTDCC_{PAB} 的值与网站分类目录需要优化程度

GTDCC_{PAB} 值	用户期望的分类目录体系与网站原有的体系相似性	需优化程度
$\mathrm{GTDCC}_{PAB}<0.4$	没有相似性或者低相似性	非常需要
$0.4\leqslant \mathrm{GTDCC}_{PAB}\leqslant 0.7$	中等程度的相似性	可以优化
$\mathrm{GTDCC}_{PAB}>0.7$	较大的相似性	不需要

2) 聚类分析与路径搜索法的关联应用

通过上一小节的聚类分析，已将用户按照其关于网站分类目录心智模型的不同聚为 372 个类别。在此基础之上，本小节结合路径搜索法来分析并展示每一类用户期望的分类目录体系，并对比分析不同类别用户之间的差异，以及现有分类目录体系与用户期望分类目录体系之间的差异程度，以期指导网站进一步优化网站分类目录体系。

其中，每类用户的路径搜索网络图构造方法、后期的对比分析过程是本章中该算法的应用创新之处。我们在关联应用中主要考虑表 7-21 中涉及的路径搜索法要素。

表 7-21　关联应用与路径搜索法的对应要素

路径搜索法设计要素	本章中对应的要素或设定方法
节点	目录
边	连接目录 a 和目录 b，代表目录 a 到目录 b 直接相连
权重	目录共现频次的倒数
路径	代表从某目录到另一目录所经过的路线
设定 r	设定 r=1,那么图中一对节点之间的路径权重由此路径上所有边的权值之和求得
设定 q	设定 q=n–1，这意味着最后 n 个目录有 n–1 个边，确保满足三角不等式

基于路径搜索法挖掘出每类用户期望的目录体系，并与原有分类目录体系对比分析的具体步骤如下。

步骤 4-1：构造每大类用户的目录共现频次矩阵。所谓共现是指在同一个目录路径中两个目录共同出现，两个目录每共同出现一次则对应的共现频次加 1。所述目录频次矩阵，其第一行和第一列为对应类别用户涉及的所有目录路径，其余均为共现频次。则如 m 行 n 列(m<n)的元素值为 6，则代表目录 m、目录 n 在目录路径中共同出现的总频次为 6。构建过程中重点处理如下两种情况：第一，当 m 行 n 列的频次被找出来，建立目录 m 到目录 n 的关系之后，对应的 n 行 m 列频次设定为 0，这样可以避免路径搜索法重复考虑目录 m 和目录 n 的联系。第二，对角线的元素设为 0，为排除目录自身与自身的关系对不同目录之间联系的影响，本实证部分将目录自身与自身共现频次设为 0 即对角线元素设为 0。

步骤 4-2：针对步骤 4-1 中构造出的每个目录频次矩阵，采用路径搜索网络图构造法得出每类用户期望的目录层次体系。

步骤 4-3：基于 GT-PD“相关系数”计算方法，计算出每类用户期望目录路径与搜索引擎检索结果原有的分类体系相比较，从而评价现有分类目录体系并依据用户的期望目录路径体系给出优化建议。

步骤 4-3-1：将网站原有的分类目录体系(含 2041 个分类目录)表示成上三角距离矩阵，并进一步表示为路径距离向量 A。同时，由于网站原有分类目录体系分为三级且没有一个顶级目录，所以虚设一个顶级目录，定义表 7-22 中所示规则判断两个目录之间的距离。最终得出的上三角矩阵部分数据截取如表 7-23 所示。

表 7-22　判断两个目录之间的距离规则

如果两个目录属于同一级别	如果两个目录不属于同一级别
父目录相同则二者之间距离为 2	分别属于 1 级和 3 级且该 3 级是该 1 级的三级目录，则二者之间距离为 2

续表

如果两个目录属于同一级别	如果两个目录不属于同一级别
父目录不同但父目录的父目录相同则二者之间距离为 4	分别属于 1 级和 3 级但该 3 级不是该 1 级的三级目录，则二者之间距离为 4
父目录不同且父目录的父目录不同则二者之间距离为 6	分别属于 1 级和 2 级且该 2 级是该 1 级的三级目录，则二者之间距离为 1
	分别属于 1 级和 2 级但该 2 级不是该 1 级的三级目录，则二者之间距离为 3
	分别属于 2 级和 3 级且该 3 级是该 2 级的子目录，则二者之间距离为 1
	分别属于 2 级和 3 级但该 3 级不是该 2 级的子目录则二者之间距离为 5

表 7-23　网站原有分类目录体系对应上三角矩阵图

目录编号	010000	020000	030000	040000	050000	060000	070000	080000	090000	100000	…
010000	—	2	2	2	2	2	2	2	2	2	…
020000		—	2	2	2	2	2	2	2	2	…
030000			—	2	2	2	2	2	2	2	…
040000				—	2	2	2	2	2	2	…
050000					—	2	2	2	2	2	…
060000						—	2	2	2	2	…
070000							—	2	2	2	…
080000								—	2	2	…
090000									—	2	…
100000										—	…
…	…	…	…	…	…	…	…	…	…	…	…

由于涉及 27 个一级目录，758 个二级目录，1256 个三级目录，共计 2041 个具体目录，对应的路径距离向量矩阵涉及元素达(2041×2041−2041)/2= 2 081 820 个之多，所以只详细展示了部分元素值，形式表示如下：A=(2，2，2，2，2，2，2，2，2，…，1，1，1，1，…，3，3，3，…，2，2，2，…，4，4，4，…，1，1，1，…，5，5，5，…，6，6，6，…，2，2，2)。

步骤4-3-2：将所有用户期望的分类目录体系及每类用户期望的分类目录体系(含 m 个分类)表示成上三角距离矩阵，并进一步表示为路径距离向量 B_n(第 n 类用户的路径距离向量)。

本章中所有日志共涉及942个目录，其中一级目录26个，二级目录472个，三级目录444个。关于分类研究，由于聚类后用户类别多达372类，本章选取其中最具有代表性的一类用户展开分析。

步骤4-3-3：根据前两步骤中得到的网站原有的分类目录体系、用户期望的分类目录体系生成的上三角距离矩阵，基于GT-PD算法计算全局相关系数 GTDCC_{PAB}，再依据表7-20中列出的标准评估 CTDCC_{PAB_n} 的值与网站分类目录需要优化程度。

5. 基于多维尺度法的网站个性化推荐优化

多维尺度法的算法描述已在6.2.2小节第五部分详细描述，此处不再累述。在利用日志记录中用户数据得到基于多维尺度法的概念空间性指标之后，本实验将进一步对聚类分析与路径搜索法进行关联应用。本实证部分将借鉴基于内容推荐的主题推荐思路及协同过滤算法中基于评分将用户分类并结合评分实施推荐的思路，该实证中对两类算法的主要借鉴关系对应如表7-24所示。

表7-24 借鉴基于内容和协同过滤推荐算法的元素

借鉴算法	具体借鉴元素	实证中对应元素的设置
基于内容推荐	主题推荐	三级目录推荐
协同过滤推荐算法	基于用户对A产品和B产品的评分来实施推荐	基于用户实际操作过程中A产品与B产品的共现频次实施推荐

最后结合多维尺度法可视化不同类别用户对推荐目录产品的个性化需求，根据分析出的个性化需求指导网站实施个性化推荐功能，以期为电子商务网站留住更多的用户。其中，用户分类已在7.2.2小节第一部分的日志预处理中完成。本部分的实验在其基础上更进一步，借鉴混合推荐算法思路，结合多维尺度法挖掘并可视化用户对个性化推荐的需求并对比分析不同类别用户心智模型间的差异，尝试指导网站个性化推荐功能的实施，下文将具体描述实验过程。

步骤5-1：数据提取。根据步骤3中的聚类结果，将每一类中涉及的用户、及其中每个用户涉及的所有目录路径进行对应整理，并概括每一类用户的特征。整理形式如表7-25所示。

表 7-25　数据提取形式

用户类别	用户地域特征	具体用户	用户对应的目录路径
类别 1	非洲用户	U_1	PR_1，PR_2，PR_{15}，PR_6，PR_2，PR_7
			PR_1，PR_5，PR_2，PR_{66}
			PR_3，PR_5，PR_1，PR_{33}，PR_{66}
		U_2	PR_{11}，PR_{22}，PR_{33}，PR_6，PR_7
			PR_7，PR_4，PR_{22}
		U_6	PR_4，PR_6，PR_7，PR_{66}
类别 2	美国用户	U_9	PR_{22}，PR_{33}，PR_{25}
			PR_3，PR_2，PR_1
			PR_{22}，PR_{32}，PR_{25}
		U_{20}	PR_{65}，PR_{22}，PR_{13}
			PR_2，PR_6，PR_3
		U_{11}	PR_5，PR_{22}，PR_3，PR_5，PR_7
			PR_6，PR_2，PR_9
		U_{65}	PR_3，PR_2，PR_{55}
…	…	…	…

步骤 5-2：数据预处理。分析目录路径中涉及的所有目录，结合步骤 1-4 中的网站目录编码，按顺序保留目录中涉及的所有三级目录，删除所有的非三级目录，形式如表 7-26 所示。

表 7-26　用户浏览的三级目录序列表

用户类别	用户地域特征	具体用户	目录路径中涉及的三级目录
类别 1	非洲用户	U_1	PR_1，PR_2
			PR_1，PR_5，P_2
			PR_3，PR_5，P_1
		U_2	PR_7，PR_6
			PR_7，PR_4
		U_6	PR_4，PR_6，PR_7
类别 2	美国用户	U_9	…
			…
			…

续表

用户类别	用户地域特征	具体用户	目录路径中涉及的三级目录
类别 2	美国用户	U_{20}	…
			…
		U_{11}	…
			…
		U_{65}	…
…	…	…	…

步骤 5-3：三级目录共现频次统计。该步骤构建为每一个类别的用户构建一个 $m\times m$（m 为涉及的三级目录总数）共现频次矩阵，矩阵中的初始值都设为 0。计算每一个用户的 m 产品与 n 产品的共现频次并在矩阵中加和到对应的位置上[比如，表 7-26 中的 u_1，其第一个目录路径中同时涉及 PR_1，PR_3，PR_2 三个产品，则 PR_1，PR_2 共现一次，PR_1，PR_3，PR_2，PR_3 共现一次，对应的(1，2)(2，1)(1，3)(3，1)(2，3)(3，1)位置上的值分别加 1]，以此类推直到同一类别中所有用户的所有目录路径涉及产品的共现频次加和完为止，这样就得到了一类用户的共现频次矩阵，共现的次数与用户认为这两个产品应该同时出现的期望值呈正比。此外，也构建一个涉及所有用户的共现频次矩阵，后期对比分析要用。构建过程中重点处理如下两种情况：第一，此处的共现频次矩阵是一个对称矩阵，如(1，3)的元素值为 1，而(3，1)也为 1，对称的位置元素值就是相等的。第二，由于用户浏览一个产品的时候，给用户的推荐产品中不包括该产品本身，所以矩阵对角线的元素值我们都设为 0，忽略自身与自身的共现频次。表 7-27 为表 7-26 中类别 1 用户的共现频次矩阵。

表 7-27　涉及所有用户的共现频次矩阵

	PR_1	PR_2	PR_3	PR_4	PR_5	PR_6	PR_7
PR_1	0	2	1	0	2	0	0
PR_2	2	0	0	0	1	0	0
PR_3	1	0	0	0	1	0	0
PR_4	0	0	0	0	0	1	2
PR_5	2	1	1	0	0	0	0
PR_6	0	0	0	1	0	0	2
PR_7	0	0	0	2	0	2	0

步骤 5-4：构建产品推荐表。根据共现频次矩阵，为每类用户构建一个对应的产品推荐表，也为所有用户构建一个对应的产品推荐表。按照每一个产品(如表 7-27 中的产品 PR_1)，找出该产品所在行(PR_1 在第一行)，把该行中的元素即频次按照由大到小排列(PR_2，PR_5，PR_3，PR_4，PR_6，PR_7)，假如遇到多个频次大小相等，则按照所在的列由小到大排列(如 PR_1 与 PR_2，PR_5 的共现频次都为 2，而 PR_2 在第二列，PR_5 在第五列，所以排列顺序为 PR_2，PR_5)。在个性化产品推荐时，给用户推荐序列表中的第一个产品即共现频次最高的产品，若后期网站想要做 Top_N 推荐的话，则只要根据需要推荐的产品个数 N 按顺序选择推荐序列表中的前 N 个产品即可。表 7-28 是示例的产品推荐表结果。

表 7-28　产品推荐表

产品	产品推荐
PR_1	PR_2
PR_2	PR_1
…	…

步骤 5-5：多维尺度法分析。为了使得可视化产品之间的关系更加直观，使用 SPSS 工具对用户共现频次矩阵进行多维尺度法分析。选择相应的文件即可，最终分析结果与产品推荐表对比、相互印证。

7.3.3　实验结果分析

主要包括聚类分析和路径搜索法分析的结果，得到网站用户期望的分类目录体系及其与网站自身的分类目录体系之间的关系，为优化网站分类目录体系提供理论依据；在聚类基础上结合多维尺度法分析三级目录之间的相关性，从而更准确地为用户提供个性化的推荐，以期为用户带来更畅快的操作体验。

1. 整体用户期望目录体系与网站分类目录体系差异分析

网站自身分类目录体系共计 27 个一级目录，758 个二级目录，1256 个三级目录，共计 2041 个目录。本节所用日志数据共涉及 942 个目录，其中一级目录 26 个，二级目录 472 个，三级目录 444 个。根据路径搜索法 GT-PD 全局相关系数公式，最终算出整体相关系数为 0.236。根据表 7-20 中相关系数评价规则即“全局相关系数小于 0.4 说明用户期望分类目录体系与网站分类目录体系的相似性很低，非常需要优化”，说明本实证涉及的电子商务网站其分类目录体系极需优化。

同时，我们设计了指标平均每个用户目录涉及的目录路径数[式(7-10)]来反映了同一个目录平均涉及的目录路径数，数目越大代表优化结果的数据支撑量越大，优化结果可应用性就越大。

$$目录平均涉及目录路径数=目录路径数/用户目录数 \tag{7-10}$$

根据相关系数公式具体分析每个目录，计算出单个目录相关系数。整体来说，涉及优化的 942 个目录相关系数均小于 0.7 的，说明所有目录均需要优化。其中，相关系数介于 0.4 到 0.7 的有 95 个，这些目录相对比较符合用户心智模型，可以优化也可以不优化，即可选择优化目录的比例为 10.4%；相关系数小于 0.4 的目录多达 844 个所占比例高达 89.6%，这些网站目录与用户心智模型相差很大，极需优化。可见网站目录整体与用户心智模型差异很大，需要做出很大的调整。

1) 典型目录选择与分析

表 7-29 中统计了 27 个一级目录的相关系数，发现 Computer Products(电脑产品)、Lights & Lighting(灯具和照明)、Metallurgy，Mineral & Energy(冶金矿产和能源)、Toys(玩具)这四个一级目录下所有目录与网站原有目录相关系数均低于 0.2，是最需要优化的四个大类。根据目录平均涉及目录路径数计算公式，其中编号为 70000 的 Computer Products(电脑产品)类别，其目录平均涉及目录路径数为 8.08，表示平均一个目录涉及目录路径数为 8.08，其优化结果最具指导意义，因此接下来本节将主要针对这一类别展开详细分析。

表 7-29　各一级目录下用户涉及目录数与网站原有目录数对比分析

目录编号	目录内容	大类相关系数	用户目录数	网站目录数	涉及目录路径数	目录平均涉及目录路径数
10000	Agriculture & Food	0.42	36	880	191	5.31
20000	Apparel & Accessories	0.21	67	511	393	5.87
30000	Arts & Crafts	0.26	62	116	270	4.35
40000	Auto Parts & Accessories	0.30	53	74	290	5.47
50000	Bags，Cases & Boxes	0.36	24	40	190	7.92
60000	Chemicals	0.39	27	90	93	3.44
70000	Computer Products	0.17	26	53	210	8.08
80000	Construction & Decoration	0.23	45	160	155	3.44
90000	Consumer Electronics	0.36	50	117	206	4.12
100000	Electrical & Electronics	0.28	32	107	171	5.34
110000	Furniture & Furnishing	0.42	48	96	222	4.63

续表

目录编号	目录内容	大类相关系数	用户目录数	网站目录数	涉及目录路径数	目录平均涉及目录路径数
120000	Health & Medicine	0.38	38	70	130	3.42
130000	Industrial Equipment & Components	0.26	32	83	101	3.16
140000	Instruments & Meters	0.45	15	75	38	2.53
150000	Light Industry & Daily Use	0.29	34	150	82	2.41
160000	Lights & Lighting	0.13	59	83	201	3.41
170000	Manufacturing & Processing Machinery	0.23	48	116	136	2.83
180000	Metallurgy，Mineral & Energy	0.15	19	52	51	2.68
190000	Office Supplies	0.34	25	48	66	2.64
200000	Packaging & Printing	0.34	25	138	69	2.76
210000	Security & Protection	0.27	23	50	87	3.78
220000	Service	0.29	10	43	41	4.10
230000	Sporting Goods & Recreation	0.24	40	102	152	3.80
240000	Textile	0.41	23	60	97	4.22
250000	Tools & Hardware	0.23	28	52	118	4.21
260000	Toys	0.17	31	36	209	6.74
270000	Transportation	0.22	26	30	140	5.38

本节对比选定的 Computer Products(电脑产品)大类，在网站分类目录体系中共包含 53 个子目录，用户日志数据共涉及了其中的 26 个目录，另外 27 个目录没有涉及，因此主要对比分析这 26 个目录的差异。为便于构建路径搜索图，将涉及的 27 个目录重新编码，另外为保证路径搜索图的完整性添加 2 个相关目录(编号 27、28)，具体编码如表 7-30 所示。

表 7-30　Computer Products 大类中用户操作涉及目录编码对应关系表

路径搜索图节点编号	目录原编号	目录内容
1	72606	USB Flash Disk
2	70000	Computer Products
3	72700	Tablet PC
4	71600	Notebook& Laptop Computer and Parts
5	72602	Hard Disk
6	70100	Computer
7	71000	Keyboard

续表

路径搜索图节点编号	目录原编号	目录内容
8	72503	Mini Speaker
9	70300	Computer Case
10	72604	Memory Card & Card Reader
11	70700	Drive
12	71505	Router & Switch
13	70600	CPU
14	72600	Storage Device
15	71300	Mouse
16	71800	Palm Computer，Pocket PC &PDA
17	70500	Cooling Fan & Heatsinks
18	70900	Graphic Card
19	72605	Other Storage Devices
20	72603	HDD Enclosure
21	72200	Server & Workstation
22	71100	Mainboard
23	72100	Secondhand Computer Devices
24	70800	Embedded Computer & SCM
25	71700	Other Computer Products
26	71200	Memory
27	72500	Speaker & Sound Box
28	71500	Network Hardware & Parts

该大类中 26 个目录在网站原有分类目录体系中的层级关系如图 7-6 所示。其中小红旗代表虚拟的根目录，2 是一级目录，1、5、10、19、20、8、20 为三级目录，其余为二级目录。

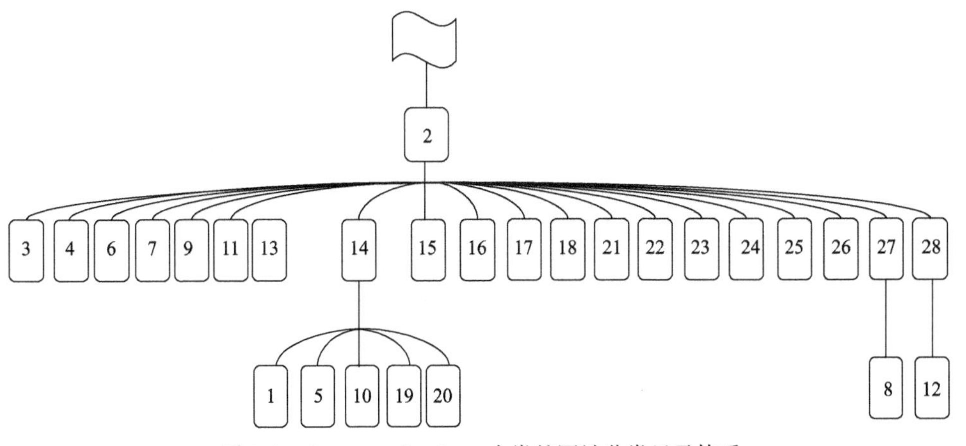

图 7-6　Computer Products 大类的网站分类目录体系

而26个目录在用户期望的分类目录体系中层级关系图如图7-7所示，其中小红旗代表虚拟的根目录，13、14、18、19、20、21、22、23、24、25、26为二级目录，其余为一级目录。

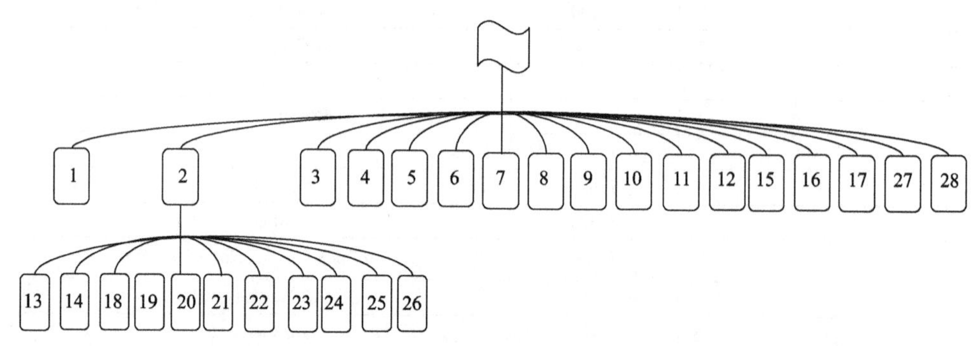

图7-7 Computer Products大类的用户期望分类目录体系

Computer Products大类网站分类目录体系与用户期望分类目录体系对比关系详见表7-31。

表7-31 Computer Products大类中用户操作涉及目录优化对比表

目录编号	目录内容	相关系数	用户期望所在层级	网站中所在层级	用户期望父目录	网站中父目录
1	USB Flash Disk	0.21	1	3	—	14
2	Computer Products	0.24	1	1	—	—
3	Tablet PC	0.15	1	2	—	2
4	Notebook& Laptop Computer and Parts	0.17	1	2	—	2
5	Hard Disk	0.21	1	3	—	14
6	Computer	0.18	1	2	—	2
7	Keyboard	0.14	1	2	—	2
8	Mini Speaker	0.01	1	3	—	2
9	Computer Case	0.14	1	2	—	14
10	Memory Card & Card Reader	0.23	1	3	—	2
11	Drive	0.15	1	2	—	2
12	Router & Switch	0.01	1	3	—	28
13	CPU	0.40	2	2	2	2
14	Storage Device	0.25	2	2	2	2
15	Mouse	0.14	1	2	—	2
16	Palm Computer，Pocket PC &PDA	0.20	1	2	—	2

续表

目录编号	目录内容	相关系数	用户期望所在层级	网站中所在层级	用户期望父目录	网站中父目录
17	Cooling Fan & Heatsinks	0.16	1	2	—	2
18	Graphic Card	0.40	2	2	2	2
19	Other Storage Devices	0.19	2	3	2	14
20	HDD Enclosure	0.21	2	3	2	14
21	Server & Workstation	0.40	2	2	2	2
22	Mainboard	0.40	2	2	2	2
23	Secondhand Computer Devices	0.40	2	2	2	2
24	Embedded Computer & SCM	0.40	2	2	2	2
25	Other Computer Products	0.40	2	2	2	2
26	Memory	0.40	2	2	2	2

根据对比分析发现，这 26 个目录中有 10 个目录所在层级没有发生变化且父目录也没有发生变化，即用户关于这些目录所在位置与网站目录体系是一致的，说明这 10 个目录不需要优化，分别是 2(Computer Products，电脑产品)、13(CPU)、14(Storage Device，存储设备)、18(Graphic Card，显卡)、21(Server & Workstation，服务器和工作站)、22(Mainboard，主板)、23(Secondhand Computer Devices，二手电脑设备)、24(Embedded Computer & SCM，嵌入式计算机与单片机)、25(Other Computer Products，其他电脑产品)、26(Memory，存储器)。

另外的 16 个目录位置都发生了变化：有 9 个目录在网站目录体系中所在层级为 2 而在用户期望目录体系中所在层级为 1(二级目录转为一级目录)；有 5 个目录在网站目录体系中所在层级为 3 而在用户期望目录体系中所在层级为 1(三级目录转为一级目录)；有 2 个目录在网站目录体系中所在层级为 3 而在用户期望目录体系中所在层级为 2(三级目录转为二级目录)。下文将就这一现象进行详细分析。

A. 二级目录转为一级目录分析

从二级目录转为一级目录的 9 个目录分别为 3(Tablet PC，平板电脑)、4(Notebook & Laptop Computer and Parts，笔记本和台式机电脑及配件)、6(Computer，电脑)、7(Keyboard，键盘)、9(Computer Case，机箱)、11(Drive，驱动器)、15(Mouse，鼠标)、16(Palm Computer，Pocket PC & PDA，掌上电脑)、17(Cooling Fan & Heatsinks，风扇和散热器)，其在网站分类目录体系中所接的父目录均为 2(Computer Products，电脑产品)，而在用户期望的分类目录体系中均为一级目录，对比关系详见图 7-8，左图为网站目录体系中这 9 个目录的位置关系，右图为用户期望的位置关系。

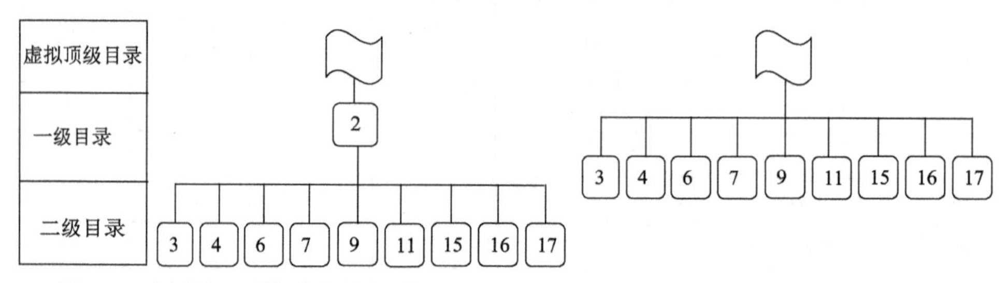

图 7-8　在网站目录体系中所在层级为 2 而在用户期望目录体系中层级为 1 的对比图

从从属关系来看，用户涉及的目录中属于 2(Computer Products，电脑产品)子目录中，13(CPU)、14(Storage Device，存储设备)、18(Graphic Card，显卡)、21(Server & Workstation，服务站和工作站)、22(Mainboard，主板)、23(Secondhand Computer Devices，二手电脑设备)、24(Embedded Computer & SCM，嵌入式计算机与单片机)、25(Other Computer Products，其他电脑产品)、26(Memory，存储器)这 8 个目录保持原有的位置没有发生变化。而 3(Tablet PC，平板电脑)、4(Notebook & Laptop Computer and Parts，笔记本和台式机电脑及配件)、6(Computer，电脑)、7(Keyboard，键盘)、9(Computer Case，机箱)、11(Drive，驱动器)、15(Mouse，鼠标)、16(Palm Computer，Pocket PC & PDA，掌上电脑)、17(Cooling Fan & Heatsinks，风扇和散热器)这 9 个目录位置发生变化。

对比分析位置变化与位置没有发生变化的二级目录发现，显卡、主板、CPU 等目录产品是电脑配件，其面对的用户主要是电脑维修人士和企业 IT 部门等有相关知识背景的专业用户，相对来讲该类用户比大众用户关于相关产品分类层级关系的心智模型更成熟，所以能很好地适应网站分类目录体系而不需要优化相关产品类别；而平板电脑、电脑、掌上电脑、鼠标及散热器等，其目录位置从二级转为一级，这些目录产品面对的是大众用户，而大众用户没有关于这些产品的专业知识，因此对相关产品目录体系不是很了解，所以希望能一步到位，直接能从一级目录找到满足需求的目录。

因此，网站设计者后期可以将用户分为专业用户、大众用户，针对专业用户保持原有目录体系，而针对大众用户可以根据本章的方法挖掘出用户期望的分类目录体系，并据此优化网站分类目录体系。

B. 三级目录转为一级目录分析

从三级目录转为一级目录的有 5 个目录，其中根据在网站目录体系中其对应的父目录，将其分为三部分，详见图 7-9，左图为这 5 个目录在网站分类目录体系中的位置，右图为用户期望的目录位置关系。

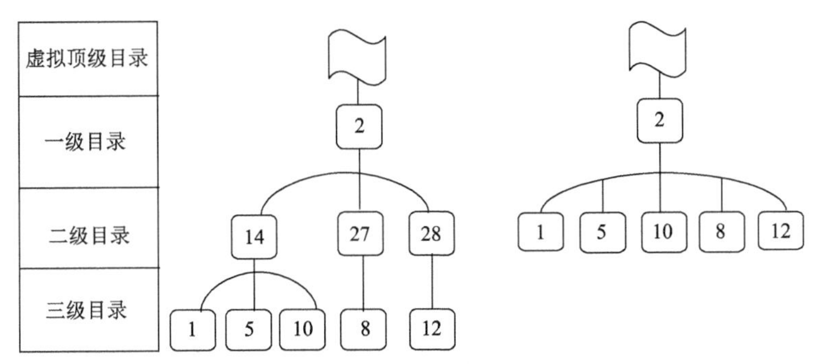

图 7-9　在网站目录体系中所在层级为 3 而在用户期望目录体系中层级为 1 的对比图

(1) 目录 1 (USB Flash Disk，U 盘)、5 (Hard Disk，硬盘)、10 (Memory Card & Card Reader，存储卡和读卡器) 在网站分类目录体系中，其父目录为 14 (Storage Device 存储设备)。

(2) 目录 8 (Mini Speaker 迷你音箱) 在网站分类目录体系中，其父目录为 27 (Speaker & Sound Box，音箱)。

(3) 目录 12 (Router & Switch，路由器和交换机)、在网站分类目录体系中，其父目录为 28 (Network Hardware & Parts，网络硬件和部件)。

在用户操作涉及的目录中，没有位置不发生变化的三级目录，从这 5 个目录来看，与二级目录转为一级目录的分析结论一致，1 (USB Flash Disk，U 盘)、5 (Hard Disk，硬盘)、10 (Memory Card & Card Reader，存储卡和读卡器)、8 (Mini Speaker 迷你音箱)、12 (Router & Switch，路由器) 其面对的也是大众用户，大多数用户欠缺专业背景知识，导致其关于相关产品目录体系的心智模型不完善，因此希望能直接从一级目录找到需求目录。

鉴于此，网站设计者更需要区分有专业背景的专业用户和没有专业背景的大众用户，针对大众用户需要挖掘其心智模型，从而有针对性的优化网站分类目录。

C. 三级目录转为二级目录分析

从三级目录转为二级目录的有 2 个目录，分别为 19 (Other Storage Devices，其他存储设备)、20 (HDD Enclosure，硬盘)，这两个目录在网站目录体系与用户目录体系中的关系网络图详见图 7-10，左图为网站中的目录体系，右图为用户期望的目录体系。

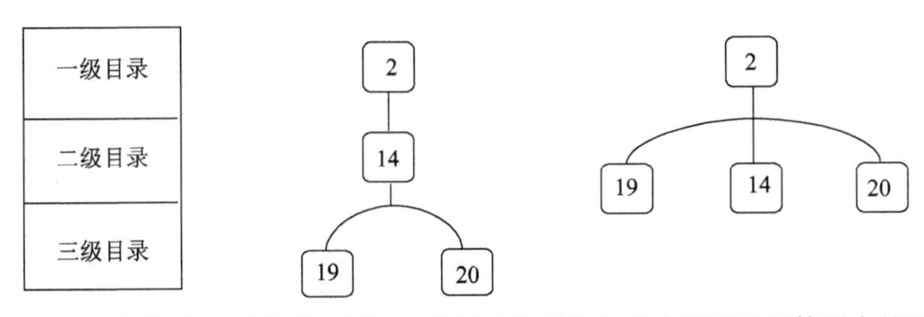

图 7-10　两个待优化三级目录在网站中的目录体系与在用户期望目录体系中的对比图

19(Other Storage Devices，其他存储设备)、20(HDD Enclosure，硬盘)这两个目录在网站目录体系中的父目录为14(Storage Device 存储设备)，而在用户期望的目录体系中与14(Storage Device 存储设备)并列为2(Computer Products，电脑产品)。从从属关系来看，其他存储设备和硬盘均属于存储设备，其直接父目录应为存储设备。从用户期望的目录体系整体来看，所有的三级目录不是转为一级目录就是转为二级目录，说明在信息泛滥的当今时代，用户越来越没有耐心，希望直接一步找到所需产品，最多只愿意点击两次。

网站最多只涉及三层目录，整体来讲契合了用户希望更加快速获取信息的需求。但考虑大多数用户只愿最多点击两次目录，网站设计者可以定期挖掘网站各分类目录使用频率，将很少使用的目录删除，也可考虑将意义相近的概念合并为一个目录从而在帮助用户更快找到需求的基础之上有效控制目录数量。

2)相关系数评价法则分析及整体概况修正分析

根据 7.2.2 小节中表 7-20 描述的相关系数评价规则，如果相关系数小于 0.4 则非常需要优化，则表 7-31 中所有的目录都非常需要优化，而实际从提取出来的 10 个目录(表 7-32)其系数均小于等于 0.4，其在网站目录体系中的位置并没有发生变化，因此 7.2.2 小节中的相关系数评价的启发式规则应用到具体实验数据中有一定的局限性。

表 7-32　Computer Products 大类中不需要优化的目录数据

目录编号	目录内容	相关系数	用户期望所在层级	网站中所在层级	用户期望父目录	网站中父目录
2	Computer Products	0.24	1	1	—	—
13	CPU	0.40	2	2	2	2
14	Storage Device	0.25	2	2	2	2
18	Graphic Card	0.40	2	2	2	2
21	Server & Workstation	0.40	2	2	2	2
22	Mainboard	0.40	2	2	2	2
23	Secondhand Computer Devices	0.40	2	2	2	2
24	Embedded Computer & SCM	0.40	2	2	2	2
25	Other Computer Products	0.40	2	2	2	2
26	Memory	0.40	2	2	2	2

由于该规则在本章中存在一定的局限性，本章根据目录所处于的位置是否变化来判断其是否需要优化，即认为“直接父目录不变且所在目录层级不变”的目录不需要优化，否则目录就需要优化。例如，表 7-32 中 CPU 在网站中所处的目

录层级为 2 级，在用户期望目录体系中所处的目录层级也为 2 级，即所在目录层级没有变；在网站中的父目录为 2（Computer Products，电脑产品）目录，在用户期望的目录体系中也为 2（Computer Products，电脑产品）目录，即直接父目录没有变，所以 CPU 目录就不需要优化。

但区分每个目录的层级和直接父目录任务量比较大，并且不易直接判断，因此本节统计分析各目录及其相关系数，以期得出适合电子商务网站分类目录相关系数评价规则。统计具体包括如下一系列表。

（1）不需要优化的分类目录个数及其对应相关系数区间（表 7-33）。

表 7-33　不需要优化的目录及其系数区间统计

相关系数所在区间	涉及目录数
0.15～0.22	6
0.23～0.29	**48**
0.30～0.39	**138**
0.41～0.45	**40**

（2）父目录发生变化但所在层级没有发生变化的分类目录个数及其对应相关系数区间（表 7-34）。

表 7-34　只父目录变化的目录及其系数区间统计

相关系数所在区间	涉及目录数
0.11～0.19	**31**
0.20～0.22	**10**
0.42～0.46	2

（3）父目录不变但目录所在层级变化的分类目录个数及其对应相关系数区间（表 7-35）。

表 7-35　父目录不变但层次变化的目录及其系数区间统计

相关系数所在区间	涉及目录数
0.12～0.19	**33**
0.20～0.22	**26**
0.23～0.27	2

（4）父目录变化且其所在层级改变分类目录个数及其对应相关系数区间（表 7-36）。

表 7-36　父目录变化且所在层级变化的目录及其系数区间统计

相关系数所在区间	涉及目录数
0～0.09	**18**
0.10～0.19	**374**
0.20～0.22	**27**
0.23～0.46	6

(5)目录所在层级从 3 级到 1 级的分类目录个数及其对应相关系数区间(表 7-37)。

表 7-37　三级转为一级的目录及其系数区间统计

相关系数所在区间	涉及目录数
0 ～0.09	**18**
0.10～0.19	**105**
0.20～0.22	**9**

(6)目录所在层级从 2 级到 1 级的分类目录个数及其对应相关系数区间(表 7-38)。

表 7-38　二级转为一级的目录及其系数区间统计

相关系数所在区间	涉及目录数
0.10～0.19	**157**
0.20～0.22	**65**
0.23～0.26	2

(7)目录所在层级从 3 级到 2 级的分类目录个数及其对应相关系数区间(表 7-39)。

表 7-39　三级转为二级的目录及其系数区间统计

相关系数所在区间	涉及目录数
0.12～0.19	**178**
0.20～0.22	**92**
0.23～0.45	7

此外目录所在层级从一级到二级、从一级到三级及从二级到三级的分类目录个数均为 0 个。

根据表 7-33 可知，共有 232 个目录是不需要优化的，其中有 226 目录即 97.4%的目录对应的相关系数区间为“0.23～0.45”。表 7-33～表 7-39 都是需要优化目录的相关系数统计，共涉及 710 个不同的目录，其中有 692 个目录即 97.5%的目录其相关系数区间为“小于 0.22”。总的来讲，高达 97.5%的目录相关系数都符合该论断，所以按照本研究方法可将电子商务网站分类目录相关系数评价法则归纳如下：相关系数小于 0.22 的认为需要优化，相关系数越小网站分类目录越不符合用户心智模型，大于 0.23 的目录认为不需要优化，相关系数越大网站分类目录越符合用户心智模型。

根据“目录所在层级”的变化，可将“目录所在层级”发生变化的目录分为：变化层级为 0 的目录、变化层级为 1 的目录和变化层级为 2 的目录。其中分析变化层级为 0 即父目录变化但所在层级没有发生变化的目录(表 7-34)，其核心相关系数范围为“0.11～0.22”；变化层级为 1 即从二级转为一级(表 7-38)、从三级转为二级(表 7-39)中的目录，其核心相关系数范围为“0.10～0.22”；而变化层级为 2 即从三级转为一级(表 7-37)的目录，其核心相关系数范围为“0～0.22”。对比发现三者的相关系数范围区间交叉程度极大，变化层级为 0 与变化层级为 1 的目录无法根据相关系数区分，但系数小于 0.10 的都是变化层级为 2 的。为进一步确认该论断的正确性，将所有相关系数小于 0.1 的目录均展开分析，有 18 个目录(表 7-36)所在层级与父目录均发生变化，还有 18 个目录(表 7-37)所在层级从三级转为一级并且与表 7-36 中涉及的 18 个目录完全一致，所以可以推测，相关系数小于 0.1 的目录均层级变化为 2，且应从三级转为一级目录。鉴于此，可得出如下结论：本节中相关系数范围虽不能完全区分出目录所在层级变化的大小，但系数小于 0.10 的目录应从三级转为一级目录。

总的来说，相关系数的评价法则应用到本节中存在局限性，究其原因可能是该相关系数评价法则是用来衡量网页位置需要优化的程度，而本节将其引申到目录路径需要优化的程度，在引申过程中，当会话路径中多个连续网页对应的是同一目录路径时，将其去重保留为一个目录路径，这就使得相似度计算的基础数据“共现频次”发生很大的变化，但由于目录路径与会话路径一致均考虑了路径中元素的先后顺序，所以相关系数仍可以衡量一个目录是否需要优化。最终将适当调整后的目录相关系数评价规则总结为表 7-40，即相关系数小于等于 0.22 的目录需要优化且其中小于 0.1 的目录均为网站的三级目录应调整为一级目录，目录相关系数大于等于 0.23 的目录不需要优化，整体目录体系的相关系数可以参照此表且相关系数越大说明目录越接近用户的心智模型。

表 7-40 改进后的 $GTDCC_{PAB_n}$ 的值与网站分类目录需要优化程度

$GTDCC_{PABN}$ 值	用户期望的分类目录位置与网站中分类目录的位置	是否需要优化
$GTDCC_{PABN}<0.1$	相对低相似性	应从三级调整为一级目录
$0.1 \leqslant GTDCC_{PABN} \leqslant 0.22$		需要
$GTDCC_{PABN}>0.23$	相对高相似性	不需要

根据调整后的即表 7-40 中的相关系数评价法则重新评价网站分类目录体系。本实证中得出的网站目录体系整体相关系数为 0.236，该系数比较低，接近不需要优化的系数范围下限 0.23，说明网站分类目录体系设计与用户心智模型有很大的差别，但系数仍然大于 0.23 说明网站目录体系中有部分目录还是比较符合用户期望的。分析具体目录，根据实际位置是否发生变化来判断，应有 232 个目录不需要优化，710 个目录需要优化；根据该规则可其中 238 个即 25.3%的目录相关系数大于等于 0.23，不需要优化，有 714 个即 74.7%的目录相关系数小于等于 0.22，需要优化。总的来说，按本实证总结出的规则，其与实际误差率只为 0.01%，说明按本节的研究方法，可以采取表 7-40 中的相关系数评价规则。

2. 典型类别用户期望目录体系分析

本节最终将用户聚为 372 类，为对比特定类别用户期望的目录体系与所有用户期望的目录体系之间的差异，本节从中提炼出与编号为 70000 的 Computer Products 大类目录相关的用户类别，并统计每类用户涉及的用户数、目录数、目录路径数及单个目录平均涉及目录路径数，详见表 7-41。其中平均目录涉及目录路径数比较大的包括类别 8、类别 9 与类别 118，其中类别 8 与类别 118 用户中均只涉及 1 个属于 Computer Products（电脑产品）大类的目录，而类别 9 用户中涉及 3 个属于 Computer Products（电脑产品）大类的目录，为便于对比分析特定类别用户期望目录体系与整体用户期望目录体系，本节选择类别 9 用户展开详细分析。

表 7-41 与 Computer Products 大类目录相关的用户数据统计

用户类别	涉及用户数	分类目录数	涉及目录路径数	平均目录涉及目录路径数
8	75	10	82	8.20
8	62	6	78	13.00
31	18	3	19	6.33
32	23	8	25	3.13
115	25	15	26	1.73

续表

用户类别	涉及用户数	分类目录数	涉及目录路径数	平均目录涉及目录路径数
116	31	7	33	4.71
118	67	3	68	22.67
120	16	6	18	3.0
186	8	3	9	3.0
238	4	3	4	1.33
239	5	4	6	1.50
241	7	4	9	2.25
243	11	5	13	2.60
269	4	3	4	1.33
290	6	7	7	1.00
293	4	7	4	0.57
294	2	3	2	0.67
295	2	3	2	0.67
296	2	3	2	0.67
297	3	5	3	0.60
341	2	3	2	0.67
342	2	14	2	0.14
349	2	4	2	0.50

类别 9 用户共涉及 62 个用户、44 个国家和地区，以欧美用户为主，其中包括 17 个美洲用户和 15 个欧洲用户。第 9 类用户操作路径共涉及 6 个目录，包括 root(虚拟根目录，无实际意义)、Computer Products(电脑产品)、Tablet PC(平板电脑)、Notebook & Laptop Computer and Parts(笔记本电脑和配件)、Novelty Toys(新奇玩具)和 Toys(玩具)。为便于构建路径搜索图并将涉及目录与整体用户涉及的目录(表 7-29)作对比，相同的目录采用同样的编码，涉及的 6 个目录重新编码如表 7-42 所示。

表 7-42　与 Computer Products 大类目录相关的用户数据统计

路径搜索图节点编号	目录原编号	目录内容
0	0	root
2	70000	Computer Products
3	72700	Tablet PC
4	71600	Notebook & Laptop Computer and Parts
29	261600	Novelty Toys
30	260000	Toys

这 6 个目录在网站原有分类目录体系中的层级关系图如图 7-11 所示，左图为 6 个目录在网站中的位置关系，右图为用户期望的六个目录的位置关系。

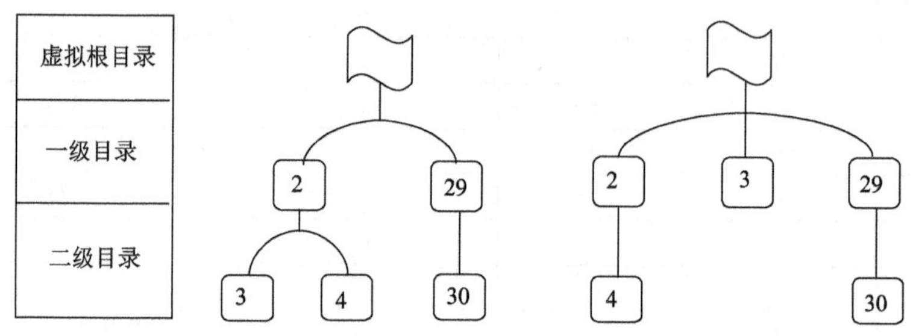

图 7-11　第 9 类用户涉及目录在网站目录体系与用户期望目录体系中的对比图

这 6 个目录在网站分类目录体系中与在用户期望分类目录体系中的对比关系详见表 7-43。

表 7-43　第 9 类用户操作涉及目录优化对比表

目录编号	目录内容	相关系数	用户期望所在层级	网站中所在层级	用户期望父目录	网站中父目录
2	Computer Products	0.53	1	1	—	—
3	Tablet PC	0.16	1	2	—	2
4	Notebook & Laptop Computer and Parts	0.73	2	2	2	2
29	Novelty Toys	0.87	1	1	—	—
30	Toys	0.88	2	2	29	29

根据对比发现，根据目录所处于的层级及其父目录来判断，只有一个目录即 3（Tablet PC，平板电脑）需要优化，而根据我们改进后的网站优化程度区间划分，表 7-40 总结出的结论即相关系数小于等于 0.22 的目录需要优化，目录相关系数大于等于 0.23 的目录不需要优化，只有一个目录即 3（Tablet PC，平板电脑）需要优化，根据实际位置与根据相关系数评价结论相一致也进一步说明了我们提出的网站分类目录优化程度区间划分后结论的正确性。

3. 整体用户期望的网站分类目录个性化推荐

根据 7.2 节中多维尺度法步骤 5-3 构建构建整体用户三级目录共现频次矩阵，共涉及 444 个三级目录，以三级目录作为横纵坐标构建出 444×444 的共现频次矩阵 A，但矩阵 A 中存在很多与其他所有三级目录共现频次均为 0、1 或 2 的目录，这些目录与其他三级目录关联程度很小，实际应用意义不大，应剔除，处理后得到 19×19 的共现频次矩阵 B。该矩阵涉及的目录重新编码如表 7-44 所示。

表 7-44　整体用户涉及典型三级目录编码对应关系表

目录编号	目录原始编号	目录内容	目录编号	目录原始编号	目录内容
V_1	72602	Hard Disk	V_{11}	31706	Jewelry Set
V_2	23302	Boots	V_{12}	160504	LED Panel Light
V_3	23301	Athletic &Sports Shoes	V_{13}	31701	Body Piercing
V_4	32902	Hair Extension	V_{14}	171207	Meat Processing Machinery
V_5	90202	Home Theatre System	V_{15}	160502	Down Light
V_6	32906	Wig	V_{16}	31703	Brooch
V_7	160507	Table Lamp &Reading Light	V_{17}	160501	Ceiling Light
V_8	31704	Earrings	V_{18}	31702	Bracelet & Bangle
V_9	160506	Pendant Light	V_{19}	171205	Fruit & Vegetable Processing Machinery
V_{10}	160505	Other Indoor Lighting			

找出矩阵 B 中每个三级目录对应的共现频次最大的三级目录，得到整体用户期望的三级目录推荐表，详见表 7-45。

表 7-45　根据最大频次得出的各目录及其对应的推荐三级目录

三级目录	三级目录内容	三级目录中文含义	推荐目录	推荐目录内容	推荐目录中文含义
V_1	Hard Disk	硬盘	V_5	Home Theatre System	家庭影院系统
V_2	Boots	靴子	V_3	Athletic &Sports Shoes	运动服
V_3	Athletic & Sports Shoes	运动服	V_2	Boots	靴子
V_4	Hair Extension	接发	V_6	Wig	假发
V_5	Home Theatre System	家庭影院系统	V_1	Hard Disk	硬盘
V_6	Wig	假发	V_4	Hair Extension	接发
V_7	Table Lamp & Reading Light	台灯和阅读灯	V_{17}	Ceiling Light	天花灯
V_8	Earrings	耳环	V_{18}	Bracelet & Bangle	手链和脚链
V_9	Pendant Light	吊灯	V_{10}	Other Indoor Lighting	其他室内照明
V_{10}	Other Indoor Lighting	其他室内照明	V_9	Pendant Light	吊灯
V_{11}	Jewelry Set	首饰套装	V_{16}	Brooch	胸针
V_{12}	LED Panel Light	LED 面板灯	V_{10}	Other Indoor Lighting	其他室内照明

续表

三级目录	三级目录内容	三级目录中文含义	推荐目录	推荐目录内容	推荐目录中文含义
V_{13}	Body Piercing	穿耳	V_8	Earrings	耳环
V_{14}	Meat Processing Machinery	肉类加工器	V_{19}	Fruit & Vegetable Processing Machinery	果蔬加工器
V_{15}	Down Light	筒灯	V_{17}	Ceiling Light	天花灯
V_{16}	Brooch	胸针	V_{11}	Jewelry Set	首饰套装
V_{17}	Ceiling Light	天花灯	V_{15}	Down Light	筒灯
V_{18}	Bracelet & Bangle	手链和脚链	V_8	Earrings	耳环
V_{19}	Fruit & Vegetable Processing Machinery	果蔬加工器	V_{14}	Meat Processing Machinery	肉类加工器

将矩阵 B 输入到 SPSS 统计软件中，依次点击“分析—度量—多维尺度分析”从而得到用户个性化推荐的多维尺度分析图如图 7-12 所示，Stress=0.002 接近 0，RSQ=0.999 接近 1，说明拟合效果非常好。

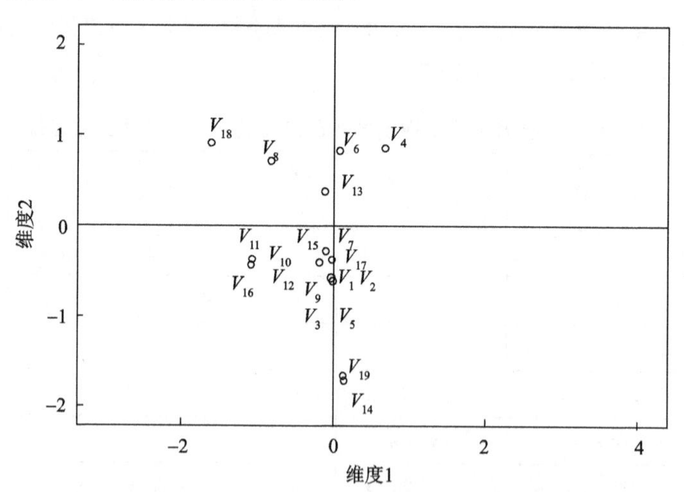

图 7-12　整体用户涉及典型三级目录多维尺度分析图

根据图 7-12 整体用户涉及典型三级目录多维尺度分析图得出整体用户期望的三级目录及其推荐关系，详见表 7-46。

表 7-46　根据多维尺度法得出的各目录及其对应的推荐三级目录

三级目录	三级目录内容	三级目录中文含义	推荐目录	推荐目录内容	推荐目录中文含义
V_1	Hard Disk	硬盘	V_5	Home Theatre System	家庭影院系统

续表

三级目录	三级目录内容	三级目录中文含义	推荐目录	推荐目录内容	推荐目录中文含义
V_2	Boots	靴子	V_3	Athletic & Sports Shoes	运动服
V_3	Athletic & Sports Shoes	运动服	V_2	Boots	靴子
V_4	Hair Extension	接发	V_6	Wig	假发
V_5	Home Theatre System	家庭影院系统	V_1	Hard Disk	硬盘
V_6	Wig	假发	V_4	Hair Extension	接发
V_7	Table Lamp & Reading Light	台灯和阅读灯	V_{17}	Ceiling Light	天花灯
V_8	Earrings	耳环	V_{18}	Bracelet & Bangle	手链和脚链
V_9	Pendant Light	吊灯	V_{10}	Other Indoor Lighting	其他室内照明
V_{10}	Other Indoor Lighting	其他室内照明	V_9	Pendant Light	吊灯
V_{11}	Jewelry Set	首饰套装	V_{16}	Brooch	胸针
V_{12}	LED Panel Light	LED 面板灯	V_{10}	Other Indoor Lighting	其他室内照明
V_{13}	Body Piercing	穿耳	V_8	Earrings	耳环
V_{14}	Meat Processing Machinery	肉类加工器	V_{19}	Fruit & Vegetable Processing Machinery	果蔬加工器
V_{15}	Down Light	筒灯	V_{17}	Ceiling Light	天花灯
V_{16}	Brooch	胸针	V_{11}	Jewelry Set	首饰套装
V_{17}	Ceiling Light	天花灯	V_{15}	Down Light	筒灯
V_{18}	Bracelet & Bangle	手链和脚链	V_8	Earrings	耳环
V_{19}	Fruit & Vegetable Processing Machinery	果蔬加工器	V_{14}	Meat Processing Machinery	肉类加工器

对比表 7-45 与表 7-46，发现基于多维尺度分析法与基于最大频次的个性化推荐结果相一致，说明基于多维尺度分析法实施三级目录个性化推荐具有实际应用意义，并且网站后期个性化推荐的应用可以根据表 7-46 展开实施。

4. 典型用户期望的网站分类目录个性化推荐

在本实证中，用户被聚为 372 类，本小节从中挑选出涉及共现频次值相对较大、涉及三级目录数相对较充足的一类用户展开详细分析。

该类用户共涉及 13 个用户，其中 10 个用户来自中国、1 个用户来自沙特阿拉伯、1 个用户来自加拿大、1 个用户来自美国，可见该类用户地域特征以中国为主。该类用户的实际操作中共涉及 11 个三级目录，将其重新编码如表 7-47，记为矩阵 B。

表 7-47 典型用户涉及三级目录及其编码

编码	目录原编码	目录内容
V_1	40605	Car Video
V_2	34203	Oil Painting
V_3	40601	Car Audio
V_4	51103	Paper Gift Box & Bag
V_5	23302	Boots
V_6	32902	Hair Extension
V_7	40405	Wiper Blade，Arm & Motor
V_8	32904	Wig
V_9	24506	Wedding Dress
V_{10}	23102	Scarf
V_{11}	40402	Car Seat

找出矩阵 B 中每个三级目录对应的共现频次最大的三级目录，得到整体用户期望的三级目录推荐表，详见表 7-48。

表 7-48 根据最大频次得出的各目录及其对应的推荐三级目录

三级目录	三级目录内容	三级目录中文含义	推荐目录	推荐目录内容	推荐目录中文含义
V_1	Car Video	车载视频	V_3	Car Audio	汽车音响
V_2	Oil Painting	油画	V_4	Paper Gift Box & Bag	纸礼品盒/袋
V_3	Car Audio	汽车音响	V_1	Car Video	车载视频
V_4	Paper Gift Box & Bag	纸礼品盒/袋	V_2	Oil Painting	油画
V_5	Boots	靴子	V_{10}	Scarf	围巾
V_6	Hair Extension	接发	V_8	Wig	假发
V_7	Wiper Blade，Arm & Motor	雨刮片和马达	V_{11}	Car Seat	汽车安全座椅
V_8	Wig	假发	V_6	Hair Extension	接发
V_9	Wedding Dress	婚纱	V_8	Wig	假发
V_{10}	Scarf	围巾	V_5	Boots	靴子
V_{11}	Car Seat	汽车安全座椅	V_7	Wiper Blade，Arm & Motor	雨刮片和马达

将矩阵 B 输入到 SPSS 统计软件中，依次点击“分析—度量—多维尺度分析”从而得到用户个性化推荐的多维尺度分析图，如图 7-13 所示，应力值

Stress=0.36636，RSQ=0.37269，应力值大于 0.25 说明拟合效果不太理想。

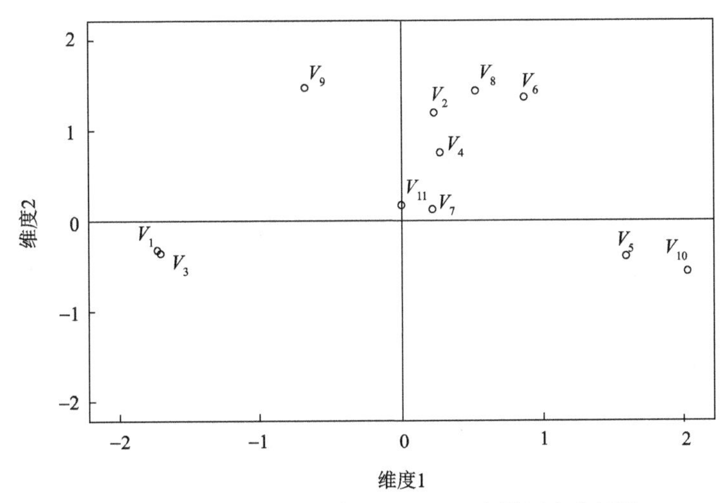

图 7-13　典型用户涉及典型三级目录多维尺度分析图

根据图 7-13 得出用户期望的三级目录对应推荐关系，详见表 7-49。

表 7-49　根据多维尺度法得出的各目录及其对应的推荐三级目录

三级目录	三级目录内容	三级目录中文含义	推荐目录	推荐目录内容	推荐目录中文含义
V_1	Car Video	车载视频	V_3	Car Audio	汽车音响
V_2	Oil Painting	油画	V_8	Wig	假发
V_3	Car Audio	汽车音响	V_1	Car Video	车载视频
V_4	Paper Gift Box & Bag	纸礼品盒/袋	V_2	Oil Painting	油画
V_5	Boots	靴子	V_{10}	Scarf	围巾
V_6	Hair Extension	接发	V_8	Wig	假发
V_7	Wiper Blade，Arm & Motor	雨刮片和马达	V_{11}	Car Seat	汽车安全座椅
V_8	Wig	假发	V_6	Hair Extension	接发
V_9	Wedding Dress	婚纱	V_2	Oil Painting	油画
V_{10}	Scarf	围巾	V_5	Boots	靴子
V_{11}	Car Seat	汽车安全座椅	V_7	Wiper Blade，Arm & Motor	雨刮片和马达

对比表 7-48 和表 7-49 可见，基于多维尺度法分析的推荐结果中与用户期望

相一致的 9 个占 81.8%(表 7-50)，网站可针对此类用户按表 7-49 实施个性化推荐。而其中不一致的有 2 个目录，分别为 V_2(Oil Painting，油画)和 V_8(Wig，假发)，详见表 7-51。

表 7-50　多维尺度法分析的结果中与用户期望相一致三级目录个性化推荐方案

三级目录	三级目录内容	三级目录中文含义	推荐目录	推荐目录内容	推荐目录中文含义
V_1	Car Video	车载视频	V_3	Car Audio	汽车音响
V_3	Car Audio	汽车音响	V_1	Car Video	车载视频
V_4	Paper Gift Box & Bag	纸礼品盒/袋	V_2	Oil Painting	油画
V_5	Boots	靴子	V_{10}	Scarf	围巾
V_6	Hair Extension	接发	V_8	Wig	假发
V_7	Wiper Blade，Arm & Motor	雨刮片和马达	V_{11}	Car Seat	汽车安全座椅
V_9	Wedding Dress	婚纱	V_2	Oil Painting	油画
V_{10}	Scarf	围巾	V_5	Boots	靴子
V_{11}	Car Seat	汽车安全座椅	V_7	Wiper Blade，Arm & Motor	雨刮片和马达

表 7-51　多维尺度法分析的结果中与用户期望不一致的三级目录个性化推荐差异

三级目录内容	多维尺度推荐目录	实际用户期望推荐目录
V_2(Oil Painting，油画)	V_8(Wig，假发)	V_4(Paper Gift Box & Bag，纸礼品盒/袋)
V_8(Wig，假发)	V_2(Oil Painting，油画)	V_6(Hair Extension，接发)

根据表 7-51 可知，基于多维尺度法分析，V_2(Oil Painting，油画)的个性化推荐目录应为 V_8(Wig，假发)，而用户期望的是 V_4(Paper Gift Box & Bag，纸礼品盒/袋)，基于多维尺度法 V_8(Wig，假发)的个性化推荐目录应为 V_2(Oil Painting，油画)，而用户期望的是 V_6(Hair Extension，接发)。

为明确此差异存在的原因，本节从矩阵 B 中提取出 V_2(Oil Painting，油画)与另外10个三级目录[编号为 V_1 到 V_{11}(除 V_2 外)的三级目录]的共现频次为(0 0 2 0 0 1 0 1 0 0 0)，提取出 V_8(Wig，假发)与另外 10 个三级目录[编号为 V_1 到 V_{11}(除 V_8 外)的三级目录]的共现频次为(0 1 0 0 1 2 1 0 0 1)，得到如下统计结果。

(1)在此类用户的操作中，V_2(Oil Painting，油画)、V_8(Wig，假发)与其他三级目录的共现频次都很小，均小于 2。

(2)在 V_2(Oil Painting，油画)与其余 10 个目录的共现频次中，除与 V_4(Paper

Gift Box & Bag，纸礼品盒/袋）的共现频次为 2，与 V_8（Wig，假发）、V_7（Wiper Blade，Arm & Motor，雨刮片和马达）的共现频次为 1 外，其余均为 0。

（3）在多维尺度法中给用户推荐的为 V_8（Wig，假发），用户期望的为 V_4（Paper Gift Box & Bag，纸礼品盒/袋）。

（4）在 V_8（Wig，假发）与其余 10 个目录的共现频次中，其与 V_6（Hair Extension，接发）的共现频次为 2，与 V_2（Oil Painting，油画）、V_5（Boots，靴子）、V_7（Wiper Blade，Arm & Motor，雨刮片和马达）、V_{11}（Car Seat，汽车安全座椅）的共现频次均为 1，其余的均为 0。在多维尺度法中给用户推荐的为 V_2（Oil Painting，油画），用户期望的为 V_6（Hair Extension，接发）。

与整体用户个性化推荐分析相比：整体用户个性化分析中先将共现频次均低于 2 的三级目录剔除，其个性化推荐效果很好；然而针对典型用户的个性化推荐分析中，由于数据有限，并未删除小于 2 的低频次，出现 V_2（Oil Painting，油画）、V_8（Wig，假发）这类与其余三级目录共现频次均很小的目录，使得其推荐结果不准确。

此外，据最大共现频次统计，V_8（Wig，假发）对应的推荐目录为 V_6（Hair Extension，接发）。但 V_8（Wig，假发）与 V_2（Oil Painting，油画）、V_5（Boots，靴子）、V_7（Wiper Blade，Arm & Motor，雨刮片和马达）、V_{11}（Car Seat，汽车安全座椅）的共现频次都是一样的，而且仅为 1，使得基于共现频次计算目录间距离的多维尺度法分析结果中，出现很多目录间的空间距离是一样的，而多维尺度推荐结果只有一个，从而导致推荐结果不准确。

鉴于此，在后期的研究中，需要更有针对性地选定日志数据，保证筛选后的有效日志数据量，从而增加个性化推荐研究中三级目录共现频次值，进一步提高三级目录与用户期望的推荐目录间的共现频次值，拉开三级目录与不同三级目录共现频次值的差距，以提高个性化推荐结果准确性。

7.4 结果应用

1. 网络日志转化为用户访问分类目录的路径

本章基于网络日志挖掘用户关于网站分类目录的心智模型，其基本前提是将网络日志处理成用户访问的目录路径形式。前人关于将网络日志处理成会话路径的形式已经研究的比较充分，而本章在此基础上更进一步，通过日志降噪处理，依据时间序列将数据提取为反映用户访问网址序列的会话路径，基于最大向前路径法将会话路径分解为代表用户某一次访问网站中涉及的事务路径，最终根据本章选定网站的网址组成规则从 URL 中提取相关字段从而找出事务路径中每个网页对应的目录，通过替代合并连续相同目录的规则将事务路径替换为本章的基础数据单元——用户访问的目录路径。

2. 基于用户访问分类目录的路径聚类用户心智模型

通过对比，本章选定基于浏览路径顺序的相似性度量(VOB)计算用户关于网站目录心智模型的相似度，采用基于矩阵变换的分裂层次聚类算法(NHC)将用户聚为不同的类。其中，现有研究中 VOB 应用到计算会话路径的相似性中，而本章借鉴其思路，将其创新应用到计算用户访问目录路径的相似性中，成功尝试基于用户关于网站分类目录的心智模型将其聚为不同的类别。

3. 基于用户心智模型的网站分类目录个性化推荐

本章借鉴协同过滤算法的用户评分思想和基于内容推荐的主题推荐思想，从而有效克服了协同过滤算法冷启动性和稀疏性问题、不能挖掘用户隐藏兴趣的能力。然而在电子商务网站个性化推荐研究中，主要给用户推荐单个产品，本章创新的基于网站分类目录实施个性化推荐，即根据用户点击网站三级目录的共现频次推荐符合用户期望的三级目录，并通过基于频次分析和多维尺度分析结果相互印证。

7.5 结果讨论与总结

本章通过实证，将聚类分析与路径搜索法、多维尺度法的关联应用，首先通过聚类分析根据用户的目录路径将用户聚为不同的类别，再针对典型类别用户构建其路径搜索图，从而得出不同类别用户期望的分类目录体系。同时在聚类的基础之上，针对典型类别用户展开多维尺度分析，从而得出不同类别用户个性化的三级目录推荐方案，网站可根据本实证分析结果，从目标用户的地域特征出发，采用符合其心智模型的个性化推荐方案。

实验存在如下不足和未来改进空间：①实验结果与网站分类体系优化实际应用相结合的途径探索。本章中仅是设计实验，获取实验数据，对实验数据进行处理分析，结果应用设计，而在网站优化过程中如何对实验结果进行实际应用这一问题尚未解决，包括如何对实验结果进行有效评价；对优化后的效果又如何评估等一系列后续问题。②更有针对性地获取原始日志数据的以探索用户认知。本章中获取的初始日志达 300 万电子商务网站日志数据，但处理后有效日志数据为 42 789 条，再通过处理降噪并处理为目录路径数据之后只剩下 3584 条目录路径，而网站共涉及 2041 个目录，平均一个目录涉及目录路径仅为 1.76 个，这限制了整体分析结果的可应用程度。鉴于此，后期研究可以在展开分析之前先有针对性地对用户展开调研，针对众多用户均不满意的目录，提取相关的日志数据进一步挖掘用户期望，这就使得网站分类目录优化结果的数据支撑量更大，优化结果的可信度也更高。

参考文献

白晨, 甘利人. 2009. 数据库使用中的用户偏好分析. 图书情报工作, 53(16): 13-17.
白晨, 甘利人, 朱宪辰. 2009. 基于信息用户决策心智模型的实验研究. 情报理论与实践, (10): 94-98.
白新文, 王二平. 2004. 共享心智模型研究现状. 心理科学进展, 12(5): 791-799.
曹毅. 2007. 基于内容和协同过滤的混合模式推荐技术研究. 中南大学硕士学位论文.
陈恩红, 徐涌, 王煦法. 2001. Web 使用挖掘: 从 Web 数据中发现用户使用模式. 计算机科学, 28(5): 85-88.
成军. 2006. 范畴化及其认知模型. 四川外语学院学报, 22(1): 65-70.
邓慧琼. 2007. 电网连锁故障预测分析方法及其应用研究. 北京: 华北电力大学博士学位论文.
邓小咏, 李晓红. 2008. 网络环境下的用户信息行为探析. 情报科学, 26(12): 1810-1813.
邓祖新. 2006. 数据分析方法和 SAS 系统. 上海: 上海财经大学出版社.
董立岩. 2007. 贝叶斯网络应用基础研究. 吉林: 吉林大学博士学位论文.
樊艾梅, 李文馥. 1995. 3—6 岁儿童层级类概念发展的实验研究. 心理学报, 1: 28-35.
方富熹, 方格, 郗慧媛. 1991. 学前儿童分类能力再探. 心理科学, (1): 18-24.
甘利人, 白晨, 朱宪辰. 2010. 信息用户检索决策中的心智模型分析. 情报学报, 29(4): 641-651.
甘利人, 史飞, 吴鹏. 2012. 不同强度干预下检索方法学习中的用户心智模型动态变化研究: 以大学生为例. 情报学报, 31(6): 662-672.
葛卫芬. 2008. 企业家心智模式与自主创新的文献综述. 贵州财经学院学报, (5): 62-66.
郭韦昱. 2012. 基于用户行为分析的个性化推荐系统设计与实现. 南京: 南京大学硕士学位论文.
郝智勇, 贺明科, 谭文堂, 等. 2010. 基于多维标度法的专利文本可视化聚类研究. 计算机应用研究, 27(12): 4608-4611.
何奎. 2011. 基于用户聚类的协同过滤推荐系统研究. 成都: 西南交通大学硕士学位论文.
贺玲, 吴玲达, 蔡益朝. 2007. 数据挖掘中的聚类算法综述. 计算机应用研究, 24(1): 10-13.
胡笑旋. 2006. 贝叶斯网建模技术及其在决策中的应用. 合肥工业大学硕士学位论文.
胡壮麟. 1999. 当代符号学研究的若干问题. 外国语言文学, (1): 2-10.
黄凯南. 2004. 个体偏好稳定与变化的关系分析. 南京: 南京理工大学硕士学位论文.
黄茜. 2004. WEB 日志挖掘在个性化网络教育中的应用. 现代教育技术, 14(5): 52-55.
江怡. 2008. 什么是概念的拓扑空间? 世界哲学, (5): 71-77.
蒋外文, 喻兴标, 熊东平. 2005. Web 使用挖掘研究. 微机发展, 15(8): 37-40.
靖新巧, 赵守盈. 2008. 多维尺度的效度和结构信度评述. 中国考试 (研究版), 1: 40-44.
鞠英杰. 2005. 网络信息分类体系: 立体结构论. 中国图书馆学报, 31(4): 86-87.
克鲁格 S. 2006. Don't Make Me Think. 蒋芳译. 北京: 机械工业出版社.
李国. 2012. 基于聚类和协同过滤的个性化推荐算法研究. 昆明: 昆明理工大学硕士学位

论文.
李丽, 戚桂杰. 2006. 从雅虎的分类目录分析信息构建的发展. 情报理论与实践, 29(2): 164-167.
李孟歆, 吴成东, 韩中华. 2008. 基于谱系聚类的粗糙集离散化方法在胶合板缺陷检测中的应用. 计算机与现代化, (11): 54-57.
李素红. 2012. 基于数据挖掘技术的电子商务个性化推荐系统的研究. 南昌: 江西农业大学硕士学位论文.
李亚哲, 杜亚普. 2011. Web 日志挖掘的应用. 硅谷, (5): 136-136.
凌文辁, 方俐洛. 1998. 我国大学科系职业兴趣类型图初探. 心理学报, 30(1): 78-84.
刘冰, 刘田, 王泽生. 2009. Web 日志挖掘在二手车网站中的应用研究. 科技信息, (35): 70-71.
刘果元, 阴国恩. 2006. 基本认知训练对 3～4 岁儿童分类能力发展的影响. 心理科学, 29(1): 120-123.
刘奇志, 谢军. 2004. 布鲁纳教育心理学思想及其启示. 教学研究, 27(5): 377-379.
刘群, 李素建. 2002. 基于《知网》的词汇语义相似度的计算. 第三届汉语词汇语义学研讨会.
刘艳丽, 樊晓平, 张恒. 2012. 基于启发式搜索的移动机器人主动定位. 机器人, 34(5): 590-595, 603.
刘志勇, 邓贵仕. 2010. 一种基于矩阵变换的层次聚类算法. 郑州大学学报(理学版), 42(2): 39-42.
龙腾. 2008. 旋转方向无关的无约束手写中文词组识别. 广州: 华南理工大学博士学位论文.
卢纹岱. 2010. SPSS 统计分析. 北京: 电子工业出版社.
卢小辉. 2012. Robo Cup 救援仿真系统中的移动智能体行为决策研究. 广州: 广东工业大学硕士学位论文.
陆丽娜, 魏恒义, 杨怡玲, 等. 2000. Web 目标挖掘中的序列模式识别. 小型微型计算机系统, 21(5): 481-483.
骆文淑, 赵守盈. 2005. 多维尺度法及其在心理学领域中的应用. 中国考试, (4): 27-30.
吕晓俊. 2007. 心智模型的阐释: 结构、过程与影响. 上海人民出版社.
吕晓云. 2010. 主动停车诱导系统的相关技术研究. 镇江: 江苏大学硕士学位论文.
吕亚丽. 2006. WEB 日志挖掘及其应用研究. 山西财经大学学报, 28(1): 174.
马费成, 胡翠华, 陈亮. 2002. 信息管理学基础. 武汉: 武汉大学出版社.
马张华. 2007. 网络信息资源组织. 北京: 北京大学出版社.
马张华, 侯汉清, 薛春香. 2002. 文献分类法主题法导论. 北京: 北京图书馆出版社.
梅郁. 2011. 心智模型与信息构建的一致性研究及在移动互联网软件中的设计应用. 浙江大学硕士学位论文.
缪勇. 2006. 匿名用户浏览路径挖掘研究与实现. 南京: 南京理工大学硕士学位论文.
牛春华, 沙勇忠. 2006. Web 空间内部链接特征的聚类分析. 图书情报知识, (6): 22-27.
牛永洁, 张成. 2012. 多种字符串相似度算法的比较研究. 计算机与数字工程, (3): 14-17.
诺思 D C, 张立波, 邢荣. 2004. 经济学和认知科学. 北京大学学报(哲学社会科学版), (6): 18-23.
欧阳剑. 2009. 新网络环境下用户信息获取方式对图书馆信息组织的影响. 中国图书馆学报,

6(11): 97-102.
潘明风. 2005. 基于概念化心智模型的软件需求验证过程的研究及工具的实现. 上海: 华东师范大学硕士学位论文.
潘晓云. 2007. 重构知识经济时代企业的心智模式. 集团经济研究, (36): 81-83.
彭聃龄. 2004. 普通心理学. 北京: 北京师范大学出版社.
彭聃龄, 张必隐. 2004. 认知心理学. 杭州: 浙江教育出版社.
钱立三. 2005. WEB 日志挖掘在远程开放教育中的应用. 安徽广播电视大学学报, (3): 116-118.
钱敏, 甘利人. 2012. 网站分类体系的用户体验实验研究. 情报理论与实践, 35(9): 103-108.
钱敏, 甘利人, 孙蕾, 等. 2012. 基于符号表征理论的用户心智模型与网站表现模型研究: 以商品分类使用分析为例. 情报学报, 31(10): 1110-1120.
钱争鸣. 1997. 非计量多维模式法与多指标"心理距离"计量分析. 数量经济技术经济研究, (10): 46-49.
覃频频, 牙韩高, 何迪. 2006. 多维尺度法在服务质量评价中的应用. 统计与决策, (10B): 142-143.
邱均平, 秦鹏飞. 2010. 基于作者共被引分析方法的知识图谱实证研究——以国内制浆造纸领域为例. 情报理论与实践, (10): 53-56.
任永功, 付玉, 张亮. 2008. 基于 web 日志的连续频繁路径挖掘算法. 小型微型计算机系统, 29(12): 2272-2276.
圣吉 P M. 2001. 第五项修炼——学习型组织的艺术与实务. 郭进隆译. 上海: 上海三联书店.
史厚敏. 2006. 相似性——范畴化的认知基础. 韶关学院学报(社会科学版), 27(7): 104-107.
史忠植. 2008. 认知科学. 合肥: 中国科学技术大学出版社.
宋明亮. 1996. 汉语词汇字面相似性原理与后控制词表动态维护研究. 情报学报, 15(4): 261-271.
宋擒豹, 沈钧毅. 2001. 基于Web日志挖掘的网站优化技术与应用. 计算机研究与发展, 38(3): 328-333.
苏中, 马少平, 杨强, 等. 2002. 基于 Web-Log Mining 的 N 元预测模型. 软件学报, 13(1): 136-141.
孙铭丽, 吴鹏, 张红. 2012. 基于用户心智模型的政府网站可访问性研究. 情报理论与实践, 35(10): 75-80.
索尔所 R L, 麦克林 M K, 麦克林 O H. 2008. 认知心理学. 7 版. 邵志芳, 李林, 徐媛, 等译. 上海: 上海人民出版社.
谭绍珍, 曲琛. 2004. 认知过程模型研究述评. 四川教育学院学报, 20(11): 33-35.
汤国行. 2006. Web 日志聚类分析及应用. 济南: 山东大学硕士学位论文.
王静雯. 2009. 基于认知语境的网络界面符号理解研究: 以分类体系考察为例. 南京: 南京理工大学硕士学位论文.
王娟, 沈树华, 张积家. 2011. 大学生的气味词分类——基于语义相似性和知觉相似性的探讨. 心理学报, (10): 1124-1137.
王墨耘. 2007. 归类不确定时样例代表性对特征归纳预测的影响研究. 心理科学, 30(5): 1183-1186.

王甦, 汪安圣. 1992. 认知心理学. 北京: 北京大学出版社.
王小姣. 2011. 聚类分析及其在 Web 日志挖掘中的应用研究. 济南: 山东师范大学硕士学位论文.
王雪煜. 2010. 基于 VQ 和 ASR 的多媒体课件检索. 上海: 上海交通大学硕士学位论文.
维果茨基 L S. 1997. 思维与语言. 李维译. 杭州: 浙江教育出版社.
翁小兰. 2007. Web 日志挖掘在视频点播系统中的应用研究. 石河子大学学报(自然科学版), 25(1): 129-132.
夏敏捷, 张锦歌. 2005. 在 Web 日志挖掘中应用聚类改进网站结构的研究. 中原工学院学报, 16(6): 39-41.
夏义堃. 2008. 论政府信息获取对电子政务建设的影响. 情报科学, 26(4): 599-603.
夏子然, 吴鹏. 2013. 基于心智模型完善度的信息检索用户心智模型分类研究. 情报理论与实践, (10): 58-62.
项冰冰, 钱光超. 2007. 聚类算法研究综述. 电脑知识与技术(学术交流), 12: 14.
谢茹芃. 2008. 中文网络分类目录分析与研究. 科技情报开发与经济, 18(32): 88-89.
徐春艳. 2003. 网络搜索引擎分类目录检索功能研究. 图书馆学研究, (7): 56-59.
徐永春, 陈震. 2012. Web 日志挖掘在远程教育中的个性化应用. 四川工程职业技术学院学报, 26(2): 71-73.
杨钤雯. 2007. Web 使用挖掘中的会话聚类研究. 天津: 天津大学硕士学位论文.
杨燕, 靳蕃, Mohamed K. 2008. 聚类有效性评价综述. 计算机应用研究, 25(6): 1630-1632.
杨颖, 雷田, 张艳河. 2008. 基于用户心智模型的手持移动设备界面设计. 浙江大学学报(工学版), 42(5): 800-804.
叶莉. 2008. 事件营销对城市居民出游意向的影响研究——以“南方长城中韩围棋邀请赛”为例. 长沙: 湖南师范大学硕士学位论文.
易正明. 2008. 以径路搜寻建构整数的知识结构——以国小三年级为例. 电脑与网路科技在教育上的应用研讨会, CNTEZO08.
阴国恩. 1996. 材料的几何属性差异对 3—7 岁儿童分类标准影响的研究. 心理科学, (5): 261-264.
尤少伟, 吴鹏, 汤丽娟, 等. 2012. 基于路径搜索法的政府网站分类目录用户心智模型研究——以南京市政府网站为例. 图书情报工作, 56(9): 129-135.
余刚, 裴仰军, 朱征宇, 等. 2006. 基于词汇语义计算的文本相似度研究. 计算机工程与设计, 27(2): 241-244.
余力, 刘鲁. 2004. 电子商务个性化推荐研究. 计算机集成制造系统, 10(10): 1306-1313.
余民宁. 2002. 线上认知诊断评量模式之研究: 以国小数学科低成就学生为对象(2/2). “行政院国家科学委员会”专题研究计画成果报告.
余肖生. 2008. 基于 Web 挖掘的个性化推荐系统研究. 现代情报, 28(1): 215-217.
宇传华. 2007. SPSS 与统计分析. 北京: 电子工业出版社.
袁世宏, 王天芳, 张连文. 2011. 中医证候的认知思路及其数据挖掘方法. 中医杂志, 52(4): 284-288.
曾庆渝, 叶秀清, 吴东辉. 2005. 一种基于多路径搜索的音乐节奏检测算法. 电路与系统学报, 10(1): 119-122.

张福泉. 2009. Web 日志挖掘在电子商务推荐中的应用. 怀化学院学报, 28(5): 88-91.
张光鉴. 1992. 相似论. 南京: 江苏科学技术出版社.
张积家, 谢书书, 和秀梅. 2008. 语言和文化对空间认知的影响——汉族和纳西族大学生空间词相似性分类的比较研究. 心理学报, 40(7): 774-787.
张书娟. 2012. 基于电子商务用户行为的同义词识别. 中文信息学报, 26(3): 79-85.
张淑华, 朱启文, 杜庆东. 2007. 认知科学基础. 北京: 科学出版社.
张晓东. 2003. 分层网络模型与激活扩散模型对英语词汇教学的启示. 北京第二外国语学院学报, (6): 36-42.
张新香. 2006. Web 日志挖掘在电子商务中的应用研究. 计算机系统应用, 1: 52-55.
张雪, 陈军亮, 刘正捷, 等. 2007. 卡片分类试验在招聘网站组织结构中的应用研究. 第三届和谐人机环境联合学术会议, HHME2007.
赵琪. 2007. MCMC 方法研究. 济南: 山东大学硕士学位论文.
赵伟, 何丕廉, 陈霞, 等. 2003. Web 日志挖掘中的数据预处理技术研究. 计算机应用, 23(5): 62-64.
周贤善, 王松林, 王海林. 2009. Web 日志挖掘及应用. 长江大学学报(自然科学版: 理工卷), (2): 258-260.
周晓英. 2005. 基于信息理解的信息构建. 北京: 中国人民大学出版社.
朱婕. 2007. 网络环境下个体信息获取行为研究. 长春: 吉林大学博士学位论文.
朱晶晶. 2010. 电子商务网站分类体系理解的用户心智模型研究. 南京: 南京理工大学硕士学位论文.
Ahn W K, Medin D L. 1992. A two-stage model of category construction. Cognitive Science, 16(1): 81-121.
Albadvi A, Shahbazi M. 2009. A hybrid recommendation technique based on product category attributes. Expert Systems with Applications, 36(9): 11480-11488.
Ameel E, Storms G. 2006. From prototypes to caricatures: geometrical models for concept typicality. Journal of Memory & Language, 55(3): 402-421.
Anil K J, Richard C D. 1988. Algorithms for Clustering Data. New Jersey: Prentice-Hall, Inc.
Ashby F G, Gott R E. 1988. Decision rules in the perception and categorization of multidimensional stimuli. Journal of Experimental Psychology: Learning, Memory, and Cognition, 14(1): 33.
Asnicar F A, Tasso C. 1997. IfWeb: a prototype of user model-based intelligent agent for document filtering and navigation in the world wide web. Sixth International Conference on User Modeling.
Belkin N J, Kwasnik B H. 1986. Using structural representation of anomalous states of knowledge for choosing document retrieval strategies. Proceedings of the 9th Annual International ACM SIGIR Conference on Research and Development in Information Retrieval.
Bijmolt T H A, Wedel M. 1995. The effects of alternative methods of collecting similarity data for multidimensional scaling. International Journal of Research in Marketing, 12(4): 363-371.
Bilal D, Wang P. 2005. Children's conceptual structures of science categories and the design of Web directories. Journal of the American Society for Information Science and Technology, 56(12): 1303-1313.

Borgman C L. 1984. The user's mental model of an information retrieval system: effects on performance. California: Stanford University.

Cadez I, Heckerman D, Meek C, et al. 2000. Visualization of navigation patterns on a web site using model-based clustering. Proceedings of the Sixth ACM SIGKDD International Conference on Knowledge Discovery and Data Mining.

Case D O. 2008. Looking for Information: A Survey of Research on Information Seeking, Needs and Behavior. 2nd Edition. Bradford: Emerald Group Publishing.

Chen C. 1999. Visualising semantic spaces and author co-citation networks in digital libraries. Information Processing & Management, 35(3): 401-420.

Chen L, Sycara K. 1998. Webmate: a personal agent for browsing and searching. Proceedings of the Second International Conference on Autonomous Agents.

Chevalier A, Kicka M. 2006. Web designers and web users: influence of the ergonomic quality of the web site on the information search. International Journal of Human-Computer Studies, 64(10): 1031-1048.

Cole C, Lin Y, Leide J, et al. 2007. A classification of mental models of undergraduates seeking information for a course essay in history and psychology: preliminary investigations into aligning their mental models with online thesauri. Journal of the American Society for Information Science and Technology, 58(13): 2092-2104.

Cooper A, Reimann R, Cronin D. 2008. About Face 3: 交互设计精髓. 刘松涛译. 北京: 电子工业出版社.

Cooper J. 2006. The digital divide: the special case of gender. Journal of Computer Assisted Learning, 22(5): 320-334.

Coury B G. 1987. Multidimensional scaling as a method for assessing internal conceptual models of inspection tasks. Ergonomics, 30(6): 959-973.

Coury B G, Weiland M Z, Cuqlock-Knopp V G. 1992. Probing the mental models of system state categories with multidimensional scaling. International Journal of Man-Machine Studies, 36(5): 673-696.

Craik K. 1943. The nature of explanation. Cambridge: Cambridge University.

Darabi A, Hemphill J, Nelson D W, et al. 2010. Mental model progression in learning the electron transport chain: effects of instructional strategies and cognitive flexibility. Advances in Health Sciences Education, 15(4): 479-489.

Darcy M, Lee D, Tracey T J G. 2004. Complementary approaches to individual differences using paired comparisons and multidimensional scaling: applications to multicultural counseling competence. Journal of Counseling Psychology, 51(2): 139.

Davison M L. 1983. Multidimensional Scaling. New York: Wiley.

Dean T, Kanazawa K. 1989. A model for reasoning about persistence and causation. Computational Intelligence, 5(2): 142-150.

Dimitroff A. 1990. Mental models and error behavior in an interactive bibliographic retrieval system. Ann Arbor: The University of Michigan.

Ericsson K A, Simon H A. 1980. Verbal reports as data. Psychological Review, 87(3): 215-251.

Fang X, Holsapple C W. 2007. An empirical study of web site navigation structures' impacts on web site usability. Decision Support Systems, 43 (2) : 476-491.

Farrell S, Ludwig C J H. 2008. Bayesian and maximum likelihood estimation of hierarchical response time models. Psychonomic Bulletin & Review, 15 (6) : 1209-1217.

Fenson L, Cameron M S, Kennedy M. 1988. Role of perceptual and conceptual similarity in category matching at age two years. Child Development, 59: 897-907.

Frisby C L, Parkin J R. 2007. Identifying similarities in cognitive subtest functional requirements: an empirical approach. Journal of School Psychology, 45 (4) : 385-400.

Gao X, Maurer D, Nishimura M. 2010. Similarities and differences in the perceptual structure of facial expressions of children and adults. Journal of Experimental Child Psychology, 105 (1) : 98-115.

Gärdenfors P. 2004. Conceptual Spaces: The Geometry of Thought. Massachusetts: MIT Press.

Goldberg D, Nichols D, Oki B M, et al. 1992. Using collaborative filtering to weave an information tapestry. Communications of the ACM, 35 (12) : 61-70.

Goldsmith T E, Johnson P J, Acton W H. 1991. Assessing structural knowledge. Journal of Educational Psychology, 83 (1) : 88-96.

Graham J, Zheng L, Gonzalez C. 2006. A cognitive approach to game usability and design: mental model development in novice real-time strategy gamers. CyberPsychology & Behavior, 9 (3) : 361-366.

Greene J A, Azevedo R. 2009. The effects of metaphors on novice and expert learners' performance and mental-model development. Contemporary Educational Psychology, 34 (1) : 18-29.

Griffiths T L, Kalish M L. 2002. A multidimensional scaling approach to mental multiplication. Memory & Cognition, 30 (1) : 97-106.

Griffiths T L, Steyvers M, Tenenbaum J B. 2007. Topics in semantic representation. Psychological Review, 114 (2) : 211.

Hargittai E, Shafer S. 2006. Differences in actual and perceived online skills: the role of gender. Social Science Quarterly, 87(2): 432-448.

He W, Erdelez S, Wang F, et al. 2008. The effects of conceptual description and search practice on users' mental models and information seeking in a case-based reasoning retrieval system. Information Processing & Management, 44 (1) : 294-309.

Hsu K C, Li M. 2011. Techniques for finding similarity knowledge in OLAP reports. Expert Systems with Applications, 38 (4) : 3743-3756.

Hsu Y. 2006. The effects of metaphors on novice and expert learners' performance and mental-model development. Interacting with Computers, 18 (4) : 770-792.

Huang J J, Tzeng G H, Ong C S. 2005. Multidimensional data in multidimensional scaling using the analytic network process. Pattern Recognition Letters, 26 (6) : 755-767.

Hudson J, Nelson K. 1983. Effects of script structure on children's story recall. Developmental Psychology, 19 (4) : 625.

Joachims T, Freitag D, Mitchell T. 1996. Webwatcher: a tour guide for the world wide web. Proceedings of Ijcai, 47(9): 770-775.

Johnson P J, Goldsmith T E, Teague K W. 1995. Similarity, structure, and knowledge: a representational approach to assessment. Cognitively Diagnostic Assessment: 221-249.

Kamis A, Koufaris M, Stern T. 2008. Using an attribute-based decision support system for user-customized products online: an experimental investigation. MIs Quarterly, 32(1): 159-177.

Kerr S T. 1990. Wayfinding in an electronic database: the relative importance of navigational cues vs. mental models. Information Processing & Management, 26(4): 511-523.

Kim S S, Kwon S, Cook D. 2000. Interactive visualization of hierarchical clusters using MDS and MST. Metrika, 51(1): 39-51.

Konstan J A, Miller B N, Maltz D, et al. 1997. GroupLens: applying collaborative filtering to Usenet news. Communications of the ACM, 40(3): 77-87.

Kruskal J B. 1964. Multidimensional scaling by optimizing goodness of fit to a nonmetric hypothesis. Psychometrika, 29(1): 1-27.

Kudikyala U K, Vaughn R B. 2005. Software requirement understanding using Pathfinder networks: discovering and evaluating mental models. Journal of Systems and Software, 74(1): 101-108.

Kwon I H, Kim C O, Kim K P, et al. 2008. Recommendation of e-commerce sites by matching category-based buyer query and product e-catalogs. Computers in Industry, 59(4): 380-394.

Langan J, Wirth A, Code S, et al. 2001. Analyzing shared and team mental models. International Journal of Industrial Ergonomics, 28(2): 99-112.

Lau W W F, Yuen A H K. 2010. Promoting conceptual change of learning sorting algorithm through the diagnosis of mental models: the effects of gender and learning styles. Computers & Education, 54(1): 275-288.

Law H G. 1984. Research Methods for Multimode Data Analysis. New York：Praeger.

Li P. 2007.Doctoral students' mental models of a web search engine: an exploratory. Ph.D. dissertation，McGill University.

Lomask M, Baron J B, Greig J, et al. 1992. ConnMap: connecticut's use of concept mapping to assess the structure of students' knowledge of science. Cambridge: Annual Meeting of the National Association of Research in Science Teaching.

Lovell J. 1971. Stimulus features in signal detection. The Journal of the Acoustical Society of America, 49(6B): 1751-1756.

Luria A R. 1973. The Working Brain: An Introduction To Neuropsychology. London: Penguin Books.

Makri S, Blandford A, Gow J, et al. 2007. A library or just another information resource? A case study of users' mental models of traditional and digital libraries. Journal of the American Society for Information Science and Technology, 58(3): 433-445.

Mandler J M, McDonough L. 1993. Concept formation in infancy. Cognitive Development, 8(3): 291-318.

Matusiak K K. 2006. Information seeking behavior in digital image collections: a cognitive approach. The Journal of Academic Librarianship, 32(5): 479-488.

McClure J R, Sonak B, Suen H K. 1999. Concept map assessment of classroom learning: reliability, validity, and logistical practicality. Journal of Research in Science Teaching, 36(4): 475-492.

McKinley S C, Nosofsky R M. 1995. Investigations of exemplar and decision bound models in large, ill-defined category structures. Journal of Experimental Psychology: Human Perception and Performance, 21 (1) : 128.

Medin D L, Wattenmaker W D, Hampson S E. 1987. Family resemblance, conceptual cohesiveness, and category construction. Cognitive Psychology, 19 (2) : 242-279.

Meiran N, Fischman E. 1989. Categorization parameters and intelligence. Intelligence, 13 (3) : 205-224.

Mervis C B, Johnson K E, Mervis C A. 1994. Acquisition of subordinate categories by 3-year-olds: the roles of attribute salience, linguistic input, and child characteristics. Cognitive Development, 9 (2) : 211-234.

Mladenic D. 2000. Machine learning for better Web browsing. Menlo Park: AAAI 2000 Spring Symposium Technicial Reports on Adaptive User Interfaces.

Morey R D, Rouder J N, Speckman P L. 2008. A statistical model for discriminating between subliminal and near-liminal performance. Journal of Mathematical Psychology, 52 (1) : 21-36.

Mostafa J, Mukhopadhyay S, Palakal M, et al. 1997. A multilevel approach to intelligent information filtering: model, system, and evaluation. ACM Transactions on Information Systems (TOIS) , 15 (4) : 368-399.

Navarro D J, Griffiths T L, Steyvers M, et al. 2006. Modeling individual differences using dirichlet processes. Journal of Mathematical Psychology, 50 (2) : 101-122.

Neal R M. 1993. Probabilistic inference using Markov chain Monte carlo methods. Toronto: University of Toronto.

Nelson M W, Libby R, Bonner S E. 1995. Knowledge structure and the estimation of conditional probabilities in audit planning. Accounting Review: A Quarterly Journal of the American Accounting Association, 70(1): 27-47.

Nichols D, Alton-Schiedl R, Ekhall J, et al. 1999. SELECT: social and collaborative filtering of web documents and news. 5th ERCIM Workshop on User Interfaces for All User Tailored Information Environments.

Nikolaos M. 2004. Mental models for intelligent agents. http: //www. media. mit. edu/cogmac/ presentations. html[2009-07-15].

Nishimura M, Maurer D, Gao X. 2009. Exploring children's face-space: a multidimensional scaling analysis of the mental representation of facial identity. Journal of Experimental Child Psychology, 103 (3) : 355-375.

Norman D A. 2002. The Design of Everyday Things. New York: Basic Books.

Nosofsky R M. 1984. Choice, similarity, and the context theory of classification. Journal of Experimental Psychology: Learning, Memory, and Cognition, 10 (1) : 104.

Nosofsky R M. 1986. Attention, similarity, and the identification–categorization relationship. Journal of Experimental Psychology: General, 115 (1) : 39.

Novak J D, Gowin D B. 1984. Learning How to Learn. Cambridgeshire: Cambridge University Press.

Pinkard N. 2005. How the perceived masculinity and/or femininity of software applications influences students' software preferences. Journal of Educational Computing Research, 32(1): 57-78.

Rao V R, Katz R. 1971. Alternative multidimensional scaling methods for large stimulus sets. Journal of Marketing Research, 8(4): 488-494.

Reed S K. 1972. Pattern recognition and categorization. Cognitive Psychology, 3(3): 382-407.

Resnick P, Iacovou N, Suchak M, et al. 1994. GroupLens: an open architecture for collaborative filtering of netnews. Proceedings of the 1994 ACM Conference on Computer Supported Cooperative Work.

Rips L J. 1975. Inductive judgments about natural categories. Journal of Verbal Learning and Verbal Behavior, 14(6): 665-681.

Rips L J, Shoben E J, Smith E E. 1973. Semantic distance and the effect of semantic relations. Journal of Verbal Learning & Verbal Behavior, 12(1): 1-20.

Roth S P, Schmutz P, Pauwels S L, et al. 2010. Mental models for web objects: where do users expect to find the most frequent objects in online shops, news portals, and company web pages? Interacting with Computers, 22(2): 140-152.

Rouse W B, Morris N M. 1986. On looking into the black box: prospects and limits in the search for mental models. Psychological Bulletin, 100(3): 349.

Ruiz-Primo M A, Schultz S E, Li M, et al. 2001. Comparison of the reliability and validity of scores from two concept-mapping techniques. Journal of Research in Science Teaching, 38(2): 260-278.

Ruiz-Primo M A, Schultz S E, Shavelson R J. 1997. On the validity of concept map-base assessment interpretations: an experiment testing the assumption of hierarchical concept maps in science. Los Angeles: University of California.

Rusbult C E, Onizuka R K, Lipkus I. 1993. What do we really want? Mental models of ideal romantic involvement explored through multidimensional scaling. Journal of Experimental Social Psychology, 29(6): 493-527.

Ruts W, Storms G, Hampton J. 2004. Linear separability in superordinate natural language concepts. Memory & Cognition, 32(1): 83-95.

Sanborn A N, Griffiths T L, Shiffrin R M. 2010. Uncovering mental representations with Markov chain Monte Carlo. Cognitive Psychology, 60(2): 63-106.

Saxon S A. 1997. Seventh-grade students and electronic information retrieval systems: an exploratory study of mental model formation, completeness and change. Scharlotte: The University of North Carolina.

Schnotz W, Preuß A. 1997. Task-dependent construction of mental models as a basis for conceptual change. European Journal of Psychology of Education, 12(2): 185-211.

Schvaneveldt R W. 1990. Pathfinder Associative Networks: Studies in Knowledge Organization. New York: Ablex Publishing.

Schwab I, Pohl W, Koychev I. 2000. Learning to recommend from positive evidence. Proceedings of the 5th International Conference on Intelligent User Interfaces.

Shahabi C, Zarkesh A M, Adibi J, et al. 1997. Knowledge discovery from users web-page navigation. Seventh International Workshop on Research Issues in Data Engineering.

Shardanand U, Maes P. 1995. Social information filtering: algorithms for automating “word of mouth”. Proceedings of the SIGCHI Conference on Human Factors in Computing Systems.

Shepard R N. 1962. The analysis of proximities: multidimensional scaling with an unknown distance function. I. Psychometrika, 27(2): 125-140.

Shoben E J. 1976. The verification of semantic relations in a same-different paradigm: an asymmetry in semantic memory. Journal of Verbal Learning & Verbal Behavior, 15(4): 365-379.

Silverman B G, Bachann M, Al-Akharas K. 2001. Implications of buyer decision theory for design of e-commerce websites. International Journal of Human-Computer Studies, 55(5): 815-844.

Simpson A, McKnight C. 1990. Navigation in hypertext: structural cues and mental maps//MCAleese R, Green C. HYpertext II: State of the Art. Oxford: Intellect: 73.

Smith E E, Shoben E J, Rips L J. 1974. Structure and process in semantic memory: a featural model for semantic decisions. Psychological Review, 81(3): 214.

Smits T, Storms G, Rosseel Y, et al. 2002. Fruits and vegetables categorized: an application of the generalized context model. Psychonomic Bulletin & Review, 9(4): 836-844.

Staggers N, Norcio A F. 1993. Mental models: concepts for human-computer interaction research. International Journal of Man-Machine Studies, 38(4): 587-605.

Stahl D O. 1998. Is step-j thinking an arbitrary modelling restriction or a fact of human nature? Journal of Economic Behavior & Organization, 37(1): 33-51.

Thomas D, James A, Yiannis A. 2003. 人工智能——理论与实践(英文版). 北京: 电子工业出版社.

Thompson L A. 1994. Dimensional strategies dominate perceptual classification. Child Development, 65(6): 1627-1645.

Ting C Y, Chong Y K. 2006. Conceptual change modeling using dynamic bayesian network. Jhongli: International Conference on Intelligent Tutoring Systems.

Torgerson W S. 1952. Multidimensional scaling, I. theory and method. Psychometrika, 17(4): 401-419.

Tsogo L, Masson M H, Bardot A. 2000. Multidimensional scaling methods for many-object sets: a review. Multivariate Behavioral Research, 35(3): 307-319.

Verheyen S, Ameel E, Storms G. 2007. Determining the dimensionality in spatial representations of semantic concepts. Behavior Research Methods, 39(3): 427-438.

Vieillard S, Guidetti M. 2009. Children’s perception and understanding of (dis) similarities among dynamic bodily/facial expressions of happiness, pleasure, anger, and irritation. Journal of Experimental Child Psychology, 102(1): 78-95.

Walter J A. 2004. H-MDS: a new approach for interactive visualization with multidimensional scaling in the hyperbolic space. Information Systems, 29(4): 273-292.

Ward T B, Stagner B H, Scott J G, et al. 1989. Classification behavior and measures of intelligence: dimensional identity versus overall similarity. Perception & Psychophysics, 45(1): 71-76.

Watson J B. 1920. Is thinking merely the action of language mechanisms? British Journal of Psychology, 100(S1): 87-104.

Williams M D, Hollan J D, Stevens A L. 1983. Human reasoning about a simple physical system//Steven A L, Gentner D. Mental Models. Hillsdale: Lawrence Erlbaum Associates: 131-154.

Wilson K R, Wallin J S, Reiser C. 2003. Social stratification and the digital divide. Social Science Computer Review, 21(2): 133-143.

Winckler M, Noirhomme-Fraiture M, Scapin D, et al. 2009. Design and evaluation of e-government applications and services. 12th IFIP TC 13 International Conference.

Wozny L A. 1992. Navigation in a metaphorical computer interface: a study of analogical reasoning and mental models. Philadelphia: Drexel University.

Xiao J, Zhang Y. 2001. Clustering of web users using session-based similarity measures. International Conference on Computer Networks and Mobile Computing.

Young F W, Hamer R M. 1994. Theory and Applications of Multidimensional Scaling. Hillsdale: Eribaum Associates.

Yue Y, Richard J S. 2008. Application of generalizability theory to concept-map assessment research. Applied Measurement in Education, 21(3): 273-291.

Zhou A, Zhou S, Cao J, et al. 2000. Approaches for scaling DBSCAN algorithm to large spatial databases. Journal of Computer Science and Technology, 15(6): 509-526.